LES SCIENCES COGNITIVES
UNE INTRODUCTION

DU MÊME AUTEUR

L'Argumentation. Essai d'une logique discursive, Droz, Genève, 1976.

Le Discours acteur du monde, Orphrys, Paris, 1988.

L'Informatique en perspective (sous la direction de G. VIGNAUX et K. FALL), Presses de l'université du Québec, Montréal, 1989.

GEORGES VIGNAUX

Les Sciences cognitives

Une introduction

LA DÉCOUVERTE

Introduction

LES SCIENCES COGNITIVES, UN NOUVEL ESPACE D'ENJEUX...

La genèse historique des sciences cognitives

Les sciences cognitives, selon D. Andler [1] (1989), sont ces sciences qui « ont pour objet de décrire, d'expliquer et, le cas échéant, de simuler les principales dispositions et capacités de l'esprit humain — langage, raisonnement, perception, coordination motrice, planification... ». Définition à laquelle nous adhérerons, mais qui n'est pas sans présenter un double inconvénient : celui, d'abord, d'inciter à penser au caractère « totalisant » des sciences dites cognitives — « une nouvelle science de l'esprit » ? —, celui ensuite d'incliner à croire qu'il n'y aurait là que du « scientifique », voire du descriptif, et non du « philosophique ». En vérité, la conjoncture se révèle plus que propice à certains partis pris quant à la « nature » de l'humain et des modèles qu'on peut construire de ses spécificités ou de ses conduites.

Un premier exemple de ces partis pris — moderniste en l'occurrence — est de faire remonter la naissance des sciences cognitives aux alentours d'il y a trente-cinq ans, dans un contexte particulier, déterminé par la naissance de l'informatique et les premiers développements des techniques de traitement de l'information. D'où effectivement une certaine « mémoire » qui continue de marquer les sciences cognitives et dont l'avenir dira la durabilité, mais d'où aussi cette double difficulté à les définir, comme le souligne Andler : tantôt de manière « extensionnelle » (selon leurs objets d'études) tantôt,

1. Les références des travaux et ouvrages cités dans l'ensemble du livre sont réunies dans la bibliographie (organisée par chapitre) figurant en fin de volume.

en revanche, de façon « intensionnelle », en regard des options théoriques qu'elles avancent, et à l'occasion, sous forme réductrice quant à nos capacités humaines. C'est dire qu'en la circonstance toute définition se voit d'emblée problématisée, mais sans doute est-ce là l'enjeu passionnant de cet espace stimulant de débats et réflexions que constituent aujourd'hui les sciences cognitives.

En résumé, bien qu'en vérité il s'agisse souvent d'interrogations sur l'homme qui remontent aux tout débuts de la philosophie, on s'entend à n'accorder à ces « nouvelles » sciences qu'une histoire relativement récente (Gardner, 1985). La datation d'origine serait vers la fin des années trente puis des années quarante, lorsque, précisément, le logicien A. Turing va concevoir, en 1936, le premier modèle mathématique de l'ordinateur programmable, puis vers 1950, reformuler, cette fois d'un point de vue philosophique, cette conception d'une « machine intelligente » (Hodges, 1988). Toute cette période voit l'apogée de la logique mathématique, laquelle va construire les concepts et les outils nécessaires aux nouveaux calculs. C'est alors la naissance, vers 1943, de la *première cybernétique*, expression de ce projet de réduction matérialiste sinon mécaniste du mental au physique (Andler, 1989).

Cette première cybernétique, impulsée notamment par N. Wiener et W. McCulloch, s'est développée de 1946 à 1953, à l'occasion d'une dizaine de sessions interdisciplinaires (les conférences Macy) auxquelles participèrent aussi bien des mathématiciens, des psychologues, des physiologistes que des sociologues, des linguistes et des anthropologues. Cela a sans doute orienté considérablement le développement des sciences cognitives, au point que perdurent aujourd'hui certains effets conceptuels des modélisations alors conçues. Plusieurs colloques fameux eurent un impact déterminant, dont celui de New York (« Teleological Mechanisms », 1946) et le Hixon Symposium de 1948. Tout ce mouvement d'idées et travaux fut surtout soutenu durant près de vingt ans, depuis le laboratoire que McCulloch fonda et dirigea au MIT jusqu'à sa mort en 1969. C'est à cette époque, enfin, que von Neumann conquit sa réputation en développant la *théorie des automates*, contribuant de façon capitale autant aux futures conceptions d'ordinateurs qu'aux diverses théorisations sur la nature des processus mentaux.

La naissance des sciences cognitives

Les sciences cognitives, de là, vont naître rapidement. Pour nombre d'historiens-épistémologues du mouvement, la date symbolique est celle de 1956, année où, d'une part, se tient le « Symposium on Information Theory » du MIT, rassemblant psychologues et linguistes intéressés à intégrer leurs travaux en vue d'une simulation des processus cognitifs sur ordinateur, et, d'autre part, est organisée cette « rencontre de Darmouth » où sera officiellement déclarée la naissance de « l'intelligence artificielle ». A partir de là, l'objet « cognition » est né, et différentes disciplines vont s'efforcer de lui attribuer des contenus et des orientations spécifiques.

En 1960, les psychologues J. Bruner et G. Miller prennent ainsi l'initiative de fonder à Harvard, un Center for Cognitive Studies qui va s'illustrer pendant au moins une dizaine d'années. Cette même année paraît l'ouvrage de Miller, Pribam et Galanter, *Plans and the Structure of Behavior*, mettant en cause le béhaviorisme classique des travaux psychologiques et proposant de lui substituer l'approche cybernétique. Un peu plus tard, en 1967, U. Neisser publie son ouvrage, *Cognitive Psychology*, plaidant en faveur d'une nouvelle approche psychologique, différente cependant de cette approche cybernétique, défendue notamment par Newell et Simon pour qui l'ordinateur peut fournir le modèle des fonctionnements de l'esprit humain.

Les années soixante-dix sont celles de la promotion, un peu partout, de centres interdisciplinaires, de revues, de congrès et de travaux donnant corps à l'appellation « sciences cognitives ». Un réseau de chercheurs et d'échanges internationaux se met alors en place. De là, diverses évolutions vont s'opérer, qui prendront forme dans les années quatre-vingt. L'intelligence artificielle, qui semblait devoir être la référence dominante, va perdre de son importance en regard des neurosciences bien sûr, mais aussi au profit de nouvelles représentations des phénomènes humains, issues des divers concours de la philosophie, de la sémantique cognitive ou de l'anthropologie.

Ces mouvements peuvent encore laisser croire aux sceptiques, attachés aux fonctionnements disciplinaires classiques, que les études cognitives ne seront guère plus qu'une mode, une étape dans des restructurations des savoirs. Il n'en est rien : les affrontements visibles sont aussi indices de nombreux échanges invisibles : nous sommes là en présence d'une « révolution » au sens copernicien dans les formulations de nos savoirs et de nos méthodes, mais dont il est bien sûr difficile aujourd'hui de prévoir toutes les conséquences. La meilleure façon de le comprendre est de s'en assurer au travers des progrès accomplis par les différentes disciplines concernées et des convergences ou divergences dont ces évolutions peuvent témoigner.

Les disciplines des sciences cognitives

Quelles disciplines peut-on considérer comme directement impliquées dans les sciences cognitives ? Assurément, il s'agit des neurosciences, de l'intelligence artificielle, de la philosophie, de la psychologie et de la linguistique. Qu'est-ce qui peut ainsi les réunir ? C'est à la fois la préoccupation des rapports esprit/cerveau *(mind/brain)* et celle des modélisations possibles de ce rapport, mais aussi l'analyse des fonctionnements ainsi impliqués ou des conduites par là dérivées. Plus globalement, sans doute s'agit-il de construire une nouvelle « science » des phénomènes constitutifs de nos appareils psycho-biologiques et des interactions entre ces appareils et nos comportements y compris sous leurs formes hautement symboliques telles que les langages et les cultures.

Un paradoxe est à souligner à ce propos — comme le fait D. Andler —, c'est celui de l'anthropologie : impliquée dès les premières conceptualisations historiques des sciences cognitives, celle-ci semble aujourd'hui reléguée à un rôle secondaire ; ce qui peut surprendre s'agissant ici de construire une science des spécificités de l'humain dans ce qu'elles ont d'universel au travers des variations. Un tel « oubli » tôt ou tard sera réparé en même temps sans doute que seront reconnues les contributions importantes de la psychologie sociale, assurée de faire passerelle entre l'« individuel » et le « collectif » ou de la linguistique, à condition que celle-ci intègre pleinement les préoccupations du rapport entre langage, sens et expressions culturelles.

Dans l'immédiat, il importe bien sûr de poursuivre la recherche en direction du développement de modèles aussi bien logico-mathématiques — au moins pour se constituer des outils —, que neuro- et physico-sensoriels — afin de mieux comprendre à la fois les fonctions internes et les manifestations externes de nos « équipements de base ».

Les recherches sur la cognition

C'est pourquoi le classement des recherches en cognition peut s'opérer de façon tripartite (Imbert, 1987). Il y a tout d'abord une première grande famille d'études des *aptitudes ou compétences cognitives* au sens classique du terme : le raisonnement, le langage, la perception et l'action. Mais là où, autrefois, on n'observait que les réalisations extérieures de ces grandes fonctions tout en les considérant comme corrélées au sein de l'organisme et dans les différentes classes de situations, on tend de plus en plus aujourd'hui à les étudier chacune spécifiquement et à différents niveaux relativement indépendants les uns des autres.

De là vient que, d'un côté — c'est la deuxième famille de recherches cognitives —, on s'attachera à spécifier les constitutions et réalisations matérielles de différents types de *mécanismes*, neurophysiologiques (en biologie) ou électroniques voire mécaniques (en intelligence artificielle) ; et, d'un autre côté — la troisième famille —, on s'efforcera de caractériser fonctionnellement les mises en œuvre de ces mécanismes jusqu'à pouvoir les décrire sous forme de processus décomposables en *opérations élémentaires*, puis les modéliser en termes de propriétés formalisables.

Dans ce troisième et dernier cas apparaissent des clivages significatifs entre recherches, selon que les unes vont s'attacher à observer la structure d'*état initial* de nos équipements — maturation nerveuse et capacités —, en reliant cet « état » structurel à nos différentes aptitudes à l'apprentissage, tandis que d'autres études porteront sur l'analyse des différentes formes d'*état final* que vont prendre nos systèmes naturels, après apprentissage et acquisition de capacités fonctionnelles spécifiques. Les difficultés demeurent quant aux moyens de relier correctement ces états origines à ces états finaux. Ces difficultés ne sont pas moins grandes lorsqu'il s'agit d'appliquer la même approche évolutive en intelligence artificielle et de savoir dissocier les « états initiaux » des « états finaux » de la machine *(machine learning).*

Ce rangement tripartite des recherches en sciences cognitives semble satisfaisant tant qu'on ne se préoccupe pas de savoir où placer les recherches pourtant bien établies et fructueuses que la psychologie générale et la psychologie sociale ont développées depuis longtemps en ce qui concerne les processus de mémoire, d'attention ou les phénomènes de représentation sociale. Il en va de même de nombre de travaux atypiques qui s'inscrivent dans la perspective « connexionniste » (Andler, 1989).

Cette difficulté à classer les problématiques en cours s'accroît encore lorsqu'il s'agit de les départager selon les hypothèses que les uns et les autres vont appliquer au « système » cognitif humain et selon les choix stratégiques et méthodologiques qui vont en découler. Les débats sont nombreux et vifs, les affrontements, d'écoles.

D. Andler propose un schéma regroupant les trois *hypothèses ontologiques* les plus communément répandues ; schéma qui offre le mérite de la claire simplicité :

1. La description et l'explication à un niveau purement physicaliste (bio-chimico-physique) des phénomènes cognitifs se révèlent insuffisantes et doivent donc être complétées par un *niveau représentationnel* : « Les états des systèmes physiques considérés représentent des *informations* et c'est dans cette mesure qu'ils sont, outre des états physiques, des états cognitifs » ;

2. Les transformations par lesquelles vont passer ces états ne sont pas seulement alors physiques, mais peuvent être considérées comme des *calculs sur les représentations* dont ces états sont porteurs ;

3. Si tout phénomène cognitif peut se définir comme processus établissant relation entre un stimulus et la réaction ou réponse à ce stimulus, on ne peut limiter l'analyse et la définition à chaque fois aux effets observés de ce processus ; en vérité, l'essentiel de tout processus se fonde sur ce qui se passe dans l'intervalle séparant le stimulus de la réponse et il importe de le définir le plus relativement possible vis-à-vis de ses effets ; ce qui veut dire qu'il y a toujours *autonomie des processus internes* en regard de ce que laisserait supposer la simple considération des phénomènes qui les suscitent ou qu'ils engendrent.

Les grands choix méthodologiques et épistémologiques

Ces hypothèses vont susciter des choix méthodologiques et épistémologiques non négligeables :

1. Les phénomènes cognitifs peuvent être repérés, décrits et analysés voire *simulés un par un* ; sans doute ressuscitent-ils nombre de questions philosophiques dont il importe de retrouver la tradition (Gardner, 1985) ;

2. Les sciences cognitives sont nécessairement interdisciplinaires et, par là, un de leurs objectifs est celui de contribuer à la formulation de *concepts nouveaux, de type transversal*, qui ne seront qu'étapes vers une future « science de la cognition » ;

3. Si on ne peut nier l'importance dans la cognition de l'intervention des facteurs sociaux, affectifs, historiques et culturels, on peut faire choix dans une première étape de les ignorer ; ce qui ne va pas sans conséquences épistémologiques graves.

Voilà donc les idées. Elles ne suffisent pas cependant à expliquer les raisons de ce développement considérable des disciplines cognitives, ces dernières décennies. Il aura fallu, on le verra plus loin, le prodigieux essor des neurosciences et les progrès spectaculaires accomplis par l'informatique notamment au travers du développement technique d'ordinateurs de plus en plus performants et remettant même en cause les architectures classiques de construction et de fonctionnement des machines.

Pour ne citer que quelques exemples :

1. en neurochimie, on a pu développer l'exploration systématique des substances (neurotransmetteurs et hormones) intervenant dans la biochimie des processus cérébraux et, par là, révolutionner les conceptions traditionnelles et simplistes du cerveau et du neurone ;

2. en neurophysiologie, on sait aujourd'hui enregistrer l'activité de neurones isolés et étudier les multiples situations neuroélectriques de l'organisme ;

3. en neuroanatomie, les techniques d'imagerie cérébrale permettent une précision jamais atteinte dans les cartographies neuronales ;

4. en informatique, en mathématiques et en physique enfin, la mise au point de théorisations, de logiciels et de langages de « haut niveau » favorise une souplesse inattendue dans le traitement des données et la modélisation.

Ce foisonnement de données et d'approches est peut-être à l'origine, d'une part, de certaines confusions quant à l'objet des sciences cognitives et, d'autre part, des positions tranchées que ces mêmes sciences peuvent susciter sous forme d'affrontements philosophiques où la « croyance » entre parfois pour une plus large part que la simple sagesse épistémologique. Ainsi en va-t-il de l'opposition centrale entre *cognitivisme* et *connexionnisme*. Nous le verrons au terme de ce panorama dont l'ambition est d'être introductif, à défaut d'une exhaustivité rendue impossible par la multiplicité des travaux.

1

L'intelligence artificielle
Rêves, réalités et mythes

L'intelligence artificielle : un rêve très ancien

La naissance de l'intelligence artificielle peut apparaître comme contemporaine, du moins dans l'acception moderne du terme, à savoir : *l'utilisation de l'ordinateur comme moyen de simulation des processus naturels ou comme support de capacités ordinairement attribuées à l'intelligence humaine.* En vérité, le désir de réaliser des « machines intelligentes » date de l'Antiquité. Et sans doute, l'une des premières mentions du genre pourrait se retrouver au chant XVIII de l'*Iliade*, dans lequel Héphaïstos, dieu du Feu, avait construit des tables à trois pieds munies de roulettes qui se déplaçaient toutes seules dans les palais des dieux, sortes de robots avant la lettre (Pitrat, 1985) !

Il y eut aussi, dans la tradition juive, le Golem, automate à forme humaine, fait de bois et d'argile, et qui devenait serviteur du rabbin capable d'inscrire un mot magique sur son front. Plus tard, au XVIe siècle, on se mit à rêver d'automates simulant le corps humain. Ce rêve perdura. Au XVIIe siècle, Descartes, lui aussi fasciné par les automates, introduisit l'idée d'« animal-machine », avec déjà l'espoir que certaines activités humaines pouvaient être simulées mécaniquement. Cet espoir prit forme au XVIIIe siècle avec Vaucanson, lequel construisit d'abord un automate joueur de flûte traversière, puis surtout, en 1738, son célèbre canard capable de nager, de battre des ailes — chaque aile était composée d'environ deux mille pièces ! —, d'avaler du grain et de rejeter des fientes, en l'occurrence des boulettes de pain colorées...

La figure frappa les esprits de l'époque et, en 1747, La Mettrie osa franchir le pas en publiant *L'Homme machine* où, pour la première fois, se voyait remise en cause la distinction entre l'homme et la machine. En 1769, un automate encore plus complet vit le jour : celui de Kempelen, prenant la figure d'un Turc assis sur un coffre et placé devant un échiquier. Cet automate eut un grand succès ; c'était en fait une supercherie : un joueur nain s'y trouvait dissimulé, assurant le jeu des pièces. Mais le rêve était lancé et le XXe siècle allait le concrétiser : en 1912, Torrès y Quevedo réalisait un automate à même de jouer les finales roi et tour contre roi, et, en 1945, K. Zuse fut le premier à programmer les règles du jeu d'échecs.

En 1949, C. Shannon, le célèbre concepteur de la théorie de l'information, mit au point les principes de base d'une méthode pour jouer aux échecs. L'année suivante, le logicien anglais A. Turing construisit à son tour un programme d'échecs qu'il avait simulé manuellement (Turing, 1983). Conjointement, on ne cessait d'inventer des automates en vue de reproduire, dans un premier temps, le comportement animal : ce furent, en 1929, Philidog qui pouvait suivre un rayon lumineux et aboyer en fonction de l'intensité de ce rayon, puis vers 1950, les « tortues » de Grey Walter et le « renard » d'Albert Ducrocq, déjà autonomes et capables d'explorer partiellement un environnement. Vers 1947 surtout, A. Turing fut le premier à envisager l'hypothèse de la réalisation d'une créature intelligente et non humaine ; le rapport qu'il écrivit sur ce sujet ne fut guère apprécié à l'époque bien qu'il s'agît déjà de la définition de ces applications qui composent aujourd'hui l'intelligence artificielle : jeux, résolutions de problèmes et démonstrations de théorèmes et traduction automatique.

Alors — mais est-ce un paradoxe ? —, les plus fervents propagandistes d'une future « intelligence artificielle » furent les écrivains. Déjà, c'était à l'un d'entre eux, le Tchèque Karel Capek, que l'on devait la trouvaille du mot « robot », lequel signifie simplement « travail forcé » en langue tchèque. Il y eut surtout une production considérable de science-fiction concourant notamment à la célébrité d'Isaac Asimov et mêlant rêves futuristes et angoisses d'un monde futur asservissant l'homme à la machine.

Mais l'imagination anticipatrice ne suffit pas à fonder une discipline. Si l'intelligence artificielle a connu l'essor que l'on sait lors de ces trente dernières années, c'est grâce véritablement aux progrès conjoints de l'informatique, de la logique, de la psychologie et des sciences du vivant.

Les contributions historiques des sciences du vivant et de la psychologie

Il n'y aurait pas, en effet, d'intelligence artificielle sans cette longue histoire de la médecine qui marque la pensée occidentale jusqu'à ce qu'on parvienne à expliquer nombre des fonctionnements du corps humain, et notamment du système nerveux. Bien des aspects de notre cerveau demeurent encore mystérieux, mais, dès les années cinquante, des modèles de neurones ont pu être développés à partir d'hypothèses précises, inspirées du « câblage » neuronal observé de diverses familles animales, depuis les insectes jusqu'à la pieuvre, la grenouille et le chat.

L'une des plus célèbres machines en réseau, le Perceptron, conçu par F. Rosenblatt en 1958, se fondait ainsi sur un dispositif électrique modélisant grossièrement la cellule nerveuse et constitué d'éléments tous câblés entre eux à l'instar des neurones dans le système nerveux. Une longue lignée de machines en sont issues, utilisées en particulier pour le traitement des images. Plusieurs formules sont possibles en vue de constituer de telles machines.

La méthode la plus simple consiste à définir trois couches : une première couche dite de *réception*, qui reçoit l'information de l'extérieur, telle une cellule photoélectrique excitée par la lumière ; une deuxième couche dite d'*association*, recevant les signaux émis par la première couche et agissant sur la troisième, qui donne la *réponse* du système. Naturellement, ces machines en réseau ont des limites, dans la mesure où elles ne peuvent assurer qu'un traitement global des images, mais depuis quelques années, les travaux sur les modèles connexionnistes ont relancé l'intérêt pour de telles architectures multicouches.

Parallèlement à ces progrès des neurosciences, d'autres travaux allaient inspirer la genèse de l'intelligence artificielle, ceux-là directement issus des recherches des psychologues.

Dès la fin du XIXe siècle ainsi, A. Binet avait attiré l'attention sur les calculateurs prodiges, dont le plus célèbre fut Inaudi. En l'observant, Binet remarqua que la force de sa mémoire provenait autant d'un certain nombre de trucs que de résultats partiels qu'Inaudi connaissait déjà. Les observations sur différents sujets montraient encore que certains calculateurs prodiges disposaient d'une mémoire auditive, et d'autres d'une mémoire purement visuelle. A la veille de la Seconde Guerre mondiale, il y eut surtout les travaux du psychologue néerlandais de Groot qui étudia de façon systématique les stratégies des joueurs d'échecs en corrélation notamment avec leurs motricités oculaires. On s'aperçut ainsi, grâce à de Groot, que la force d'un grand maître aux échecs ne provient pas de la séquence des coups réalisés, mais bien des quelques seuls coups essentiels qu'il sait choisir. Ces observations eurent une influence considérable sur la conception de nombreux programmes d'échecs bien sûr, mais aussi en vue de la résolution de problèmes. Et c'est ici que la logique allait intervenir (Pitrat, 1985).

Les développements de la logique à la source des progrès de l'intelligence artificielle : la machine de Turing

Historiquement, ce sont d'abord les travaux du logicien français J. Herbrandt, mort en 1931, lequel avait déjà mis au point une méthode mécanisable afin de démontrer des théorèmes mathématiques. Herbrandt ne songeait guère aux ordinateurs, mais sa méthode inspira les premières recherches sur les programmes « mathématiciens » et continue de le faire. Il y eut ensuite Alan Turing qui établit un modèle théorique de machine, appelé depuis machine de Turing. Ce modèle allie la simplicité à l'extraordinaire puissance, en même temps qu'il traduit, avec une lenteur apparemment épuisante, toutes les opérations que peut réaliser un ordinateur classique. Il n'est donc pas inutile de décrire au lecteur ce modèle.

1) Dans une machine de Turing, la décomposition des processus en opérations est d'abord ramenée à la limite du possible, et la partie mémoire est représentée sous forme d'un ruban illimité des deux côtés et divisé en cases. Il est clair qu'une machine qui existe réellement ne peut avoir une mémoire infinie (ruban infini), mais la machine de Turing n'a l'ambition de se représenter que comme un schéma idéal, reflétant la possibilité théorique d'agrandissement de l'étendue de la mémoire. En ce sens, elle assure le lien entre la notion d'algorithme et la notion de machine avec mémoire potentiellement illimitée.

La machine de Turing dispose d'un nombre fini de signes (ou symboles) : *S 1, S 2,... S k*, qui forment ce qu'on appelle l'« alphabet extérieur », grâce auquel on code à la fois l'information fournie à la machine et celle qu'elle élabore. Il faut ajouter — et c'est capital —, l'existence du *signe vide* (par définition : *S 1)* dont l'insertion dans une case quelconque du ruban (de la mémoire) efface le signe qui y était contenu et la laisse vide.

A un stade arbitraire du travail de la machine, chaque case ne contient qu'un signe. Chaque information conservée sur le ruban est représentée par un assemblage fini de signes de l'alphabet extérieur, disposés un par un, dans certaines cases du ruban. Au début donc, l'information initiale est marquée sur le ruban, et le travail de la machine s'effectue selon des « temps » successifs, au cours desquels va s'opérer la transformation de l'information initiale en informations intermédiaires (à la fin de chaque étape, la réunion des signes marqués sur le ruban exprime l'information intermédiaire correspondante), c'est-à-dire qu'en regard de l'information initiale I(I), deux cas sont alors possibles :

— Soit, après un nombre de pas déterminé, la machine s'arrête, donne un signal d'arrêt, et sur le ruban se trouve marquée une certaine information B. Dans ce cas, on dira que la machine est applicable à l'information initiale I(I) et la transforme en information résultante B ;

— Soit encore l'arrêt et le signal d'arrêt ne se produisent jamais, et dans ce cas, on dira que la machine n'est pas applicable à l'information initiale I(I). En résumé, la machine ne résout une certaine classe de problèmes que si elle est applicable aux conditions arbitraires de cette classe de problèmes et que si elle est à même de transformer une information en solution de ce type de problèmes et dans le code utilisé.

2) Dans la machine de Turing, le système des opérations

élémentaires, et avec lui le système des commandements, est simplifié à une « adresse », c'est-à-dire telle qu'à chaque temps une seule case de la mémoire entre en jeu seulement : à chaque temps particulier, le commandement prescrit le remplacement d'un seul signe *si* gardé dans la « case vue » (la case de mémoire en jeu à l'étape considérée), par un autre signe quelconque *sj*. Pour *j = i*, cela signifie que le contenu de la case vue n'est pas changé ; pour *j = 1*, cela signifie que, si un signe quelconque est gardé dans la case vue, on l'efface. L'idée qui préside à cette simplification est que le contenu des diverses cases, dont on a besoin pour le processus, se cherche en contrôlant progressivement toutes les cases, l'une après l'autre, jusqu'à ce que ne se manifeste plus de case dont on ait besoin. Apparemment, cela semble allonger la durée du processus, mais en vérité, on gagne beaucoup de temps : dans les commandements du programme, à la place d'adresses arbitraires dans les cases vues, on peut se limiter à utiliser en tout trois adresses standard, représentées ainsi :

— mettre sous la case vue la case voisine de droite,
— mettre sous la vue la case voisine de gauche,
— garder sous la vue la même case qu'auparavant.

La particularité spécifique de la machine de Turing est donc que le traitement de l'information se fait dans le « bloc logique », qui peut se trouver dans un nombre fini de positions indiquées par des séries de signes déterminées *(q 1, q 2,... q m)*. Le bloc a deux canaux d'entrée : par l'un d'eux, à chaque stade du travail de la machine (à chaque temps), passe le signe de la case vue, par l'autre, le signe *q l* de la position qui est prescrite au bloc au temps considéré ; par le canal de sortie, le bloc envoie dans la case vue le signal correspondant « transformé » *s j*, qui est une fonction à une valeur des signaux *sl, ql* donnés à l'entrée. Les commandements qui fixent le travail de la machine à chaque temps distinct ont donc la forme : *Dq l, Gq l, Nq l (l = 1,2... m)*, où le premier signe change l'adresse de la case vue, le second prescrit au bloc logique la position convenable. Les signes *G, D, N, q l,... q m* constituent l'« alphabet intérieur » de la machine.

La spécificité de la machine de Turing est donc qu'on impose aussi au bloc logique l'élaboration, à chaque temps considéré, du commandement qui sera présenté dans le bloc de conduite au début du temps suivant. De la sorte, le bloc logique a, outre un canal pour la distribution des signes *s j*, deux autres canaux pour la distribution des signes de commandement à exécuter au temps suivant. Cela signifie que le bloc logique réalise une fonction qui fait correspondre à chaque paire de signes *s i, q n* (prise parmi l'ensemble de toutes les semblables paires, qui sont au nombre de *k, m)* un triple de signes *s j, P, q l*. De cela résulte que le travail de la machine de Turing est complètement défini par la fonction logique que réalise le bloc logique. En d'autres termes, deux machines de Turing, avec un schème fonctionnel commun, sont identiques au plan de ce qu'elles font.

On peut donc parler d'un « schème de structure » commun à toutes les machines de Turing, lequel schéma reflète *la distinction entre mémoire extérieure et mémoire intérieure*. La mémoire extérieure est représentée par les cases d'un ruban sans fin, destiné à garder l'information codée en symboles de l'alphabet extérieur ; la mémoire intérieure est représentée par deux cases pour la garde des commandements à exécuter immédiatement : la *Q-case* garde le signe de position et la *P-case*, le signe de déplacement. Dans ces deux cases, sont retenus les signes *P, q l*, obtenus à la sortie du bloc logique, pendant le temps de travail considéré, jusqu'au commencement du temps suivant, lorsqu'ils entrent dans le bloc de conduite. La fonction de ce bloc de conduite est, dès lors, d'assurer le déplacement du ruban d'une case au plus, selon le *P-signe* qui y entre.

Le travail de la machine de Turing, en résumé, se fait de la façon suivante : avant de la mettre en marche, on insère sur le ruban l'information initiale et, dans le « champ de vision » de la machine, on place une case initiale déterminée ; dans les cases *P* et *Q* on met les signes de position et de déplacement initiaux. Le processus qui suit s'effectue dès lors automatiquement et en application du schème fonctionnel de la machine.

Ce processus peut apparaître désespérément lent, et impuissant à résoudre de multiples problèmes. Cela fut prétexte d'ironie pour les adversaires de l'intelligence artificielle. En vérité, une machine de Turing universelle — laquelle correspond à la théorie mathématique des fonctions récursives — constitue un modèle idéal des machines abstraites destinées à effectuer potentiellement tous les types de calculs exprimables par des algorithmes.

Une machine de Turing, pour simplifier, c'est la composition : *a)* d'un organe central, capable, comme on l'a vu, de prendre un nombre fini d'états physiques internes ; *b)* d'une mémoire externe — la bande illimitée de papier ; *c)* de périphériques (tête de lecture et tête d'écriture) à même d'extraire ou d'inscrire sur la mémoire externe des « informations », représentées par des suites de symboles d'un alphabet. Le fonctionnement de la machine est donc dirigé par un programme dont les instructions de base sont, d'une part, des changements d'état internes en fonction de symboles reconnus dans la mémoire externe, et, d'autre part, des instructions d'écriture en fonction des mouvements de la bande qui défile devant les périphériques de lecture et d'écriture. Toute opération de calcul consiste alors : *1)* à mettre la machine de Turing en état initial ; *2)* à lui faire reconnaître progressivement une suite initiale sur la bande ; *3)* à transformer cette donnée initiale du calcul, en exécutant les instructions du programme, en vue de construire le résultat du calcul à inscrire sur la bande. Le fonctionnement d'une machine de Turing est donc entièrement tributaire d'un programme. Le modèle des machines de Turing est en vérité une théorie mathématique de l'effectuabilité potentielle, de la calculabilité et de la démonstrabilité. Une machine de Turing modélise donc la compétence d'un calculateur idéalisé opérant sur des suites de symboles au moyen de règles de réécriture, et c'est en ce sens qu'elle demeure un puissant référent des logiques encore à l'œuvre en intelligence artificielle.

L'émergence de la cybernétique

Les progrès suivants dans cette genèse de la théorie des machines furent réalisés au cours de la Seconde Guerre mondiale, lorsqu'il s'est agi de développer, pour les besoins militaires, différents types de dispositifs du domaine aéronautique, dont, en particulier, les radars. Pour mettre au point des mécanismes de commande pouvant prendre en compte des variations déterminées de paramètres tels que la température, l'orientation, la pression, les chercheurs — mathématiciens et électroniciens — s'intéressèrent de très près aux mécanismes neurophysiologiques analogues, intervenant dans la régulation du corps humain. Ces concours interdisciplinaires amenèrent à fonder la *cybernétique*, nouvelle discipline ayant pour vocation de modéliser mathématiquement les processus de traitement de l'information. De là viendront la plupart des fondateurs de l'intelligence artificielle. Entre-temps, les avancées de la linguistique avaient permis de défricher nombre de problèmes liés au traitement du langage naturel et, surtout, les progrès industriels aidant, l'apparition régulière de nouveaux ordinateurs de plus en plus rapides et puissants allait contribuer au développement effectif de cette communauté de travaux et de scientifiques qui, dès 1956, adopterait le nom d'« intelligence artificielle ».

La fondation de l'intelligence artificielle

A partir des années cinquante, apparaissent ainsi les premiers programmes de calcul formel et peu à peu les informaticiens découvrent que leurs machines peuvent servir à bien autre chose qu'à effectuer des calculs, et notamment qu'elles peuvent « manipuler des symboles ». 1956 devient effectivement l'année clé de l'intelligence artificielle. Deux événements y contribuent : tout d'abord la mise au point du premier « vrai » programme d'intelligence artificielle — le Logic Theorist, de Newell, Shaw et Simon, qui peut démontrer des théorèmes de la logique des propositions du type « si *p* et *q*, alors *p* » et « si *non (non p)* alors *p* » ; ensuite la réunion au collège de Darmouth d'une douzaine de chercheurs, réunion au cours de laquelle Newell et Simon présentent leur Logic Theorist, et proposent le terme d'« intelligence artificielle » pour mieux dénommer cette nouvelle perspective de travaux visant à reproduire et à modéliser des conduites jusque-là réservées aux êtres humains.

Rapidement, la recherche va prendre essor dans de multiples domaines : programmes d'échecs, de géométrie, de résolution de problèmes, etc., favorisés par de nouvelles générations d'ordinateurs et, surtout, la mise au point de méthodes de programmation adaptées au traitement des symboles dont la plus célèbre, Lisp, fut développée à partir de 1960 par J. McCarthy. L'enthousiasme est contagieux : en 1958, Newell et Simon lancent leur fameux défi, en prédisant qu'en 1968, dans dix ans au plus tard, un programme verrait le jour, qui serait champion d'échecs et démontrerait un important théorème mathématique. Cette prédiction ne s'est pas réalisée.

En vérité, les programmes de ces débuts de l'intelligence artificielle demeuraient très combinatoires, c'est-à-dire qu'ils étaient capables de tester un très grand nombre de possibilités, sans pour autant pouvoir examiner chacune d'elles en profondeur. Par exemple, s'agissant des programmes de jeux d'échecs, de tels programmes envisagent d'abord tous les coups possibles et, pour chacun de ces coups, passent en revue toutes les ripostes adverses et cela fait, considèrent encore tous les coups possibles. Ces programmes vont donc, comme on dit, jusqu'à la profondeur 3 (ami-ennemi-ami), et si l'on souhaite aller plus loin, le nombre de combinaisons à examiner augmente à une vitesse considérable : en milieu de partie, il y a ainsi une quarantaine de coups possibles et, dès lors, augmenter la profondeur d'une unité multiplie le temps de calcul par quarante environ, de deux unités par 40 x 40, etc. Autrement dit, analyser davantage de combinaisons implique à chaque fois une croissance coûteuse des temps de calcul qui n'est guère suivie d'une amélioration significative des résultats. La seule solution est de reconsidérer l'approche des problèmes et le mode de leur traitement. Tel est l'objectif des recherches les plus actuelles en intelligence artificielle.

Un autre cas, encore plus éclairant, est celui de la traduction automatique. Dès 1956, se fabriquent des programmes qui traduisent, plutôt fort mal que bien, du russe vers l'anglais. Il s'agit en général de dictionnaires dont les compléments grammaticaux demeurent rudimentaires.

Ces tentatives maladroites auront eu au moins la pertinence d'aider à mieux profiler un certain nombre de principes généraux à l'intelligence artificielle, à savoir : *1)* la nécessité de créer des programmes généraux, c'est-à-dire que les connaissances spécifiques à un domaine doivent être indépendantes du programme lui-même, lequel n'est alors qu'un simple *moteur* adaptable à différents types de domaines ; *2)* l'importance de l'*apprentissage* : le système doit être capable de découvrir et d'explorer lui-même les connaissances qui lui sont nécessaires. Ces deux problèmes demeurent centraux dans les développements contemporains.

Vers un modèle des conduites et capacités humaines

De même qu'il en avait été des automates au XVIIIe siècle, les premiers succès de l'intelligence artificielle ont ainsi fasciné les chercheurs, et certains envisageaient allégrement de parvenir à construire des machines à l'égal de l'intelligence humaine et, qui sait, supérieures. D'où l'emprunt de nombreux programmes aux résultats d'expériences de psychologie. Conjointement, les projets issus de la cybernétique, en écho des modèles de la cellule nerveuse, continuaient de faire leur chemin, suite au Perceptron de F. Rosenblatt (1958), dont l'élément de base, on l'a vu, était un schéma plutôt grossier du neurone. La situation se développa de la sorte, jusqu'au milieu des années soixante. Puis un tournant s'opéra aux alentours de 1965, lorsque apparurent de nouveaux ordinateurs plus puissants. Depuis, deux approches continuent de coexister en intelligence artificielle : la première, de type combinatoire, utilise la machine pour expérimenter le maximum de possibilités ; la seconde s'efforce d'approcher de modèles les plus proches de nos capacités humaines, en ayant recours pour ce faire à diverses contributions interdisciplinaires.

Ces deux types d'approche ont connu des fortunes diverses. Il est manifeste que la première, l'approche combinatoire, connut un grand succès dans les années soixante-dix, succès favorisé par la puissance des nouveaux calculateurs. Ainsi, en reprenant l'exemple du jeu d'échecs, les possibilités de calcul offertes, la diminution des coûts temporels ont fait qu'en pratique on a pu arriver à des profondeurs de l'ordre de huit, avec des programmes ne commettant jamais d'erreurs dans le calcul des ripostes à l'adversaire, et en 1967, R. Greenblatt a pu enfin proposer un programme d'échecs à même de battre sans difficulté un joueur « normal ». A la même époque, de nouveaux et nombreux automatismes — les robots — ont vu le jour, souvent bien plus complexes et passionnants que les robots industriels qui depuis se sont répandus. Nous y reviendrons.

Mais dans ce même temps où la combinatoire était poussée à ses limites, une équipe de l'université Stanford mettait au point un programme nommé Dendral, destiné à analyser les résultats obtenus en spectrographie de masse. La quantité de connaissances nécessaires dans ce cas est considérable, défiant toute combinatoire, et il fallut bien évidemment bâtir un système capable de gérer de tels stocks de connaissances. C'était l'ancêtre de nos modernes systèmes experts. Une révolution nouvelle s'installait en intelligence artificielle. La discipline avait acquis droit de cité : en 1969, se tint le premier congrès international des spécialistes du domaine et, en 1970, paraissait le premier numéro de la revue *Artificial Intelligence*.

L'expansion de l'intelligence artificielle

A partir de ce congrès de 1969, les différents travaux, qui jusque-là se glissaient au hasard des multiples colloques d'informatique, se regroupèrent dans la revue *Artificial Intelligence* et, de 1970 à 1980, les progrès se multiplièrent. Ce fut le cas, d'abord, dans le traitement des langues naturelles : après d'infinies tentatives pour passer directement du russe à l'anglais, on comprit qu'était nécessaire une étape intermédiaire qui devait consister à représenter le sens indépendamment de la structure en surface de la langue naturelle, et qu'il fallait donc concevoir deux programmes : un *analyseur* chargé de cette représentation sémantique du texte, et un *générateur* pour reconstruire cette représentation dans l'autre langue. A partir de là, on sut mieux comment donner des instructions à un robot, dans la mesure où ces ordres pouvaient être traduits en « représentation du sens » et, de là, en « programme autonome ».

Conjointement, les progrès des machines aidant, des stocks considérables de connaissances purent être installés en ordinateur. Un des premiers systèmes experts fameux, Mycin, mis au point à Stanford en 1974, se révélait ainsi capable de diagnostiquer, parmi de multiples données, une infection bactérienne et de prescrire les traitements nécessaires.

Là encore, les progrès conceptuels furent acquis lorsqu'on comprit la nécessité de séparer la base de connaissances et le programme — ou « moteur d'inférences » — chargé de les traiter. Dans un programme ordinaire, en effet, les connaissances sont intriquées aux instructions destinées à les utiliser : on dit qu'elles sont sous forme « procédurale ». Dans un système expert, les connaissances sont stockées, sans mode d'emploi immédiat : on dit qu'elles sont sous forme « déclarative ». Il est beaucoup plus commode de fournir à un système des connaissances « déclaratives » parce qu'on peut les modifier facilement, en ajouter ou en retrancher. Cela nécessite en retour une grande qualité du moteur d'inférences destiné à les traiter, mais une fois réalisé, il n'est plus remis en cause et, du fait de sa séparation vis-à-vis de la base de connaissances, on peut encore lui demander, à des fins de contrôle, le raisonnement qu'il a suivi. C'est encore vers 1975 qu'A. Colmerauer conçut le langage Prolog, dont on sait les multiples applications depuis.

Depuis lors, l'intelligence artificielle n'a plus guère à prouver la pertinence de ses méthodes et son rôle au sein des sciences cognitives. Cela ne signifie pas pour autant que tous les problèmes soient résolus. En particulier, deux questions demeurent cruciales : si l'on veut utiliser efficacement une quantité importante de connaissances, il faut un moteur d'inférences capable de choisir à chaque fois lesquelles considérer et de savoir comment les employer : c'est le problème de la formulation des *métaconnaissances* nécessaires pour une bonne exploitation des systèmes ; l'autre question est celle de la mise en relation interne des connaissances multiples et afférentes à des domaines de savoir complexes : aucune stratégie préconçue n'est possible ; il faudra bien parvenir à des systèmes capables d'*apprentissage*, c'est-à-dire de construire, à partir de connaissances antérieures, de nouvelles connaissances. Deux problèmes redoutables qui rendent encore discutable l'unité des approches en intelligence artificielle (Pitrat, 1990).

D'où la délimitation des champs spécifiques qui la soustendent : systèmes experts, simulation du raisonnement, traitement du langage, reconnaissance de la parole, représentation des connaissances et robotique.

Les systèmes experts

S'il est coutumier d'entendre que les systèmes experts raisonnent « comme des experts humains », cela ne veut rien dire d'autre que leur démarche ressemble plus ou moins à celle qu'adopterait un expert sur un problème donné. La plupart des systèmes experts ne sont que des « simulacres » de raisonnements, mais, en ce sens, leur vertu essentielle — en dehors des services considérables qu'ils peuvent rendre — est bien celle de poser question sans cesse quant à la nature du raisonnement humain.

Pour concevoir un système expert, il faut d'abord analyser le raisonnement d'un expert humain sur le domaine considéré en vue de coder ce raisonnement en termes logiques et informatiques, puis il faut construire en machine une synthèse artificielle de telle sorte que l'ordinateur procède de la façon la plus proche possible de ce raisonnement. Tout repose, au départ, sur la méthodologie d'entretien avec cet expert humain, et ensuite sur la capacité à analyser les différents types de raisonnement (déduction, implication, intuition, etc.) impliqués dans le domaine en question, afin de modéliser ces raisonnements. Dans la pratique, donc, l'expérience, la compréhension et le jugement du concepteur de système vont jouer un grand rôle.

Une théorie admise fait distinguer trois niveaux de connaissances, lesquels vont différencier les trois phases d'étude et de mise au point d'un système expert : un niveau structurant, un niveau conceptuel et un niveau cognitif.

Le *niveau structurant* organise le mécanisme qui construit la « certitude », laquelle va dépendre de l'état des connaissances dans le domaine. Cette certitude va varier selon qu'il s'agira de physique ou de médecine ou de géologie. De cette structuration du domaine vont dépendre les types de représentations formelles des connaissances élaborées et les processus déductifs établis à l'intérieur de ces connaissances.

Le *niveau conceptuel* consiste à définir et spécifier les différents types de concepts opératoires utilisés par l'expert. Ces concepts correspondent aux « nœuds » du raisonnement d'expertise. A chacun sera associé un « descripteur élémentaire » exprimé dans le formalisme précédent.

Le *niveau cognitif* enfin rassemble l'ensemble des connaissances mobilisées par l'expert. Ces connaissances doivent toutes pouvoir être exprimées dans le formalisme du premier niveau et à travers les descripteurs du niveau conceptuel.

En résumé, un système expert est conçu pour fonctionner comme intermédiaire entre l'expert humain d'un domaine de connaissances et l'utilisateur potentiel de ces connaissances, utilisateur qui doit pouvoir acquérir une pratique analogue à celle de l'expert grâce à l'observation des fonctionnements du système. Surtout, ce que les systèmes experts introduisent et que les programmes informatiques classiques ne prennent pas en compte, ce sont des modes de raisonnement du type *savoir-faire*, autrement dit des *heuristiques* (du grec *heuriskein* : trouver), qui sont des processus d'exploration, de découverte et de mise en œuvre de savoirs locaux ou composites. De plus en plus, on s'approche ainsi de la façon dont chacun de nous procède pour se construire des connaissances au cours de la vie et lors de la rencontre avec de nouvelles expériences.

Une architecture en trois composants

C'est pourquoi l'essentiel d'un système expert repose sur son architecture en trois composants :

— La *base de connaissances*, qui contient l'ensemble des informations relatives au domaine traité et qui est écrite dans un langage de représentation des connaissances ;

— La *base de faits (mémoire de travail)*, qui enferme les données des problèmes à traiter et qui, en conservant la trace des raisonnements produits, joue le rôle de mémoire auxiliaire ;

— Le *moteur d'inférences* enfin, c'est-à-dire le programme destiné à utiliser les données et les heuristiques de la base de connaissances pour résoudre les différents problèmes afférents à ces informations et à ces données.

Le moteur d'inférences a donc un rôle important, qui est celui de sélectionner, de valider et de déclencher les règles nécessaires à la résolution de tout problème posé. Ce moteur d'inférences peut être de conception générale et applicable à une gamme variée de bases de connaissances. Mais ce n'est pas un modèle de déduction généralisée ; il existe un grand nombre de moteurs d'inférences et la recherche à ce niveau mobilise toujours les efforts des scientifiques.

Les outils logiques

Les questions logiques et techniques ouvrent ici un vaste champ d'interrogations à caractère cognitif quant aux statuts et aux modèles du raisonnement « naturel » : une déduction classique et contraignante peut fort bien, en effet, ne pas aboutir tout en donnant une conclusion « vraie », là où un raisonnement « approximatif » se révélera efficace bien que produisant des résultats à première vue erronés. D'où l'importance des travaux logiques les plus récents sur le « flou », le « vague » et « l'incertain » permettant de prendre en compte et de modéliser des continuums de possibilités allant du vrai au faux et où chaque événement sera, par exemple, affecté d'un coefficient de vraisemblance compris entre – 1 (le définitivement faux) et + 1 (le vrai). Mais jusqu'ici, les chercheurs ont été impuissants à construire des systèmes capables de modéliser simultanément des raisonnements « certains » complexes et des raisonnements « incertains ».

L'objectif général est cependant de parvenir à élaborer un système général constitué d'un nombre imprécisé de couches de *métaconnaissances*, qui constitueraient en quelque sorte la base de base de connaissances d'un futur système potentiel en stratégies de métaraisonnement et en expertise d'autres systèmes. Tel est le projet auquel s'attachent des chercheurs comme J. Pitrat, R. Kowalski ou A. Bundy (Ganascia, 1985, 1990 ; Pitrat, 1990).

Dans l'immédiat, la construction des systèmes experts continue donc d'emprunter à une gamme d'outils, plus ou moins cohérente, et selon cette méthodologie en trois étapes : le « dialogue » avec un expert humain d'un domaine, la formalisation des connaissances recueillies, la mise au point finale de la base de connaissances. Le dialogue avec l'expert humain est crucial : il s'agit de détecter les points clés de la connaissance, les nœuds du raisonnement, d'identifier avec précision les objets, les concepts et les fils conducteurs qui orientent le parcours des savoirs et des savoir-faire de l'expert. Il ne faut, à ce propos, négliger aucun détail linguistique : les mots techniques ne suffisent pas ; encore faut-il repérer les ambiguïtés, les mots du vocabulaire courant et leurs emplois, les qualifications, etc. La présence de linguistes se révèle ici précieuse.

Dans une seconde étape, il importe d'organiser les raisonnements sous-jacents à ces discours de l'expert, et cela est d'autant plus difficile qu'on est en présence de processus cognitifs et expressifs « naturels », lesquels ne suivent pas forcément les étapes analytiques (décompositionnelles), familières au discours scientifique. Chacun de nous, lorsqu'il s'agit d'analyser un problème, fait d'abord un raisonnement global, puis des contradictions apparaissent, et ce raisonnement s'affine jusqu'à parvenir à une conclusion exempte de controverse. C'est le raisonnement du *sens commun* qui intrique connaissances générales, expertises locales et heuristiques de construction du savoir à partir des savoir-faire. Modéliser ce type de raisonnement, compte tenu de la diversité de ses formes argumentatives et stratégiques, n'est pas une mince affaire. Cet objectif concerne autant les linguistes, les cogniticiens que les logiciens et les informaticiens.

C'est pourquoi se sont développés tant de travaux modernes sur les *coefficients de vraisemblance*, et surtout sur l'introduction de la *non-monotonie* dans les systèmes de production et les logiques de représentation. Les coefficients de vraisemblance permettent de construire des raisonnements incertains en affectant des poids de vérité ou de vraisemblance aux inférences successives, pour ensuite combiner ces poids entre eux afin de définir des stratégies de raisonnement. Du côté des procédures non monotones, on dira que tel est le cas d'un système si le retrait d'un événement, dans une base de faits cohérente, est susceptible de conduire à une contradiction. Exemple classique : si « Zoé est une autruche » et que le système expert en infère qu'elle est un oiseau qui ne vole pas, et qu'ensuite on retire de la base de données l'événement « Zoé est une autruche », le système va pouvoir inférer que Zoé est un oiseau qui vole, puisqu'elle n'est plus une autruche. On a donc une contradiction à résoudre du fait de la coexistence de « Zoé vole » et de « Zoé ne vole pas » (Ganascia, 1985).

Cette gestion de la « non-monotonie » se révèle coûteuse, et peut même conduire à ce qu'on appelle une « explosion combinatoire », c'est-à-dire l'impossibilité de contrôler les multiples paramètres du raisonnement et de sa modélisation en termes de sous-procédures. Ce problème théorique et pratique motive actuellement les chercheurs et des réalisations en ce sens ont vu le jour : le Truth Maintenance System de Doyle, les réseaux sémantiques à propagation de Fahlman ou encore la circonscription de McCarthy. Mais on ne peut procéder que cas par cas, et à chaque fois, en élucidant le plus exhaustivement possible les raisonnements des experts en vue d'élaborer des niveaux structurants. Cela semble parfaitement atteignable dans des systèmes du type aide au diagnostic médical, où il s'agit souvent de caractériser une situation à l'aide d'un descripteur (par exemple : maladie = rougeole, symptômes = fièvre, boutons, etc.) ; cela l'est moins dans les situations de résolution de problèmes et de planification des tâches où, comme en robotique, le problème à résoudre n'est défini que par un ensemble de contraintes à optimiser alors que, parallèlement, l'environnement évolue dans le temps même de l'exécution de ces tâches et qu'il faut mémoriser les actions exécutées pour éviter des séquences d'opérations dont l'une effacerait la précédente. Pour y parer, il faut donc savoir introduire des règles générales contrôlant les actions accomplies, d'où la nécessité de faire recours à des logiques d'ordre supérieur.

Mais les problèmes de constitution de systèmes experts ne s'arrêtent pas à cette simple première phase du niveau structurant. Une fois un formalisme établi à partir de ce niveau, il reste à savoir comment utiliser ce formalisme pour orienter l'écriture de la base de connaissances. Pour ce faire, il faut d'abord définir un langage d'expression — c'est le niveau conceptuel —, et ensuite adapter ce langage à la transcription des connaissances de l'expert. Dans le premier cas, l'important est de déterminer l'ensemble des descripteurs et des prédicats employés par l'expert ; dans le second cas, il s'agit de traduire correctement le type de savoir en question et les connaissances circonscrites. Problèmes délicats qui font que les systèmes experts sont toujours encore en phase de développement, mais qui, en même temps, font considérablement progresser la recherche en sciences cognitives.

L'enjeu est en effet considérable, à la fois technique, industriel et théorique. Du côté industriel, c'est la multiplication actuelle des systèmes experts pour une variété considérable de domaines. De nombreux savoir-faire du monde de l'entreprise peuvent être partiellement rationalisés, assurant ainsi des gains de productivité non négligeables ; d'autres surtout doivent être mémorisés, sous forme de « capitalisation des savoirs », ne serait-ce que pour éviter leur perte en cas de disparition d'un expert. Il s'agit autant de permettre à des profanes d'accéder à une connaissance que de garantir une entreprise, une compétence, un investissement technologique contre la « fuite des cerveaux » (Ganascia, 1985, 1990).

Du côté technique, il s'agit de cette révolution qu'apportent les nouveaux ordinateurs mis sur le marché : de puissants systèmes experts peuvent être maintenant installés sur des machines de taille réduite, aisément manipulables et à grande diffusion.

Du côté théorique, si les rêves futuristes de machines « supérieures » en intelligence à l'homme se révèlent peu fondés, il est manifeste que c'est du côté des systèmes experts que les progrès les plus importants sont à attendre vers une « intelligence artificielle ». Cela non seulement au plan des connaissances, mais surtout dans le développement de modèles aptes à gérer ces connaissances sous forme de métaconnaissances en machines capables, dès lors, d'acquérir et d'utiliser de nouvelles connaissances, et surtout d'expliciter mieux que nous ne savons le faire les processus par lesquels nous-mêmes apprenons et nous représentons nos propres connaissances (Prince, 1991 ; Hoc, 1991).

La représentation des connaissances

Le thème de la représentation des connaissances envahit aujourd'hui le champ des travaux en intelligence artificielle. Les ambiguïtés n'en sont pas pour autant levées : de quelles « connaissances » s'agit-il ? Et qu'appelle-t-on « représentation » ? Savoir répondre à une liste de questions ne signifie pas forcément « connaître » un sujet. Toute vraie connaissance suppose l'usage à bon escient des informations qui sont les nôtres. Quant aux représentations qu'on pourra se faire de ces informations, elles dépendront de multiples facteurs dont chacun, isolément, pourra les orienter différemment : la situation, le domaine concerné, la personne visée, les « notions » organisant la connaissance, le « langage » dont on dispose, etc. Les classifications du savoir sur un domaine n'ont ainsi d'autre vertu que celle de nous aider à « ranger nos idées ». Comment ensuite les organiser, les orienter, tel est effectivement le problème des métaconnaissances nécessaires pour *apprendre à savoir utiliser les connaissances* et, par suite, à « délier » les moteurs d'inférences inhérents à de multiples systèmes experts (Krivine, David, 1991).

Si le propre d'un système expert est de savoir « raisonner », cela, dans bien des cas, passe encore par la représentation des connaissances en termes de règles de production du type : « *Si* prémisses *alors* conclusions. » Ces règles sont souvent des propositions logiques reliées par des opérateurs « et », « ou », « non ». Exemple : la proposition « *Si* (A et B) *alors* C » qui organisera des séquences du type : « *Si* pression normale et débit normal, *alors* pompe en bon état. » De telles règles, empruntées à la logique des propositions, permettent la formalisation d'algorithmes simples pour les moteurs d'inférences, lesquels vont avoir pour rôle de déterminer quelles règles seront applicables à tel moment donné et sur tel ou tel problème de connaissances. Cependant, l'objectif des chercheurs étant de parvenir à des formalismes de représentation « déclaratifs », c'est-à-dire exprimant les connaissances indépendamment de la manière de les exploiter, la logique des propositions se révèle vite impuissante à y contribuer. D'où le recours massif à la logique mathématique ou encore à la logique des prédicats, ou logique du premier ordre, inspirant ainsi les langages Prolog (mis au point par A. Colmerauer) ou Snark (conçu par J.-L. Laurière de l'université Paris-VI) ou encore Tango (développé par M.-O. Cordier, au laboratoire de recherche en informatique d'Orsay).

En règle générale, le reproche qu'on peut faire aux différents systèmes jusqu'ici développés est qu'ils sont contraints de suivre des raisonnements nécessairement rigoureux sous la forme exclusivement déductive. La logique des propositions comme celle des prédicats sont des logiques catégoriques, ne distinguant que deux valeurs de vérité : le vrai et le faux. Il n'en va pas de même dans les fonctionnements naturels de nos connaissances, lesquelles procèdent plus souvent de l'à-peu-près que du « vrai » *stricto sensu.* Souvent, les experts consultés avant toute élaboration d'un système expert témoignent de ces jeux d'approximation qui vont fonder une compétence humaine.

Mais un autre problème provient de ce que les données auxquelles on appliquera des règles ne sont pas toujours exemptes d'erreurs ou d'imprécisions ; auquel cas il faut nécessairement leur appliquer un « coefficient de vraisemblance ». Enfin, il peut arriver que plusieurs règles aboutissent à une même conclusion, mais avec des coefficients de vraisemblance différents ; ce qui implique de faire recours à la théorie des probabilités. Par exemple, dans la succession de règles déductives suivantes :

— « Si la voiture cale lorsque le moteur est au ralenti, c'est probablement (coefficient 0,7) à cause du système d'allumage ;

— Si la voiture démarre difficilement lorsque le moteur est froid, c'est probablement (coefficient 0,6) à cause du système d'allumage » (Gallaire, 1985).

En admettant que les faits soient vérifiés, il y a donc deux règles approximatives conduisant à la même conclusion : le système d'allumage. Mais en quoi et comment convergent-elles ? On ne peut le trancher que par un système de pondération des règles, sous forme de valeurs approximatives, telles que les formula un des premiers systèmes experts : le système Mycin, réalisé par E.H. Shortliffe et son équipe, à Stanford, pour simuler le raisonnement médical. Mycin utilise une technique « floue » pour conseiller les médecins sur le choix d'un antibiotique afin de traiter les infections bactériennes avant qu'on ait pu identifier avec certitude le germe responsable de telles infections ; les mécanismes de son moteur d'inférence sont fondés sur quelques centaines de règles du type : « *Si* : le germe est positif à la coloration de Gram, *et* que sa morphologie est celle d'un coque, *alors* : cela induit (0,7) qu'il s'agit d'un streptocoque. » En conséquence, on peut soumettre au système chaque dossier d'un patient, par exemple : « Homme de quarante-cinq ans ; céphalée depuis dix jours ; ponction lombaire ; protéines : 253 mg/dL ; globules blancs : 790/mm^3 dont 89 % de lymphocytes. » La tâche du système est alors de sélectionner les règles susceptibles de s'appliquer à ce cas et d'en dégager les hypothèses diagnostiques adéquates, puis de remonter de ces hypothèses à leurs conditions origines *(chaînage arrière)* pour solliciter éventuellement d'autres informations, d'évaluer ensuite le degré de certitude des diagnostics probables et, enfin, de prescrire la thérapeutique la mieux appropriée (Gallaire, 1985 ; Pitrat, 1986 ; Ganascia, 1990).

Pensée naturelle, catégories et prototypes

Tout cela témoigne, encore une fois, de l'approximation inhérente à nos modes de pensée naturels, de même que de l'imprécision des connaissances « en situation », par suite de la difficulté de modéliser de telles stratégies de raisonnement, faute d'outils logiques adéquats. Nous savons bien, par exemple, que tous les oiseaux ne volent pas, mais si on nous dit qu'un oiseau est venu percuter un avion — chose plus fréquente qu'on n'imagine —, nous le croirons volontiers, parce que communément nous admettons que « les oiseaux volent ». Autrement dit, nous raisonnons, faute de mieux, sur des « globalités », des « catégorisations » nécessairement incomplètes (Dubois, 1991).

C'est ce qu'on appelle aujourd'hui le *raisonnement par défaut* (Kayser, 1987). Cela implique de réfléchir à l'opportunité de nouvelles logiques, dites *non monotones*, c'est-à-dire capables de prendre en compte des vérités « relatives » comme il en va dans nos raisonnements quotidiens. Des progrès ont été faits en ce sens, mais il demeure la difficulté de devoir traiter en réalité d'*objets* et de *relations* entre ces objets, surtout lorsqu'il s'agit de construire des bases de données.

D'où, face à ces problèmes, la multiplication de réseaux sémantiques visant à représenter des domaines de connaissances, tous empruntant à la psychologie ou à la linguistique. L'idée est toujours d'établir un graphe exprimant des relations entre éléments constitutifs d'un univers, une sorte de modèle du monde dans lequel se situe le problème à traiter. De cette façon, il apparaît acceptable et commode d'organiser des concepts, de les classifier, de les hiérarchiser ; par exemple : « mammifère = vertébré », « mammifère = porteur de mamelles », etc., peuvent s'intégrer dans un graphe sous forme de nœuds conceptuels reliant entre eux « mammifère », « vertébré » et « mamelles » *modulo* des relations du type *est-un* ou *possède*. On dira alors que le « sens » de chaque nœud du graphe est défini par l'ensemble des concepts qui seront rattachés à ce nœud par l'intermédiaire de relations prédéfinies.

Les réseaux sémantiques ont connu une grande vogue il y a quelques années. Ils ne sont plus guère utilisés aujourd'hui, mais on les retrouve sous-jacents à bien des formalismes, où, quelle que soit la complexification des règles avancées, celles-ci reposent toujours sur une description et une classification d'*entités* initiales, sans trop qu'on ait bien le temps de vérifier la pertinence de telles classifications.

Une approche plus moderne se fonde sur la notion de prototype *(frame* en anglais). Il s'agit de modèles visant à organiser des univers en « classes d'objets ». L'usage courant, lorsqu'on représente une classe d'objets, est de considérer les propriétés que ces objets partagent en commun — par exemple : mammifère = animal à sang chaud, porteur de mamelles, allaitant ses petits, *type* : la « vache », etc. La description qu'on fait alors s'inspire toujours d'un « représentant » de la classe en question, lequel reçoit le statut de prototype. Et comme les classes naturelles s'organisent en hiérarchies, ce processus de décomposition en propriétés et caractéristiques, se répétera de même pour les sous-classes : « lapin », « chat », etc.

Si l'on considère un prototype de la classe « chat », il comportera nécessairement une partie fixe commune à tous les éléments de la classe (« tous les chats »), et une partie variable caractérisant chaque instance et différente d'une « sous-espèce » de chat à une autre. On dira que les attributs représentent l'ensemble des caractéristiques attachées aux éléments d'une classe. Certains *attributs* vont avoir le statut non pas de données naturelles ou numériques, mais de « procédures » — de sous-programmes — organisant des dérivations ou des extensions à partir d'un prototype, exemplifiant une classe. En résumé : d'un côté, les attributs contribuent à définir les « états » de l'objet ; de l'autre, les procédures aident à construire ce que cet objet « sait faire » ou « ce qu'on peut lui faire faire », soit en agissant sur son propre état interne, soit en le faisant agir sur d'autres objets. On peut ainsi construire des relations entre attributs de prototypes et, lorsqu'un objet sera créé, les valeurs qu'on attribuera à ses attributs permettront alors de le distinguer à l'intérieur d'une classe. Ces notions d'objet et d'attribut ont été reprises à l'intérieur d'une nouvelle famille de langages de programmation, apparemment mieux adaptés au traitement des connaissances ; le plus connu de ces langages est *Smalltalk*, conçu par A. Kay chez Xerox. Ces langages visent à intriquer structures de données et procédures.

Les problèmes sémantiques et cognitifs

La question qui demeure est celle des moyens de trier entre les types de formalismes existants selon encore les applications qu'on en attend. La plupart de ces formalismes ne sont que des variantes les uns des autres. Cette situation témoigne d'un réel déficit de modèles sémantiques (Visetti, 1991). Alors, il ne reste au mieux qu'à tenter de privilégier la neutralité des représentations que le chercheur construit, et cela impose d'employer le plus souvent des formalismes « déclaratifs », impliquant des sélections précises dans les informations qu'on intègre. Par exemple : on peut choisir d'insérer la connaissance : « Si un vertébré allaite, alors c'est un mammifère », mais on peut aussi déclarer symétriquement : « Si un vertébré est un mammifère, alors il allaite ses petits. » Intégrer de telles règles symétriques pose de nombreuses difficultés : le danger est celui d'aboutir à des raisonnements de type strictement circulaire, pour la simple raison qu'il demeure difficile encore de gérer techniquement de telles équivalences, pourtant naturelles à nos raisonnements ordinaires (Rastier, 1991).

Autre problème déductible du précédent : celui de savoir harmoniser certaines complémentarités des formalismes. Exemple : un système expert devant diagnostiquer des pannes mécaniques devra non seulement être compétent en technique des dispositifs à gérer, mais encore capable d'intégrer à la fois les lois de la physique nécessaire et les enseignements des dysfonctionnements ou échecs rencontrés. Aucun formalisme n'est capable d'organiser des compétences aussi différentes. Il faut en convoquer plusieurs, chacun devant se charger d'un type de problème, sans qu'on sache trop les conséquences de ce choix sur le formalisme voisin. Nous ne disposons à l'heure actuelle d'aucune certitude sémantique et cognitive quant à ce que pourrait être un système « multifonctionnel » sinon universel de représentation des connaissances. Faute de quoi, le terme d'intelligence artificielle ne fait que recouvrir une nébuleuse de programmes strictement spécifiés et fonctionnant comme systèmes experts applicables à une situation et à nulle autre. La question de l'« intelligence » de tels systèmes demeure ouverte : au-delà des performances remarquables de certains d'entre eux, nous sommes encore bien éloignés des capacités adaptatives et combinatoires de l'esprit humain (Laurière, 1982 ; Kayser, 1984 ; Gallaire, 1985).

Pour prendre un exemple qui continue d'impressionner, le système d'aide au diagnostic médical, conçu en 1972 par P. Lenoir à Rennes, avait acquis en 1983 la « compétence » de 2 900 maladies et de 27 000 symptômes. On était en droit de supposer qu'il englobait toutes les connaissances requises en médecine moderne. En vérité, ses capacités de raisonnement demeurent parcellaires.

De même le système Internist, créé à Pittsburgh par H.E. Pople et J.D. Myers, vise-t-il à simuler une consultation médicale en procédant de la façon suivante : pour chaque signe ou symptôme, Internist produit d'abord des hypothèses de diagnostic, puis, pour chaque hypothèse, il établit quatre listes : celle des manifestations que cette hypothèse interprète, celles non explicables, celles qui devraient être présentes, mais ne le sont pas, celles enfin qu'il convient de rechercher pour compléter le tableau clinique. En 1982, Internist pouvait ainsi gérer 500 profils pathologiques et 3 500 symptômes. Depuis lors, sa mémoire s'est encore considérablement accrue. Mais qu'appelle-t-on dans un tel système, le « profil » d'une maladie ? Pour Internist, c'est une liste de manifestations filtrées selon plusieurs indexations : force avec laquelle le signe évoque la maladie *(evoking strength)*, fréquence d'apparition de ce signe, type clinique correspondant, gravité de l'affection éventuelle. Ces indexations permettent de calculer un « score » pour chaque hypothèse de diagnostic et d'établir en conséquence une échelle des hypothèses possibles. A partir de celle la plus probable, se construit alors une « zone de problème » et lorsqu'une hypothèse atteint un score plus élevé que les autres, elle est adoptée et permet ainsi de construire une nouvelle zone de problème en vue de traiter les manifestations auparavant négligées, et ainsi de suite. La question délicate, c'est bien sûr ici de savoir comment délimiter une zone de problème : comment établir des « frontières » de sens entre différents types de manifestations ? Au nom de quoi ensuite les catégoriser ? Et comment relier enfin ces catégorisations en vue de les hiérarchiser de façon non équivoque ?

Les rêves initiaux de conception de systèmes experts capables à la limite de remplacer le médecin sont donc aujourd'hui révisés en baisse. Non seulement parce que la profession médicale sait y faire subtilement obstacle, mais encore, tout simplement, parce que, dans l'état actuel de notre ingénierie des connaissances, de tels dispositifs relèvent strictement de la science-fiction. Il faudrait imaginer des programmes engrangeant tous nos savoirs sur toutes les maladies connues, capables de relier et d'interpréter quantité de manifestations cliniques, et surtout capables de se mettre à jour eux-mêmes en compilant toutes les données quotidiennes de la recherche médicale. Il faudrait encore que ces programmes, confrontés à des experts humains, apprennent immédiatement les stratégies de raisonnement de ces experts, et même puissent les corriger. Pour réussir tout cela, ils devraient encore être capables de se corriger eux-mêmes, d'ajuster leurs méthodes de résolution, de catégoriser dans le probable, de *juger* en définitive ; toutes opérations qui fondent nos apprentissages humains jusqu'ici inégalés. Cela supposerait encore qu'il existât une « logique universelle » des inférences médicales, ce qui est un point de vue proche du mécanicisme naïf.

C'est pourquoi, aujourd'hui, les efforts de recherche portent nécessairement et judicieusement sur les problèmes de théorisation sémantique et cognitive sous-jacents à la représentation des connaissances, sur la mise au point de complémentarités entre formalismes et sur l'ébauche de systèmes « apprenants », c'est-à-dire capables d'intégrer les découvertes qu'ils font, y compris de leurs propres erreurs, et d'en modifier en conséquence leurs « logiques » sinon leurs architectures. Les systèmes experts qui ont fait leurs preuves jusqu'ici, tant en médecine qu'en industrie ou en recherche, sont plutôt de « petits systèmes » ajustés à des situations et à des problèmes bien spécifiques (logiciels de spécialité), mais acceptant la dimension du bricolage, c'est-à-dire de leur transformation et de leur perfectibilité constantes, dimension qui devra autant alors à l'expert qu'à l'utilisateur avisé (Visetti, 1991).

Ainsi en va-t-il de nombre de développements récents, non plus seulement dans les systèmes, mais dans ces domaines aux applications de plus en plus performantes que sont la robotique industrielle ou la reconnaissance de la parole.

Robotique et nouveaux robots

Les automatismes industriels sont historiquement, on l'a vu, les plus précoces des applications informatiques. D'où la coexistence, dans nos ateliers et nos usines, de plusieurs générations de dispositifs : ceux — familiers au public — qui exécutent des séries de mouvements préenregistrés et dits de « première génération » ; ceux dotés de moyens simples de perception-vision de ce qu'ils font et, pour certains cas limités, de faculté décisionnelle et dits encore de « deuxième génération » ; ceux, enfin, appelés de « troisième génération », qui tentent aujourd'hui de composer capacités perceptives et autonomie d'action en regard de différents types de variations dans les tâches qu'on leur confie. L'ambition est de faire de ces dispositifs une nouvelle génération de robots, capables tout autant d'apprendre, de comprendre et de modéliser une très grande quantité d'informations, et cela sans aide humaine.

Nous sommes relativement loin ici de l'intelligence artificielle, laquelle requiert l'interaction avec un utilisateur humain : ces robots mobiles du futur devront agir et se contrôler de façon autonome. Mais cette ambition d'autocontrôle implique encore la résolution de multiples problèmes : comment « comprendre » et « s'adapter » à la « réalité » ; élaborer en conséquence des plans d'action et, surtout, savoir prendre en compte non seulement les pannes, mais les perturbations dans la perception de l'environnement et l'action sur cet environnement ?

L'histoire des progrès dans le développement de tels types de robots est déjà longue : dès la fin des années soixante, en 1968 précisément, fut élaboré, au Stanford Research Institute de Californie, un premier projet de robot mobile autonome complet, baptisé Shakey (Nilsson, 1969) ; d'autres projets un peu partout l'imitèrent sous la forme de robots capables de détecter et d'éviter des obstacles simples, robots en général dotés alors de schèmes perceptifs en deux dimensions. L'objectif sous-jacent était celui de contribuer à la mise au point de futurs systèmes autonomes d'exploration spatiale, notamment pour la planète Mars : tels le JPL Mars Rover ou le Mars Roving Vehicle, développés par le Jet Propulsion Laboratory de la NASA et le Rensselaer Polytechnic Institute de New York (Alland et *al.*, 1977). Un peu plus tard, l'accroissement des crédits et la compétition internationale accélérèrent les progrès et les ambitions au point qu'en juin 1982, au sommet des chefs d'État et de gouvernement à Versailles, fut lancé un grand programme de développement nommé « Advanced Robotics » en vue de coordonner les projets dans différents pays. La France y participait par divers sous-programmes RAM (robots autonomes multiservices), visant de multiples applications dans l'agriculture, le nucléaire, l'océanographie, les services industriels et domestiques, etc. Des programmes nationaux analogues virent le jour en Europe, aux États-Unis et au Japon.

La modélisation de l'environnement

Tous ces programmes visant à la conception de robots mobiles impliquent, dans une première étape, des recherches, l'étude de systèmes complexes de locomotion, en terrain plat ou accidenté, et, surtout, la mise au point difficultueuse des problèmes de coordination entre membres locomoteurs articulés, d'équilibre encore, et donc de prise en compte des accidents de parcours. C'est pourquoi les recherches sont majoritairement centrées sur les formes possibles de la modélisation de l'environnement sous ses divers aspects, en vue de construire des systèmes qui le « comprennent » effectivement et décident en conséquence du comportement de la machine (Hirose, 1984 ; Miura, Shimogyama, 1984 ; Raibert, 1984).

Mais qu'est-ce qu'un robot mobile ? En général, il s'agit de dispositifs physiques constitués de châssis de formes variables et plutôt ingrates à voir pour le profane, lesquels châssis servent à porter des ensembles de capteurs et de microcalculateurs, reliés à des ordinateurs plus puissants et qui coordonnent les informations pour les retraiter en vue de séquences d'actions. Les capteurs modernes, reliés à des caméras, permettent au robot de « voir » et d'explorer en trois dimensions l'environnement dans lequel il se déplace. On utilise encore des télémètres laser — fonctionnant par mesure des décalages entre l'impulsion générée par le laser et sa réflexion —, des détecteurs de proximité pour la sécurité et la manœuvre en environnement « encombré » : ultra-sons, infrarouges, capteurs tactiles (« moustaches de chat »), et des capteurs de position servant au robot à se positionner dans l'espace (centrale inertielle, etc.). A cela, il faut ajouter tous les instruments de mesure d'état interne du robot.

Tout objet ou accident détecté par le système de perception tridimensionnelle est donc schématisé et modélisé pour être défini comme franchissable ou non franchissable, et pour ce faire, ramené à une « carte » de l'environnement en deux dimensions, traduisant la projection au sol des obstacles et difficultés.

On imagine la multiplicité des informations qu'il faut savoir traiter pour rendre le robot « intelligent » et qu'il soit capable de se déplacer sans problème et d'agir. Aucun modèle d'environnement n'est suffisant à traiter exhaustivement toutes les données en cause : il faudrait pouvoir composer harmonieusement du géométrique, du topologique, du métrique et du sémantique. C'est-à-dire qu'un des problèmes clés du robot est de savoir expliciter, par exemple à partir d'une information géométrique, les types de paramètres topologiques et sémantiques que cette information contient implicitement.

Diverses méthodes ont été ainsi développées et font toujours l'objet de recherches. Par exemple, les robots Shakey, Cart ou Jason savent décomposer un modèle géométrique en ensembles de lieux élémentaires pour dégager une structuration topologique de l'espace. D'autres approches ont choisi de partir du calcul géométrique : les unités de lieux élémentaires sont alors des « cellules polygonales » et on va étudier les modes de passage et donc d'accessibilité d'une unité à une autre ; c'est seulement ensuite qu'un modèle topologique traduira ces relations en termes de graphe où les unités sont des « nœuds », les segments entre ces nœuds représentant les passages possibles ou non, afin de dégager des stratégies de chemins.

Au plan sémantique, on tente encore de tester les types de significations abstraites ou concrètes qu'on pourra affecter aux différents étages et unités d'architecture de ces modèles géométriques et topologiques. En général, les modèles sémantiques restent pauvres et strictement fonctionnels. Par exemple, dans un endroit étiqueté « couloir », le robot Hilare du laboratoire d'automatique et d'analyse des systèmes du CNRS (LAAS-Toulouse) explorera les murs en les longeant à l'aide de détecteurs, comme le ferait un aveugle avec sa canne (Chatila, 1984). Les attributs sémantiques alors affectés aux modèles géométrique et topologique sont pré-indexés et généralement simples : tel type de sous-structure sera une « pièce » et tel autre, un « mur ».

C'est à partir d'indexations concrètes de ce genre qu'on peut ensuite élaborer des niveaux plus abstraits, plus symboliques, facilitant la hiérarchisation des problèmes à résoudre, et qui vont permettre au robot de comprendre et d'agir par étapes : l'environnement sera d'abord « lu » en termes de formes et de géométrie, puis de mises en relations topologiques entre lieux (proximités, distances, etc.), enfin sous l'aspect d'informations « sémantiques » sur les significations de ces lieux. Toutes ces informations et conditions s'intègrent dans un graphe qui élimine les données parasites et ne retient que celles essentielles à l'action du robot sur l'environnement ; à partir de là un robot, tel Hilare précédemment mentionné, sera effectivement capable de reconnaître des portes comme nœuds d'articulation, des passages d'un nœud à un autre, et des obstacles infranchissables ; tout cela intégrant les critères métriques nécessaires (forme et dimension des cellules et des chemins) et permettant la constitution d'une structure invariante de l'environnement, à partir de laquelle des variations peuvent être construites, favorisant les adaptations du robot.

Ainsi peut-on le rendre capable de se situer lui-même dans l'espace en utilisant plusieurs types de systèmes de repérage complémentaires : *1)* un système de balises actives ou passives détectables par le système de perception du robot (ultrasons et infrarouges) ; *2)* un système de navigation intégrant la mesure des déplacements élémentaires à partir d'une position de départ et le nombre de tours de roue effectués dans son parcours (odométrie), ou « reconnaissant » des éléments caractéristiques de l'environnement dont sa mémoire a été enrichie, et qui lui permettent de « raisonner » sur son déplacement. A partir de ces éléments, le robot sait effectivement se construire des modèles de ses situations d'environnement et y appliquer soit des mesures quantitatives (métriques et coordonnées de position), soit des estimations qualitatives (« vers telle pièce, le long de tel mur, à côté de tel objet »).

Les stratégies de navigation que suit le robot font donc recours à un modèle global de l'environnement, lequel modèle intègre à la fois la mémorisation et la combinatoire des multiples informations locales qui lui sont nécessaires au déplacement. Il disposera donc comme informations d'abord d'un chemin topologique lui indiquant sa trajectoire en termes de commandes du système locomoteur. Deux stratégies peuvent être ici utilisées :

— en simulation, on structure l'espace sous forme d'une grille de cases de déplacements possibles ou interdits, et le robot ne va dans une case adjacente que si celle-ci est libre ; dans le cas de Shakey, cette grille ne servait à repérer que les sommets d'obstacles et le robot organisait son chemin de sommet en sommet en utilisant une table de visibilité ;

— lorsque le modèle topologique prend la forme d'un graphe, ce qui est de plus en plus le cas, ce graphe peut être directement utilisé pour la recherche des chemins : la trajectoire du robot est alors modélisée sous forme d'arêtes reliant à chaque fois deux « nœuds » du graphe — problème mathématique classique —, et le robot peut choisir le meilleur chemin ou le plus économique.

D'autres méthodes interviendront lorsque le robot doit effectuer des manœuvres ou de larges mouvements dans son déplacement, notamment les techniques déjà citées de discrétisation de l'espace en unités de lieu, et celles de décomposition du graphe topologique en éléments géométriques minimaux — arcs de cercle, segments, droites, etc. — simples à suivre (Laumond, 1984).

Mais il ne suffit pas d'organiser au préalable un espace de mobilité et d'appliquer les commandes adéquates à la machine : les problèmes d'environnement à résoudre sont multiples et un robot n'est pas destiné à simplement se déplacer. C'est là qu'interviennent les différents dispositifs de capteurs évoqués précédemment car ils sont porteurs de connaissances et d'actions correspondantes du type : « Pour prendre le livre, je dois aller d'abord dans le salon, trouver le livre sur la table, laquelle est près de la fenêtre, saisir le livre, revenir et le déposer. » Cela suppose un *générateur de plan d'actions*, capable de synthétiser et de schématiser des connaissances générales, et surtout de les appliquer à des situations particulières ; ce qui signifie encore savoir doter le robot de capacités de *déduction* (Nilsson, 1980).

C'est là un véritable problème d'intelligence artificielle, conjoint à ceux spécifiques à la robotique : systèmes de manipulation, systèmes de déplacement, voire systèmes de compréhension du langage naturel. La mise au point d'un générateur de plan d'actions exige de savoir distribuer des connaissances à travers ces différents systèmes. Pour qu'un robot puisse « décider », il lui faut pouvoir maîtriser les interactions et les coopérations entre ces différents systèmes, responsables chacun de capacités précises. Peu de dispositifs y parviennent de façon satisfaisante, sinon sous forme de modules d'opérations parfaitement circonscrites. On bute ici sur les limites de développement de l'intelligence artificielle. Une des méthodes les plus classiques de génération de plan, développée dans les années soixante, était celle du système General Problem Solving, d'Ernst et Newell : GPS évaluait des différences entre états et cela servait à mesurer des écarts ; il générait alors des plans par réductions successives des différences, c'est-à-dire qu'on construisait des sous-buts pour approcher de l'objectif. La programmation utilisée était déjà déclarative à la différence des programmes classiques où le programmeur doit prévoir tous les cas de figures, mais toutes les règles y étaient données en vrac, sans préjuger de leur ordre d'utilisation. Un tel choix de programmation permet la souplesse des modifications nécessaires ; il implique la lenteur et la non-fiabilité absolue des calculs. Aujourd'hui, on s'efforce d'y porter remède notamment sous forme de compilation des règles aboutissant à des représentations structurées, mais cela suppose, encore une fois, de limiter les capacités expressives dans la modélisation des connaissances. Ce problème demeure crucial en reconnaissance de la parole et en compréhension du langage naturel.

La reconnaissance de la parole

Le problème de la reconnaissance de la parole humaine demeure d'une redoutable complexité : il faut savoir résoudre tout à la fois les questions de segmentation et d'enchaînement des mots dans le flux verbal, les variabilités d'intonation ou d'accentuation, sans oublier les difficultés à comprendre comment s'organisent et interagissent entre eux les différents niveaux du langage : *phonétique* (la composition des sons élémentaires), *phonologique* (la manière dont ces sons jouent les uns sur les autres), syntaxique (les agencements des phrases) et, bien sûr, *sémantique* (les significations du discours) et *pragmatique* (l'adaptation de ce discours à des contextes d'utilisation déterminés). A côté de cela, il faut encore convoquer de multiples champs disciplinaires connaissant tous des problèmes spécifiques et des avancées diverses : la linguistique, comme on vient de le voir, mais aussi la physiologie de la parole, la psychologie, l'acoustique, le traitement du signal et, bien sûr, l'informatique.

Les travaux sur le traitement de la parole ont une histoire de plus de cinquante ans : c'est en 1939 que, pour la première fois, un chercheur des laboratoires Bell aux États-Unis, M. Dudley, proposa un appareil nommé Vocoder (« Voice Coder » ou « codeur de voix ») visant à coder électriquement le signal vocal selon des paramètres limités, puis à le transmettre avec un débit d'informations réduit et à le reproduire enfin dans un système de synthèse effectuant l'opération réciproque du Vocoder. Plus tard, le même chercheur réalisa un autre système de synthèse électrique de la parole, actionné par un clavier. Enfin apparut, en 1947, le sonographe, premier analyseur de la composition du signe vocal en fréquence et en amplitude. Mais les vrais travaux de reconnaissance de la parole ne commencèrent que vers les années cinquante, avec les recherches en Suisse de J. Dreyfus-Graff dont le système (le « phonétographe ») était déjà capable de « reconnaître » un discours indépendamment de son locuteur. On crut alors le problème simple à surmonter. On s'aperçut très vite que les connaissances théoriques disponibles étaient loin de le permettre. Il fallut une vingtaine d'années de recherche pour qu'apparaisse une première manifestation publique sur le domaine — pessimiste alors —, celle de M. Peirce, chercheur lui aussi des laboratoires Bell, et déclarant en 1969, dans le *Journal of the Acoustical Society of America*, qu'il était impossible de tenter de reconnaître la parole, et que ceux qui l'espéraient vivaient dans l'illusion ! Cet article fit scandale, mais eut un effet salutaire : les chercheurs décidèrent de limiter leurs efforts à la mise au point de dispositifs de capacités limitées et opérationnels. A partir de là, de nombreux progrès furent réalisés.

Deux types de stratégies de recherche prirent naissance alors. L'une, simplifiée, procède par la reconnaissance globale des mots isolés (séparés par au moins 200 ms) ou enchaînés, mais sur des vocabulaires réduits et pour une seule personne à la fois. L'autre, en revanche, affronte la question de la reconnaissance de la parole continue et, à l'occasion, pour plusieurs locuteurs ; cela en deux étapes : d'abord la reconnaissance analytique des sons élémentaires — les phonèmes — de la langue, puis l'analyse des unités supérieures — lexique et structures de phrases possibles.

Mais qu'elle soit globale ou analytique, la reconnaissance de la parole suppose toujours en premier lieu une analyse du signal vocal converti au préalable en signal électrique par un microphone ; cette conversion permet de passer d'un signal « analogique », c'est-à-dire variant dans le temps, à un signal « digital » constitué donc d'une suite de nombres mesurant l'amplitude du signal à des temps rapprochés, de l'ordre du 1/10 000 de seconde ; ce qui permet le traitement informatique. De la sorte, on va pouvoir travailler sur une représentation spectrale du signal, décomposant ses différentes fréquences avec leurs amplitudes et leurs harmoniques, aboutissant à des « traits » qu'on nomme *formants* du signal.

Lorsqu'un mot est prononcé, l'image acoustique de ce mot est ainsi confrontée à toutes celles des mots du lexique, et le mot qui s'en approche le plus est alors affiché. En réalité, la reconnaissance n'est jamais immédiate ni aussi simple : même chez une personne identique, il y aura de sensibles différences, et sur un même mot prononcé plusieurs fois de suite, quant aux intensités, aux timbres et aux rythmes d'élocution. D'où la nécessité de concevoir des algorithmes de calcul en vue d'analyser au mieux, c'est-à-dire de façon optimale, les correspondances entre les mots et leurs images acoustiques.

Ces algorithmes de calcul ont donné naissance à ce qu'on nomme la « programmation dynamique », utilisée dans le domaine vocal, dès les années 1969-1971 par des chercheurs japonais tels Shakoe et Chiba. Elle permet de sélectionner par tri progressif des mots prononcés qui n'appartiendraient pas au lexique, et de contribuer à la mise au point de « modèles de reconnaissance globale » par mots isolés, lesquels présentent différents types d'avantages : une grande capacité de reconnaissance, approchant des 99 %, et surtout une indépendance forte vis-à-vis des particularités de la langue à reconnaître. Les inconvénients sont la limitation des vocabulaires disponibles dans la plupart des systèmes existants — encore que de grands progrès aient été accomplis —, et surtout, le fait que la prononciation de mots isolés est fort peu naturelle, et que le système demeure dépendant du locuteur qui a prononcé le lexique de référence lors de la phase d'apprentissage.

La reconnaissance analytique

La situation est différente dans les systèmes de « reconnaissance analytique ». Le décodage du signal vocal y est plus fin et procède selon quatre étapes : *1)* l'analyse acoustique d'abord des phrases prononcées ; *2)* puis la segmentation du signal enregistré en sons élémentaires — on observe les « zones de stabilité » en regard des « zones d'instabilité » ; *3)* ensuite, étape importante, l'extraction des « indices pertinents », c'est-à-dire les caractéristiques acoustiques qui serviront à « personnaliser » les segments détectés : composition en fréquence du spectre du signal, détection des « informations prosodiques » qui référeront à des spécificités de prononciation ; *4)* enfin, l'analyse de ces données, à savoir : l'intervention de *modules analytiques successifs* — phonétique, phonologique, lexical, syntaxique, sémantique, pragmatique —, qui vont avoir pour fonction de « traduire » progressivement les phonèmes enregistrés, les phénomènes d'articulation prosodique, les mots, les agencements syntaxiques, leurs sens et enfin, leurs contextes d'emploi.

A chacune de ces étapes, de multiples problèmes de recherche surgissent.

Au *niveau phonématique*, il s'agit de transcrire les indices pertinents en suites de phonèmes correspondant, par exemple, à la trentaine que la langue française classe en catégories : voyelles, nasales, semi-voyelles, consonnes voisées, fricatives ou occlusives, etc., sachant que tout phonème va dépendre du contexte de sa production.

Le *niveau phonologique*, ensuite, est tributaire des variations de prononciation des suites de phonèmes, d'où la nécessité de concevoir à ce niveau différents types de règles capables de traiter les liaisons, les élisions, et bien sûr les accents.

Le *niveau lexical*, en troisième lieu, doit être capable de traiter par exemple les vingt mille mots que contient un dictionnaire ordinaire français, mais aussi les deux cent mille *flexions* qui vont affecter ces mots, tels les conjugaisons des verbes, leurs différents temps, etc.

Ensuite, le *niveau syntaxique* est crédité de faire intervenir les différentes règles grammaticales, mais c'est là qu'on s'aperçoit que bien peu de règles syntaxiques ou supposées telles sont indépendantes du sens.

Le *niveau sémantique*, enfin, devrait en principe alors savoir traiter ces variations de l'agencement en vue de produire des significations et réciproquement.

Dans la pratique, faute de théorie linguistique capable de réunir de façon « compréhensive » ces deux derniers niveaux, on doit se contenter de traiter un nombre limité de règles syntaxiques, *a fortiori* de « règles » sémantiques. Enfin, le niveau pragmatique, qui devrait permettre de comprendre par exemple les différents sens d'un mot tel que « table » selon qu'il s'agit de la maison, du restaurant ou des calculs logarithmiques, est encore balbutiant scientifiquement. Il faut rajouter un dernier niveau et non des moindres, qui est le *niveau prosodique*, lequel intervient constamment en parallèle à tous ces niveaux, et qui doit permettre de repérer les mots sur lesquels intervient un accent d'insistance ou les différentes coupures intonatives entre éléments de la phrase et du discours.

Tout cela compose un ensemble considérable de questions à résoudre. C'est pourquoi, en 1978, à l'achèvement des travaux du programme ARPA-SUR financé de 1971 à 1977 par le département de la Défense des États-Unis en vue de promouvoir la reconnaissance analytique de la parole, les experts consultés, devant la difficulté du problème, choisirent de privilégier les recherches portant sur le décodage phonétique, supposé déterminer l'ensemble du processus de reconnaissance ; cela à rebours de l'esprit du programme en question, lequel faisait auparavant l'hypothèse que c'étaient les niveaux supérieurs — lexique, sémantique, etc. — qui déterminaient la reconnaissance de la parole.

Dès lors, la majorité des recherches se sont orientées vers l'analyse de ces niveaux phonétique, phonologique et prosodique, et les méthodes globales de reconnaissance ont effectué de considérables progrès. Par exemple, dans la réalisation de systèmes « multilocuteurs multiréférences » dotés du pouvoir de reconnaître, dans des applications et des vocabulaires restreints, des mots produits par n'importe quelle personne. Ces systèmes supposent qu'ils aient été enrichis au préalable — et pour chaque mot enregistré — par les prononciations d'un grand nombre de locuteurs, y compris sur un large registre de timbre, de sexe et de variations dialectales. Chaque mot se verra ainsi représenté dans le système par un certain nombre de références, lesquelles correspondront à un type déterminé de prononciation, et ainsi le taux de reconnaissance parvient à dépasser les 90 %.

D'autres progrès importants ont été accomplis dans le développement des méthodes globales de reconnaissance de mots prononcés sans silences intermédiaires, traitant ainsi, d'une part, de la coarticulation, c'est-à-dire de ce phénomène qui fait que l'image acoustique d'un mot au début et à la fin de ce mot est perturbée par la fin du mot qui le précède et le début de celui qui lui succède ; et, d'autre part, des problèmes de segmentation du continuum sonore en mots distincts. Enfin, des avancées non négligeables ont été réalisées dans le domaine psycholinguistique, centrées sur les temps de réaction des sujets à la reconnaissance d'un mot ou d'un « phonème cible ». Les recherches ont ici montré que les sujets étaient capables d'identifier un mot avant même qu'il ait été fini d'être prononcé. Conjointement, il est apparu qu'une erreur phonétique commise au début d'un mot rendait sa reconnaissance bien plus difficile que lorsqu'elle intervenait à la fin de ce mot.

En fonction de tels résultats, W. Marslen-Wilson a conçu un modèle appelé « de cohorte » reliant le processus de reconnaissance de la parole au lexique mental humain : l'identification des mots procéderait à partir de la reconnaissance de la zone correspondant à chaque fois aux premiers phonèmes du mot, respectant ainsi une « stratégie montante » suivie par une « stratégie descendante » qui va vérifier l'identité des phonèmes suivants des mots retenus avec ceux de la phrase. Les processus de reconnaissance globale sont ainsi de mieux en mieux identifiés, et des méthodes comme le système Mozart, développé au laboratoire d'informatique pour la mécanique et les sciences de l'ingénieur (LIMSI d'Orsay), assurent la reconnaissance d'un mot avant qu'il ait été complètement prononcé et dès que les spectres acoustiques identifiés ne réfèrent plus qu'à un seul mot du lexique en machine.

D'autres développements prometteurs conduisent à la mise au point de systèmes experts capables d'effectuer le décryptage visuel des sonagrammes (diagrammes d'analyse spectrale des phrases prononcées) et de traduire en algorithmes ce décryptage. De nombreux programmes internationaux sont consacrés au développement de tels systèmes, tant aux États-Unis (V. Zue du MIT à Boston) qu'en France (Groupe de recherches en communication parlée — GRECO-CNRS — qui regroupe plus de vingt laboratoires dont le CRIN de Nancy, le CERFIA de Toulouse, le GIA de Luminy et le LIMSI d'Orsay).

Ainsi, conjointement aux avancées techniques de plus en plus accélérées, les recherches empruntant aux progrès des sciences cognitives — en psycholinguistique en particulier —, contribuent aujourd'hui à une refonte complète des théories et systèmes de reconnaissance de la parole. De plus en plus, on remet en cause le modèle d'une reconnaissance phonétique préalable à la reconnaissance des mots puis des phrases. Les travaux en cours empruntent maintenant à des stratégies de type mixte ou « coopératives » : une reconnaissance globale des mots est d'abord faite, suivie immédiatement d'une intervention des niveaux sémantique et pragmatique afin d'assurer directement une spécification du sens de la phrase. En parallèle, opèrent un décodage phonétique et une analyse syntaxique. Ces stratégies sont précieuses, notamment dans le cas de phrases inhabituelles dont la reconnaissance ne permet pas la compréhension. D'autres approches encore, inspirées des progrès des neurosciences et des modèles de réseaux neuronaux, sont en pleine actualité et apporteront sans doute des solutions efficaces à des problèmes tels que l'apprentissage d'une langue, l'accès au lexique ou encore le traitement d'informations incomplètes.

On ne saurait enfin négliger l'impact considérable des résultats obtenus en reconnaissance de la parole dans différents domaines industriels et leurs applications commerciales, telles, dans les années quatre-vingt, la première carte électronique française de reconnaissance de mots isolés (Société VECSYS en collaboration avec le LIMSI) et, plus tard, la commercialisation de systèmes multilocuteurs permettant, grâce aussi à une simple carte, d'accéder par le réseau téléphonique à la reconnaissance de mots isolés prononcés par plusieurs personnes.

La reconnaissance automatique de la parole a donc un bel avenir technologique et social devant elle. Il ne s'agit de rien moins que de faciliter nos relations avec les machines et, conjointement, de contribuer aux progrès dans la compréhension automatique du langage naturel.

La compréhension automatique du langage naturel

De toutes les perspectives qui viennent d'être évoquées, celle attachée aux problèmes de compréhension du langage naturel est sans doute la plus espérée, sinon développée. Il est vrai que la plupart du temps, sous ce concept, se multiplient des travaux dont on a quelque difficulté à évaluer la pertinence, *a fortiori* la qualité. Et pourtant, le paradoxe est là, qui renforce les croyances et les attentes : il existe bien, déjà, des machines qui répondent sous nos yeux à des questions qu'on leur pose et dans divers langages. Ce que le profane ne voit guère, c'est que cela s'opère sur des domaines et dans des contextes extrêmement délimités, qui n'offrent jamais la souplesse des combinatoires propres à nos langages naturels.

« Comprendre » le langage est en vérité une activité non évidente, et on sait les lacunes de la psycholinguistique à expliquer ne serait-ce que comment et par quel mystère les enfants apprennent si vite et si spontanément leur langue maternelle.

Des programmes de compréhension du langage existent cependant, et font l'objet de recherches actives — tel celui de

G. Sabah du LIMSI à Orsay —, qui tentent de dépasser le simple stade des machines qui se contentent, pour toute « compréhension », d'exécuter les ordres qu'un utilisateur, lui-même bien formé, sait leur donner. En vérité, la question centrale a changé de forme : on n'espère plus reproduire en machine, *stricto sensu*, des activités de compréhension spécifiques ; on s'efforce simplement de développer les capacités limitées de nos systèmes pour approcher de certains comportements intelligents et humains. De ce point de vue, on sait, par exemple, que toutes les expériences antérieures — inspirées dès la Seconde Guerre mondiale par les méthodes de cryptographie codée — de traduction automatique d'une langue dans une autre sont plus riches en déboires qu'en résultats (Sabah, 1988).

Mais des espérances quant au traitement automatique du langage avaient resurgi lors des années cinquante, suscitées par nombre de travaux syntaxiques apparemment suggestifs, tels les modèles de Bar Hillel, de Z. Harris, et principalement celui de la grammaire générative de N. Chomsky. Dans ce contexte historique d'un syntactisme triomphant, les questions sémantiques furent reléguées au second plan, assuré qu'on était alors qu'il suffirait de construire des « arborescences » adéquates sur lesquelles mots et significations viendraient se greffer. Mais le sémantique refit surface, au moins discrètement, lors des premiers programmes conçus vers les années soixante pour l'interrogation de bases de données en langage naturel (Baseball et SIR). Simultanément, Y. Bar Hillel établissait l'impossibilité d'une traduction automatique sans base de connaissances. Cela eut deux effets : un négatif, qui fut d'amener à supprimer les crédits affectés à ce type de recherche ; un positif, qui fut d'initier les premières préoccupations relatives à la *représentation des connaissances*.

Dans les années suivantes, furent produits différents types de programmes ayant connu des succès de circonstance, tels Autoling supposé apprendre la grammaire d'une langue à partir de phrases aussi bien correctes qu'incorrectes, Eliza qui simulait le dialogue entre un psychiatre et son malade, ou encore SHRDLU. Déjà, à cette époque, s'amorçait le clivage qui demeure entre des recherches essentiellement axées sur le théorique, et des développements plus pratiques, orientés vers la réalisation de programmes utilisables, en même temps que s'instaurait la problématique qui prévaut encore aujourd'hui dans les études d'intelligence artificielle sur la « compréhension » des langues naturelles.

Cette problématique est bien sûr tributaire de la nature de ce domaine linguistique où aucun type de calcul n'est susceptible de nous procurer des résultats attestables et non équivoques. Il faut bien alors procéder selon une démarche au coup par coup : les hypothèses sont examinées l'une après l'autre jusqu'à déterminer la plus acceptable, à la vérifier et, en cas de contradiction avec d'autres procédures antérieures, à recommencer l'opération, c'est-à-dire à revenir en arrière *(backtrack)*, et ainsi de suite. Cette méthode a depuis connu de nombreux perfectionnements : l'un des plus classiques consiste à articuler un problème en sous-problèmes afin que chacun de ceux-ci puisse trouver solution indépendamment des autres, et si l'on peut ordonner entre eux ces sous-problèmes de telle sorte qu'un échec local n'ait pas de conséquence sur l'ensemble, alors on a réussi à construire une *modularité*.

S'agissant de traiter du langage naturel, il est clair qu'une telle méthode rencontre des difficultés : on ne peut concevoir de « module » du langage qui serait indépendant de l'ensemble des phénomènes linguistiques. C'est pourquoi le découpage des problèmes s'effectue en respectant les distinctions opérées par les linguistes, mais en tenant compte des logiques contraignantes de la programmation et du fonctionnement interne de la machine. Tout traitement d'une phrase en langage naturel doit nécessairement ainsi s'opérer en cinq étapes successives : *1)* l'étape *morphologique* qui va identifier les mots présentés ; *2)* l'étape *lexicale* où ces mots sont confrontés au dictionnaire de la machine ; *3)* l'étape *syntaxique* où la phrase présentée est analysée au travers d'une grammaire implantée aussi en machine ; *4)* l'étape sémantique qui s'efforce de traduire cette phrase en formule significative ; *5)* enfin, une étape d'exécution qui compare cette formule aux données sémantiques de la machine afin d'arriver à « compréhension ».

Les étapes de traitement

Chacune de ces étapes présente ses difficultés propres.

A l'étape morphologique, isoler automatiquement un mot n'offre guère de difficulté. Mais pour autant, ce mot sera-t-il correctement identifié ? C'est ici qu'interviennent le dictionnaire de la machine et la responsabilité des choix qu'on aura faits pour composer ce dictionnaire tant au niveau des substantifs que de la sélection des noms propres ou des règles d'accord et de conjugaison. Les ambiguïtés apparaissent dès ce niveau-là. Par exemple, pour des mots comme « visage » (qui peut être aussi bien « visage humain » que « visage de l'organisation »), ou « règle » qui peut signifier autant « une règle » que « il règle », il faudra attendre de savoir composer les interventions des étapes syntaxique et sémantique pour être à même de trancher.

A l'étape lexicale, le premier impératif est de savoir si les mots identifiés par l'analyseur morphologique existent bel et bien. D'où l'importance de savoir contrôler les informations aussi bien typographiques et orthographiques que déjà sémantiques, qu'on va décider de placer dans le dictionnaire, et les choix de ce qu'on va stocker ou non dans ce lexique, avec en premier lieu tout ce qui concerne les informations syntaxiques nécessaires quant aux places, rôles et fonctions des mots.

A l'étape syntaxique, les difficultés progressent car il n'existe pas de théorie unifiée de ce que les linguistes entendent par « catégories grammaticales » et les choix oscillent ici de neuf à dix (nom, article, adjectif, verbe, adverbe, pronom, interjection, préposition, conjonction) jusqu'à vingt-cinq ou trente, voire plus de la centaine dans certains systèmes.

A l'étape sémantique enfin, les problèmes deviennent extrêmement complexes : comment déterminer les informations de sens à associer à chaque mot ? D'où l'usage, au moins commode sinon pertinent, qui est d'affecter ici aux mots du lexique des « traits sémantiques » qui ne seront en vérité que des indexations minimales pour confirmer les statuts, places et fonctions des mots : « animé », « abstrait », « type d'association entre adjectif et substantif », « groupe du verbe », etc. Un tel système ne tolère bien sûr aucun jeu de langage, aucune métaphore ou métonymie ou comparaison, aucun glissement interprétatif. Mais alors, où est « le langage » ?

Ce souci mécaniste d'organiser et de « comprendre » les agencements phrastiques a conduit la plupart des informaticiens — peu soucieux des subtilités expressives — à se concentrer sur la modélisation syntaxique. L'alternative était simple : ou bien s'adapter aux complexités du syntaxique compte tenu des jeux du sémantique, ou bien encadrer le langage naturel dans des règles syntaxiques générales et simplifiées. C'est bien sûr ce dernier cas qui a été le plus souvent choisi. D'où le large emploi des grammaires dites à « contexte libre » *(context free)*. Ces grammaires se présentent sous forme : *1)* d'un ensemble de symboles terminaux (les mots) ; *2)* d'un second ensemble de symboles auxiliaires (les catégories) ; *3)* de règles de réécriture, du type *A* ==> *al... an*, où *A* est un symbole auxiliaire et les *a* des symboles terminaux ou auxiliaires. Par exemple, *A* ==> *ab* veut dire que l'une des règles de la grammaire en machine implique de substituer toute apparition de *A* par *ab*.

Ce genre de grammaire offre bien des commodités à l'informaticien : il lui est possible aisément de confectionner une petite grammaire d'une centaine de règles, en sachant qu'il ne traite qu'une infime partie des phénomènes linguistiques, mais en ayant l'assurance que « cela tourne ». Néanmoins, il existe des programmes plus ambitieux, et dont l'efficacité a été démontrée dans ce registre du traitement syntaxique des phrases (R.M. Kaplan ; J. Bresnan ; M. Salkoff). L'efficacité de tels systèmes de compréhension du langage dépend d'ailleurs davantage des recettes informatiques choisies que de la pertinence des modèles linguistiques avancés.

Les problèmes du sens

C'est pourquoi la réalisation d'un analyseur sémantique demeure un problème redoutable. Dire qu'un système de compréhension du langage va pouvoir traiter « le sens » des phrases ne signifie pas pour autant qu'il soit capable de comprendre effectivement les jeux de significations que toute énonciation va animer. S'agit-il d'« espaces de sens » comme d'aucuns en parlent ? Le sens se constitue-t-il de quasi-molécules dissociables qu'il suffirait de décomposer et de recombiner pour établir une « grammaire sémantique » ? L'idée d'« espaces sémantiques » séduit nombre de chercheurs, mais nul ne sait comment les définir : il n'existe aucune mesure concrète de la proximité sémantique entre mots ou phrases sinon ce que les psychologues avancent en ayant recours à des contrôles de temps de réponse. S'agit-il de proximités ou de distributions sous forme de points dans un espace de type topologique ? Une expression sémantique est-elle analogue à quelque chose de « résistant » dans un espace malléable, voire flou ?

D'autres tentatives consistent à essayer de construire, à partir de sens supposés « primitifs », des structures dont on imagine alors qu'elles viendraient composer plus ou moins harmonieusement ces significations dites primitives ou « noyaux » (« manger » c'est ingérer de la nourriture ; la « nourriture » ce sont des aliments de divers types ; « courir » c'est aller à pied rapidement, etc.). Les travaux les plus imités dans cette perspective classificatoire ont été ceux de Y. Wilks et surtout ceux de C. Schank, lequel estimait, dans les années 1975 à 1980, qu'il était possible et envisageable d'exprimer tous les verbes de toutes les langues sous forme d'une douzaine au maximum d'« actions primitives ».

Ces modèles avaient la vertu de la simplicité ; ce qui fit leur succès auprès des informaticiens. L'idée encore de construire une grammaire sémantique fondée sur une syntaxe rigoureuse, c'est-à-dire dotée de règles univoques — qui correspond à la vieille conception leibnizienne du langage comme calcul — s'est révélée productrice de nombre de travaux contemporains. Dans ces cas-là, la recherche porte sur les formes et modes de traduction des analyses syntaxiques en formules logiques qui seront censées condenser les significations. A chaque règle grammaticale est alors associée une procédure qui vise à assurer une traduction logique conforme. La logique mathématique devient ici outil de programmation : un exemple spectaculaire en est le langage Prolog dont on sait la grande diffusion.

Au plan pragmatique enfin, les difficultés ne sont pas moins nombreuses : il s'agit de résumer et de schématiser une multiplicité de règles et codes d'interprétation des phrases en situation, avec toutes les conventions sociales individuelles ou collectives que cela convoque. Ainsi l'exemple « Combien y a-t-il en France de régions dans lesquelles figure une ville dont la population est supérieure ou égale à celle du chef-lieu ? », donné par D. Kayser (1980), devra-t-il être décomposé de la façon suivante : « Trouver le nombre d'entités *x* qui répondent en même temps aux conditions ci-après : (i) *x* se trouve en France ; (ii) *x* est une région ; (iii) il existe au moins un *y* qui satisfait les conditions : (a) *y* se trouve en *x* ; (b) *y* est une ville ; (c) la population de *y* est supérieure ou égale à la population du chef-lieu de *x*. » Or, comme le remarque D. Kayser, cette traduction est idiote : toute région satisfait à la condition puisque son chef-lieu, qui est une ville, a une population égale à elle-même. Cela n'est qu'un bref exemple des problèmes que soulève tout essai de modélisation des conditions pragmatiques d'exercice du langage, tels les travaux bien connus, aux États-Unis, de H.P. Grice, et en France, de F. Recanati, de D. Sperber ou de C. Kerbrat-Orecchioni.

Dans ce domaine encore, les informaticiens ont cru trouver solution à leurs perplexités et l'approche à la mode est devenue celle des *scripts*, lesquels sont conçus comme des séquences d'événements décrivant et représentant le déroulement « typique » d'une situation quotidienne voire banale, mais que toute phrase, tout texte supposent et évoquent implicitement en termes d'actions. Par exemple, « aller au marché », cela implique : *1)* de prendre un panier ; *2)* de sortir de chez soi ; *3)* de se déplacer à pied s'il est près ; *4)* de se déplacer en voiture s'il est loin ; *5)* de se faire une liste de produits à acheter ; etc. C'est Schank, déjà évoqué, qui a le plus contribué — avec la notion de *Memory Organisation Packet* — à la diffusion de ce type de modèle dans la perspective que de tels scripts favorisent la coordination entre éléments appartenant à des « scènes » quotidiennes (par exemple les éléments communs à différentes formes de démarches administratives, ou encore les procédés similaires dans différentes modalités du déplacement physique, etc.). Les nombreux travaux qui en sont issus ne dépassent guère le plus souvent le simple catalogage d'indices externes de situations quotidiennes, sans trop s'interroger sur les processus mêmes qui nous font comprendre et apprendre ces situations.

Pragmatique et raisonnement

En vérité, les apports de la pragmatique n'ont jusqu'ici jamais débouché sur de vraies procédures de compréhension des textes naturels. Pour ce faire, il nous faudrait des machines capables de produire ces inférences sur le monde extérieur, les intentions d'un texte, ou d'un auteur, que tout lecteur ou auditeur opère naturellement à l'écoute ou à la lecture. J. Pitrat cite l'exemple suivant : « *Le professeur envoya l'élève chez le censeur parce qu'il voulait... lancer des boulettes* (il = l'élève)... *avoir la paix* (il = le professeur)... *le voir* (il = le censeur, le = l'élève). » Il est manifeste que pour comprendre « automatiquement » une telle phrase, il nous faudrait disposer de très puissants mécanismes inférentiels qui supposeraient l'existence d'ordinateurs disposant de toutes les connaissances imaginables aussi bien du langage et de ses subtilités que du monde extérieur et de ses non moins grandes subtilités.

Alors, la seule solution adoptée jusqu'ici consiste à déclencher certains raisonnements limités à partir de connaissances très générales fournies en machine, du type, pour l'exemple précédent : « Il y a des élèves qui chahutent en classe ; le professeur ne tolère pas le chahut ; on expédie les élèves chez le censeur, etc. » Tout cela demeure rudimentaire. Néanmoins, çà et là, des perspectives intéressantes s'échafaudent : en France, G. Sabah du LIMSI, à Orsay, met actuellement au point une méthode de compréhension automatique des textes à partir d'une base de données procurant les informations requises ; aux États-Unis, R. Schank et son équipe développent une approche « intégrée » s'efforçant de surmonter les coupures entre syntaxe et sémantique et déclenchant à partir d'un mot repéré des actions ainsi combinées d'analyse syntaxico-sémantique.

En résumé, toute compréhension automatique d'un texte requiert la mise en jeu de connaissances extrêmement diverses, lesquelles impliquent une combinatoire non moins complexe de règles d'inférence. D'où le recours qui est fait aux logiques classiques ou mathématiques, créditées au moins de savoir décrire des raisonnements. Deux options s'offrent alors : celle de la logique classique, dite monotone (on ne remet pas en cause les axiomes de départ et toute conséquence nouvelle s'intègre dans les informations précédentes) ; celle d'une logique plus proche du raisonnement usuel, qui va, comme on dit, accepter des conclusions « par défaut ». D. Kayser illustre ce second cas par l'exemple suivant. Soit la règle R : « Si une personne *p* veut avoir les nouvelles du jour, elle peut s'acheter un journal » ; cette règle peut mener à une information fausse si les imprimeurs sont en grève, si *p* n'a plus d'argent, s'il est alité ou si encore il est aveugle. Pour approcher de ces types de raisonnements, des logiques nouvelles, dites non monotones, font l'objet actuellement de nombreux travaux (Kayser, 1980, 1985 ; Politzer, 1991).

Mais qu'il soit monotone ou non monotone, tout raisonnement inférentiel, lorsqu'on veut le modéliser, doit posséder en mémoire une masse considérable de connaissances. Celles-ci vont servir à le guider en s'efforçant de répondre à la nécessité que tout fait soit susceptible d'être interprété en regard d'une règle. C'est ainsi sans doute que nous-mêmes dans le quotidien procédons, mais, pour ce faire, nous disposons d'extraordinaires facultés de mobilisation de connaissances en mémoire pour les intégrer souplement dans des stratégies variées. D'où la rapidité de nos processus d'inférence face à toute circonstance. Cela parce qu'au cours du développement humain, et au hasard de multiples rencontres, nous avons su développer d'importantes potentialités de transfert ou d'analogie entre expériences, entre causes et conséquences.

Ces capacités de mises en relation de connaissances jouent le rôle de principes directeurs, de « métaconnaissances » (Pitrat, 1990). D. Kayser en donne encore l'exemple suivant : *Connaissance* : pour trouver l'adresse de quelqu'un dont on connaît le nom et la ville de résidence, on peut : (1) chercher dans son agenda ; (2) appeler les renseignements téléphoniques ; (3) parcourir les rues de la ville et examiner systématiquement les boîtes aux lettres... Nos *métaconnaissances* nous suggèrent que (1) est plus facile que (2) et que (2) est beaucoup plus commode que (3).

Mais tout cela est-il suffisant pour nous aider à construire une compréhension automatique des textes ? Assurément non, car demeure l'écueil redoutable que constituent toutes les ambiguïtés stratégiquement inhérentes à l'activité de langage et aux processus de discours, sans compter toutes ces possibilités de jouer sur les nombreux sens d'un mot et dont témoignent les dictionnaires. Mais l'espoir demeure : si le verbe « monter », remarque D. Kayser, possède dans le *Littré* différentes significations réparties de 1 à 45, cela peut tout de même, sinon se hiérarchiser, du moins s'organiser en arborescence approximative de relations entre ces significations. De même faut-il envisager, dans le futur, des recherches traitant mieux les proximités lexicales et les niveaux de compréhension requis, à la manière dont nous-mêmes sommes capables d'exercer toute une gamme de niveaux de lecture d'un texte, selon nos connaissances, nos aspirations, nos besoins. Cela peut s'appeler, comme on le fait de plus en plus aujourd'hui, l'approche « à profondeur variable », qui consiste notamment à prendre en compte le fait qu'un même mot peut renvoyer dans le même moment à plusieurs objets ou notions (Rastier, 1991).

Aujourd'hui, la sagesse est donc arrivée : au-delà des discours triomphalistes d'il n'y a guère (traduction automatique, lecture automatique des textes, etc.), on sait que certaines solutions de codage-décodage sont accessibles, d'autres pas avant longtemps. Et les outils disponibles sur le marché ne s'adressent qu'à des utilisateurs bien déterminés et pour des besoins bien délimités. Au moins est-ce leur vertu. Toutes ces questions ne trouveront d'ailleurs une amorce de réponse que lorsque bien des mythes relatifs à l'intelligence artificielle se seront estompés, en même temps que la virulence des enjeux d'économie et de politique scientifiques qui les sous-tendent.

Dès lors, apparaîtra sans doute davantage l'importance de construire de véritables communautés d'intérêt — comme cela s'opère encore timidement — sur les problèmes intellectuels cruciaux de la représentation et de la manipulation des connaissances, autrement dit de « l'intelligence » et précisément du langage.

Les nouveaux ordinateurs apparus depuis peu sur le marché y aideront sans doute. On peut en faire le pari optimiste, notamment sous la forme de ces *machines à réduction*, justement conçues pour s'adapter à ces traitements symboliques et non numériques, requis par l'intelligence artificielle.

Nouveaux ordinateurs et machines à réduction

L'intelligence artificielle a eu sans doute ainsi comme effet majeur de mettre en évidence l'inadaptation des ordinateurs traditionnels voués au calcul numérique et la nécessité par suite de concevoir des « machines symboliques » aptes à modéliser les raisonnements humains. Dès l'origine, en effet, l'architecture des ordinateurs classiques fut conçue pour le calcul. Jusqu'à une époque récente, on s'est ainsi préoccupé essentiellement de l'élaboration d'organes arithmétiques pour le traitement numérique rapide, puis de structuration des données en mémoire sous forme notamment d'éléments juxtaposés, désignés par un indice et traités de manière identique. Le modèle séquentiel de von Neumann, encore si prégnant, fut conçu dans ce contexte (E. Cousin et *al.*, 1988).

Dans ce type de modèle, la notion de symbole n'existe que sous cette forme appauvrie qu'est la variable, entité dont la seule pertinence de contenu est de permettre le bon déroulement du programme : le terme de variable permet d'identifier un tableau ou le résultat d'un calcul, etc. Ce type de « symbole » n'est alors en aucun cas condition du traitement lui-même. Ce ne sera que dans les années cinquante qu'apparaîtront les premiers langages adaptés au traitement symbolique, dont le fameux Lisp dû à J. McCarthy (MIT, 1960), et qui deviendra un des grands instruments de développement de l'intelligence artificielle. Plus tard, A. Colmerauer (université de Marseille) développera à son tour le non moins fameux langage Prolog, origine d'une nouvelle famille de langages symboliques.

Le langage Lisp fonctionne en *programmation fonctionnelle*, et c'est sur ce modèle que se fondent les machines à réduction. La programmation fonctionnelle, qu'on baptise aussi « applicative » par référence à l'application mathématique, s'organise programmatiquement sous forme de fonctions, résultant dc compositions de fonctions élémentaires, soit connues de la machine, soit définies par le programmeur. De la même façon qu'en mathématiques, une fonction f est ce qui fait correspondre à l'argument x le résultat y : $f(x) = y$. Par exemple : la fonction « mettre au pluriel » pourra s'appliquer à tout type de phrase et, dès lors, la phrase au singulier sera l'argument x et la phrase au pluriel, le résultat y.

Quant à Prolog, il fonctionne en *programmation déclarative*, c'est-à-dire qu'on exécute un programme sous forme d'une suite d'énoncés auxquels on attribue à chacun la valeur « vrai » ou « faux » en fonction d'un contexte spécifique : par exemple, en partant de la proposition « le père du père de quelqu'un est son grand-père », on parviendra dans un programme déterminé, à un objectif qui est de savoir « quels sont tous les grands-pères de Jules ? » (E. Cousin et *al.*, 1988).

Dans les deux cas — programmation fonctionnelle ou déclarative —, le traitement symbolique s'avère d'une grande complexité, *a fortiori* lorsqu'il s'agit de textes en langue naturelle. Le comportement d'un programme symbolique est donc toujours difficile à prévoir tant au plan des temps de calcul que de l'espace de mémoire requis. Par exemple, dans la structure interne d'une machine numérique, un tableau de mille nombres entiers correspond à la juxtaposition, sur un morceau de silicium, de mille cellules de mémoire contiguës, chaque cellule enfermant l'information concernant un entier du tableau. Dans une machine symbolique, il n'en va pas de même : la disposition des cellules de mémoire est irrégulière et comporte des espaces vides puisque le « calcul » de certaines expressions peut requérir des espaces de mémoire, qui cesseront d'être utiles dès que le résultat aura été exploité par le programme. Pour être efficace, une machine symbolique doit donc pouvoir utiliser dynamiquement, c'est-à-dire directement pendant le temps de calcul, ses ressources en mémoire et non pas les gérer statiquement avant le traitement.

De tous les projets qui ont été élaborés en vue de répondre à ces contraintes, seules les machines utilisant des programmes conformes au principe de réduction à l'œuvre dans les langages fonctionnels semblent présenter des avantages non négligeables dans les traitements symboliques actuels. Ce principe de *réduction* emprunte à la fois à la programmation fonctionnelle, fondée sur le *lambda-calcul* mathématique, et à la logique combinatoire, depuis qu'en 1958 il a été établi l'équivalence entre ces deux types de calculs (voir *infra)*. En conséquence, il est possible de faire intervenir la logique combinatoire pour exécuter un langage fonctionnel.

Mais résumons de plus près le lambda-calcul : il a été développé en 1932 par A. Church en vue de décrire ce qui intervient lorsque, dans un calcul et dans sa programmation, on substitue au nom d'une fonction sa définition, et donc pour comprendre ce que traduisent les notions de « substitution » et de « réduction ». La substitution, c'est l'opération qui consiste à remplacer les arguments formels — comme x dans l'exemple précédent — par des arguments réels — dans le même exemple : « le père du père de quelqu'un est son grand-père ». La réduction intervient ensuite pour exécuter le programme, en remplaçant dans toute expression donnée une opération par son résultat, c'est-à-dire en appliquant une fonction sur un argument (Church, 1941 ; E. Cousin et *al.*, 1988).

Pour accomplir l'opération de substitution, les machines symboliques emploient le *principe d'environnement* : on mémorise, dans une structure de données spécifique, la valeur associée à un instant *t* à chaque argument. Et pour s'affranchir des contraintes qu'un tel principe entraîne sur les performances, on fait recours au modèle mis au point par D. Turner et inspiré des travaux des logiciens H.B. Curry et R. Feys (1958). Ceux-ci ont montré l'équivalence entre lambda-calcul et logique combinatoire. Et c'est en 1979 que Turner découvre que le langage machine d'un ordinateur peut être construit au moyen de combinateurs, et que cela permet d'éviter le principe d'environnement (Turner, 1979).

En logique combinatoire, il n'y a pas d'argument formel : l'opération de substitution fait partie de la fonction : elle est effectuée par des *combinateurs*, qui sont des fonctions particulières constitutives de la fonction, et dont l'application construit progressivement l'expression à calculer. De la même façon qu'en lambda-calcul, l'exécution d'un programme s'opère par réductions successives et les règles de réduction, peu nombreuses en l'occurrence, vont définir étape par étape la transformation du programme avec ses données. Au terme de ce processus de transformation, ce qu'on obtient correspond au résultat du programme original.

De plus, la logique combinatoire peut être aisément assimilée à un langage applicatif au plan des propriétés ; notamment le calcul d'une expression donne toujours le même résultat quelles que soient les réductions effectuées, et on peut en réaliser plusieurs en même temps : une machine à réduction a donc une grande capacité de parallélisme qu'on obtient en lançant simultanément la réduction sur tous les arguments des fonctions. Si, par exemple, on représente de façon interne une expression constituée sous forme de graphe afin de ne pas faire plusieurs fois les mêmes réductions, on peut encore accroître les performances, et la synchronisation de l'ensemble peut être réalisée simplement : on fait de la réduction de graphe, et cela est encore plus commode pour un traitement parallèle.

Mais pour introduire ce parallélisme dans le traitement, il faut encore savoir : découper le problème en sous-problèmes analysables et traitables séparément ; répartir ces sous-problèmes sur les différentes unités d'exécution ; synchroniser l'ensemble ; gérer le parallélisme aux niveaux du programme et de la machine.

C'est à ces questions fondamentales que le projet MaRS de machine à réduction du Centre d'études et de recherches de Toulouse (CERT) a tenté de répondre en 1984, à l'issue d'une convergence entre un projet d'architecture de machine parallèle et un programme d'études en génie logiciel (en vue notamment de faire « tourner » plus rapidement des systèmes experts d'aide à la conception aéronautique). MaRS repose sur une architecture modulaire multiprocesseurs (processeurs indépendants) et une réduction parallèle des programmes transcrits en graphes de combinateurs. La gestion de l'ensemble n'est faite par aucun mécanisme centralisé afin de se prémunir de tout embouteillage dans les échanges entre microprocesseurs, et cette modularité de l'architecture permet une grande souplesse, tant dans les configurations que dans les applications envisagées. La gestion de la mémoire s'effectue donc en simultanéité totale avec l'exécution des programmes.

Quatre processeurs élémentaires sont ainsi utilisés, spécialisés dans les tâches de mémorisation, réduction, communication et échange avec l'extérieur. Le processeur de communication est la « brique de base » d'un réseau à travers lequel les autres processeurs communiquent entre eux, et ce réseau exerce un rôle important de régulation de toute la machine, en gérant la distribution du travail entre processeurs et en contrôlant ainsi le parallélisme. Depuis, une miniaturisation très poussée des processeurs a été effectuée, permettant à chaque processeur de réduction d'effectuer environ deux cent mille réductions par seconde, en même temps qu'à été réalisée une maquette intégrant seize de ces processeurs (E. Cousin et *al.*, 1988).

On sait par ailleurs qu'une architecture de type MaRS peut aller jusqu'à faire coopérer une centaine de processeurs. La puissance devient ainsi considérable, mais disposons-nous, en programmation symbolique, du savoir à même d'exploiter de telles puissances ? Rien n'est moins sûr compte tenu de la formation classique de bien des programmeurs. Il faudrait encore savoir imaginer les gammes d'applications que de telles architectures peuvent susciter. Les *révolutions architecturales* que connaît aujourd'hui l'informatique ont une histoire récente ; c'est toute une culture qui se voit ainsi bouleversée dans des formes dont les conséquences restent à définir, inventer, développer.

De nouvelles architectures d'ordinateurs

Toute architecture d'ordinateur dépend de l'état existant des technologies au moment d'apparition de cet ordinateur. L'exemple classique de cette interaction est bien la notion de « microprogrammation » inventée en 1951 par l'Américain M.W. Wilkes : dans les premières machines réalisées à cette époque, l'organe de contrôle du microprocesseur, chargé de décoder les instructions que l'ordinateur devait exécuter, était entièrement constitué de circuits câblés. L'ensemble des instructions que ce processeur devait comprendre — ce qu'on appelle aujourd'hui le « langage-machine » — était donc totalement figé. C'est Wilkes qui eut l'idée de rendre programmable cet organe de contrôle de telle sorte que n'importe quel appareil puisse comprendre le langage-machine de tout autre ordinateur. Mais tant qu'il n'y a pas eu de circuits programmables aussi rapides que les circuits câblés, la notion de microprogrammation n'a pu se développer. Cela n'a été possible qu'avec l'apparition, en 1965, de mémoires rapides à base de semi-conducteurs et capables de stocker facilement les microprogrammes comme la gamme des IBM 360 apparue alors. Il aura donc fallu près de quinze ans pour mettre au point la technique à même de rendre possible cette révolution architecturale.

Néanmoins jusqu'à cette époque, la constitution des ordinateurs demeura quelque chose de simple : il y avait d'un côté la structure matérielle, de l'autre, le logiciel. Logiciel de base et logiciel d'application ont été longtemps écrits tous les deux en langage-machine avant qu'au cours des années soixante on se mette à développer des langages nouveaux d'application. Ce fut l'apparition alors de ces langages dits évolués — tels Fortran, Cobol, Pascal, Lisp — qui innovaient dans la mesure où ils permettaient d'écrire des procédures de calcul sous une forme assez proche des problèmes à traiter.

Mais comme la structure physique des ordinateurs n'avait pas beaucoup évolué, ces langages sont venus encore complexifier l'architecture logicielle : la machine ne sachant qu'exécuter les ordres élémentaires écrits en langage-machine, il fallait que le langage évolué d'application soit retransformé en langage-machine, et cela incombait à un logiciel de base spécial : le compilateur. Inévitablement ces logiciels de base sont devenus de plus en plus compliqués avec toutes les conséquences que cela représentait en termes de fiabilité et de coût économique.

On a donc remis en cause progressivement la notion de langage-machine et, dès les années soixante-dix, conçu les « machines-langages » adaptées à ces langages évolués qu'elles devaient comprendre (machines-Fortran, machines-Lisp, machines-Pascal, etc.). Mais ces machines-langages très vite, au vu de leur complexité, ont été qualifiées d'« usines à gaz » ou de « machines baroques ». Leur utilité a été cependant incontestable dans les développements de l'intelligence artificielle : le mouvement était lancé, qui a conduit, dans ces années-là, à une innovation importante. Il y a eu d'abord les critiques faites sur ces machines-langages par D. Patterson (université de Berkeley) et R.D. Ditzel (Laboratoires Bell), ce dernier étant d'ailleurs un des auteurs de la machine-langage Snobol-4. Puis, en 1976, M.E. Hopkins et G. Radin ont construit le premier processeur spécialisé dans la commande de périphériques d'ordinateurs : l'IBM 801. Ce processeur, au départ, devait utiliser l'ECL *(Emitter Coupled Logic)*, une technologie micro-électronique qui favorise la construction de circuits très rapides. Et comme une puce en ECL ne contient que fort peu de circuits câblés, Patterson s'est préoccupé des simplifications d'architecture adéquates. Il a découvert que ces simplifications du processeur étaient bien plus rentables en vitesse de calcul que ne l'était l'emploi d'ECL lui-même. Surpris de cette situation, il sut en tirer parti et proposer, en 1980, un modèle d'ordinateur à l'architecture bien plus simple que celle des autres, et proche somme toute du modèle de von

Neumann : ce furent les « machines à jeu d'instructions réduit » ou RISC *(Reduced Instruction Set Computer).*

Machines RISC et architectures parallèles

Dans une machine RISC, le principe de base est qu'à la simplicité du langage-machine doit correspondre la simplicité de la structure matérielle. Cela permet, d'une part, de réaliser des processeurs très performants et, d'autre part, et surtout, de faire gérer la structure matérielle par le logiciel, désormais plus simple et fiable. Ce principe procure des résultats non négligeables, ne serait-ce qu'au niveau des performances de calcul : pour ne parler que des « ancêtres », le Sun4, première étape de la génération RISC, avait une puissance de calcul de sept millions d'instructions par seconde (Mips) pour chaque utilisateur branché ainsi en réseau. Il est probable qu'on atteindra bientôt des puissances de 10 à 100 Mips, y compris et surtout au niveau des ordinateurs personnels. Sans doute cela représentera-t-il la *limite des architectures inspirées du modèle séquentiel* de von Neumann.

Car, en vérité, la prolifération des besoins en informatique et des types les plus divers va requérir de plus en plus des puissances de calcul que seuls les ordinateurs dits « parallèles » seront en mesure d'offrir. L'informatique aura ainsi connu plusieurs périodes, caractérisées chacune par ses propres usages et besoins. Dans les années cinquante à soixante, il s'agissait de besoins militaires, et notamment dans le domaine du calcul balistique. Puis ce fut la physique : dynamique des fluides, physique nucléaire et géophysique. Ensuite, la conception assistée par ordinateur, la reconnaissance des formes et l'intelligence artificielle. En résumé, il s'agissait à chaque fois de courir à des puissances de calcul de plus en plus élevées.

D'où, dès les années soixante, l'apparition de « supercalculateurs », qui étaient des sortes de machines *pipeline* comme l'IBM 360/91 ou le Control Data 6600, conçu par Seymour Cray. Ces machines, réalisées selon le modèle séquentiel classique, étaient dotées d'un processeur à plusieurs étages, chaque étage exécutant une étape particulière des instructions émanant de la mémoire centrale. Elles traitaient les calculs à la chaîne, avec l'inconvénient de ce genre de procédure : si une instruction a besoin pour s'exécuter du résultat de la précédente, cela complexifie d'autant les charges du processeur. Et ajuster en ce sens la programmation finit par coûter extrêmement cher.

C'est pourquoi, dès le milieu des années soixante, on comprit qu'il fallait trouver d'autres architectures que celles inspirées du modèle de von Neumann, et les supercalculateurs de seconde génération vont ainsi s'organiser selon des architectures non plus séquentielles, mais parallèles. Le premier d'entre eux fut le fameux Cray-One, apparu sur le marché en 1978. Il s'agissait en vérité de l'aboutissement de travaux initiés eux aussi dès les années soixante, notamment par M.J. Flynn (université de Stanford), lequel avait contribué à la réalisation du supercalculateur IBM 360/91. En 1969, Flynn proposa de classer les architectures parallèles en deux grandes familles toujours actuelles : les machines multiprocesseurs, dites MIMD *(Multiple Instructions Multiple Data)*, et les machines à architectures véritablement parallèles, dites SIMD *(Single Instruction Multiple Data)*.

Dans les machines MIMD, pour traiter les tâches en parallèle, on augmente le nombre de processeurs et chacun d'eux est associé à une tâche à accomplir ; un peu comme si l'on disposait de plusieurs ordinateurs exécutant en même temps des programmes différents, bien que tous ces programmes soient dans une seule et même mémoire. Mais ce partage de la mémoire dans les machines MIMD limite leurs capacités. Une exécution de tâche sur un processeur se fait en effet en trois temps : faire une opération sur les données dans le processeur, puis aller chercher ces données en mémoire, enfin communiquer des informations en regard d'une autre tâche, puisque toutes les tâches accomplies par un même programme parallèle ne sont jamais indépendantes les unes des autres. C'est la deuxième étape d'opération qui pose problème sous forme de conflits d'accès puisque la mémoire est partagée par tous les processeurs et que, très vite, peut surgir un goulet d'étranglement, et qu'alors, au lieu de croître avec le nombre de processeurs, les performances des machines MIMD se voient diminuer à cause de ces embouteillages. D'où la solution qui est d'associer à chaque processeur une petite mémoire locale qui lui serait propre.

Mais alors intervient un autre handicap, qui provient du fait que, pour communiquer entre elles, les différentes tâches doivent emprunter des connexions entre processeurs et que, pour le faire au mieux, elles doivent s'envoyer des « messages » de façon asynchrone, c'est-à-dire à n'importe quelle autre tâche et à n'importe quel moment. Dès lors, le nombre de messages ne peut croître que de façon exponentielle. Et là, les solutions ne sont guère envisageables à court terme. Sans doute, des recherches sont-elles engagées, d'un côté, pour développer des réseaux d'interconnexions dits « en hypercube » afin de réaliser des machines MIMD à mémoire locale plus performante, et de l'autre, grâce aux physiciens, pour trouver des réseaux d'interconnexions parfaits, utilisant en particulier l'optique.

Un dernier handicap des machines MIMD, c'est leur programmation : il faut qu'à chaque fois le programmeur explicite le parallélisme inhérent à chaque application et, pour ce faire, il doit d'abord spécifier les différentes tâches contenues dans son application, et ensuite programmer leur exécution au moyen de langages capables de fonctionner par « blocs d'instructions » séparés et surtout permettant de contrôler les communications entre ces blocs. Mais comme il s'agit de petits programmes, en fait indépendants, et qui vont se concurrencer dans l'accès aux organes communs de la machine (mémoire, périphériques, etc.), il peut arriver — et c'est fréquent —, que les différentes tâches ainsi mises en route se bousculent et bloquent les ressources internes, d'où, très vite, des situations critiques où il faut construire des applications qui « marchent coûte que coûte ». Cela est d'autant plus grave que la plupart des systèmes de contrôle industriel, où plusieurs ordinateurs fonctionnent en réseau, sont construits sur le mode MIMD et que toute panne peut se révéler catastrophique.

Devant ces difficultés, nombre de recherches se sont portées en direction de l'autre famille d'architectures parallèles : celle des machines SIMD. Celles-ci sont par essence synchrones puisqu'on s'y contente de multiplier les organes de traitements et non pas les processeurs, et que tous les organes de traitement sont commandés de façon identique par un organe de contrôle commun. L'exécution d'un programme consiste alors à adresser chaque instruction *(Single Instruction)* aux organes de traitement qui l'accomplissent ensemble sur leurs propres données *(Multiple Data)*. Il ne s'agit donc pas de tâches, mais véritablement d'instructions parallèles, et la puissance de calcul des machines SIMD provient de ce que chaque instruction y est exécutée en même temps sur un grand nombre de données.

Ces machines, pour l'instant, sont plutôt utilisées pour des applications spécifiques, telles que les traitements du signal, de l'image ou encore, bien sûr, en aéronautique. Car ce qui les caractérise, c'est *l'organisation spatiale des données* à traiter : on va, par exemple, pour la transformer, remplacer une image réelle en tableau de nombres, en établissant la correspondance spatiale des nombres du tableau et des points de l'image réelle. De même construira-t-on, pour tester une maquette d'avion, la correspondance spatiale entre données numériques et points répartis sur le fuselage de la maquette.

Cette spatialisation a la vertu d'expliciter le parallélisme. Une nouvelle discipline en est issue, à la frontière de l'informatique et des mathématiques : *l'algorithmique parallèle*, qui consiste, pour résumer, à représenter les données sous forme de structures mathématiques simples et répétitives — des rangées ou des tableaux de nombres qui sont mathématiquement des vecteurs et des matrices —, et à définir ensuite l'algorithme tel qu'il applique les instructions voulues sur chaque élément de la structure en question. Mais il faut encore, pour une bonne exploitation de ce parallélisme spatial, que la structure physique de la machine traduise autant que faire se peut la structure des données. Et là, deux techniques sont possibles.

La première consiste à construire une structure matérielle *ad hoc* et de même géométrie que les données à traiter, mais cette structure demeure spécialisée et restreinte : la plupart du temps, il s'agit d'une « grille » où les organes de traitement sont situés aux nœuds de ce réseau à mailles carrées et donc ne sont connectés qu'à un nombre limité d'autres organes. Tout problème à résoudre doit tenir compte de cette topologie ; ce pourquoi il est fait recours à l'algorithmique parallèle notamment dans les « supercalculateurs à transputers » conçus par I. Barron (Inmos Ltd). Un transputer — réalisé sur le principe simple des architectures de type RISC — renferme à l'intérieur d'une seule puce pratiquement tous les éléments d'un calculateur, à savoir : une mémoire de deux kilo-octets et un processeur 32 bits. Cette puce comporte encore quatre canaux matériels pour interconnecter entre eux les transputers, et cela effectivement selon des configurations en grille. Cette architecturation simple et séquentielle, mais très rapide, a permis un large accès de la communauté scientifique aux ordinateurs parallèles.

Cependant, les machines parallèles commercialisées sont limitées de par leur petit nombre d'unités de calcul. Les progrès les plus récents permettent maintenant un autre type de technique, qui vient révolutionner les architectures classiques sous la forme de ce qu'on nomme les *machines cellulaires*. La plupart de celles-ci n'existent encore toutefois que sur le papier.

Les ordinateurs cellulaires

Le principe de telles machines est extrêmement simple : il suffit d'imaginer un plan quadrillé subdivisé en une myriade de cellules carrées ou hexagonales dont chacune contient une « petite machine » qui exécute des calculs simples en fonction d'informations émanant de son voisinage immédiat (P. Greussay, 1988). Qu'on fasse retour à un tel principe architectural n'a rien de surprenant : cela provient à la fois des développements de la vision par ordinateur ou de la simulation de fluides en physique, et surtout des travaux mathématiques sur les automates cellulaires. En même temps, ces nouvelles machines sont exemplaires de thèmes récurrents dans l'histoire de l'informatique.

Un premier thème est celui des *machines abstraites* : il y a nécessairement interaction entre la construction d'ordinateurs et les modélisations mathématiques élaborées à propos de leurs fonctionnements.

Un deuxième thème est celui de l'*universalité* : cette idée qui est aussi le rêve des informaticiens — à savoir celui d'une machine abstraite pouvant effectuer tous les calculs possibles et en même temps être programmable pour simuler y compris son propre fonctionnement — est à l'origine de toutes les architectures cellulaires : c'est l'idée d'*autoreproduction* ou *d'autoduplication*.

Un troisième thème est celui de la *programmation*. Programmer, cela peut se « visualiser » comme consistant à faire transiter des informations d'un lieu à un autre en vue de les classer et de les transformer, et les architectures cellulaires visent à concrétiser cette représentation spatiale : il s'agit de programmer chacune de ces cellules dotée d'un petit calculateur élémentaire de façon qu'elle diffuse des informations à ses cellules voisines et qu'on obtienne un comportement collectif des cellules. Cela consiste alors concrètement, et de façon effectivement très visuelle, à former des géométries planes de conglomérats et de chemins reliant les groupes de cellules.

Un dernier thème est celui de l'*économie* : pour construire des comportements cellulaires collectifs suffisamment complexes pour devenir intéressants, il faut faire intervenir de nombreux processeurs élémentaires ; ce qui suppose que chaque processeur ne possède que de petites capacités de calcul et de mémoire et qu'il ne soit en relation qu'avec ses voisins immédiats. De surcroît, afin de réduire les encombrements de l'architecture, il faut que les liaisons soient réduites à un seul fil qui ne peut transporter qu'un bit à la fois. Et comme toute information requiert plusieurs bits, il faut alors que ces dernières empruntent les unes après les autres le fil de liaison avant d'être traitées par la cellule receveuse. C'est ce qu'on appelle le traitement *bit-serie* ou séquentiel des informations.

Un tel type de fonctionnement peut sembler paradoxal eu égard au degré de parallélisme qu'on espère d'un ordinateur constitué de plusieurs millions de cellules fonctionnant simultanément. Pour le comprendre sans doute faut-il revenir à un peu d'histoire concernant les machines abstraites et l'autoreproduction.

La genèse des automates cellulaires

C'est en 1948 que von Neumann et Stan Ulam, au laboratoire de Los Alamos, se sont pris de passion — à l'occasion des calculs requis par la mise au point de la bombe atomique — pour l'électronique, mais aussi pour le système nerveux, la biologie moléculaire et la croissance cristalline. Ils construisirent alors un premier modèle d'architecture cellulaire, inspiré des processus de reproduction des systèmes vivants, tel qu'au moyen d'une programmation adéquate un groupe de cellules devait pouvoir être capable de « s'autoreproduire ». Ce fut le premier automate cellulaire.

Un automate cellulaire, au sens abstrait, se constitue comme une sorte d'échiquier dont chaque case ou cellule est en connexion avec les quatre cases voisines orthogonales. C'est le modèle de connexion « en grille ». Les cellules sont toutes identiques : chacune contient une petite machine abstraite qui va pouvoir adopter différents types d'états. Chacun des états d'une cellule va dépendre de l'état de ses congénères. Au départ *(to)*, il y aura une *configuration initiale* de cellules — c'est-à-dire un nombre fini — qui sera dans un état inerte ; et l'ensemble des états des cellules va constituer le « matériel génétique » de cette configuration initiale. A chaque « top » alors d'une horloge fictive commune, toutes les cellules vont changer ensemble d'états, selon une règle commune dite « règle de transition » de l'automate cellulaire. C'est de cette façon que se fait l'évolution de l'automate dans le temps. Programmer une surface de cellule, cela signifie donc choisir une configuration initiale, puis le nombre d'états possibles des cellules et la règle de transition qu'on leur associera (P. Greussay, 1988).

Von Neumann, dans son premier modèle d'automate cellulaire, avait sélectionné un répertoire de vingt-neuf états et une fonction de transition trop complexe pour être effective. Le modèle ne fut repris qu'en 1968, vingt ans plus tard, par E. Codd, lequel deviendra le véritable fondateur des théories modernes en bases de données. Codd ramena la configuration initiale de vingt-neuf à seulement huit états. Puis en 1984, C. Langton simplifia encore cet automate.

L'observation essentielle qu'on peut tirer de cette longue aventure modélisatrice est que tous — von Neumann, Codd, Langton — se sont essayés à mettre au point des processus de reproduction cellulaire dits actifs, et dirigés par la configuration initiale visant, au moyen de la fonction de transition, à sa propre duplication. Pour cela, il faut faire intervenir à la fois des dispositifs de « copie », autrement dit de transcription, et des dispositifs d'interprétation, c'est-à-dire de traduction du matériel en action sur la surface cellulaire. C'est pourquoi l'enjeu des recherches est de parvenir à surmonter la complexité de tels automates ; d'où les tentatives pour installer, dans les surfaces cellulaires, des processus de reproduction dits passifs, tributaires seulement de la règle de transition et non plus de la configuration initiale. Ces derniers types d'automates se sont développés en physique théorique, hors du champ proprement dit des travaux informatiques.

Un système reproducteur passif se construit avec des cellules à deux états (0 et 1). Imaginons, par exemple, une règle de transition qui impose qu'à chaque étape l'état de chaque cellule sera de 0 si la somme de ses quatre voisines est paire (0,2 ou 4), et qu'il sera de 1 si cette somme est impaire : dans cette situation, toute configuration sera dupliquée par le simple effet de la « physique » de transition et indépendamment de la configuration initiale, laquelle peut alors être ramenée à une seule cellule (P. Greussay, 1988).

La plus connue de ces règles de transition est celle du « jeu de la vie » conçue en 1970 par J.H. Conway (université de Cambridge, Grande-Bretagne). Cette règle dit que lorsqu'une cellule est vivante, elle ne le demeure à la génération d'après que si deux ou trois de ses voisines sont encore vivantes ; si elle est morte, elle ne peut revivre que si trois de ses voisines sont vivantes ; et enfin, dans toutes les autres situations, elle ne peut que mourir si elle est vivante ou rester morte si elle l'est déjà. En résumé : pour vivre et *a fortiori* survivre, une cellule ne doit ni être trop entourée ni trop isolée ; et c'est bien le « jeu de la vie ». De cet automate cellulaire passif, de multiples dérivés ont été produits dont certains présentent des résultats tout à fait remarquables du seul fait qu'effectivement on peut produire des quantités phénoménales de règles de transition possibles : pour un simple environnement à huit cellules voisines, il en existe ainsi 10^{77} !

Certains automates bidimensionnels de cette famille du « jeu de la vie » ont permis encore des observations passionnantes. N. Packard (université Princeton), en 1984, a recréé de la sorte des dynamiques de croissance cristallines de façon extraordinaire : imaginons qu'un flocon de neige soit un automate cellulaire doté de la géométrie d'un réseau plan de cellules hexagonales du type nid d'abeilles. Chaque cellule a donc six voisines, et ne prend que deux états : 1 = congélation ; 0 = vapeur d'eau. A chaque génération, le nouvel état des cellules de vapeur d'eau au bord du cristal va dépendre de la somme des états de ses six voisines : si cette somme est impaire, la cellule gèle ; sinon, rien ne change ; de plus, toute cellule gelée le demeure indéfiniment. Sous cette forme, les flocons de neige calculés à partir d'une seule cellule gelée ont vraiment l'air de flocons de neige !

De même Y. Pomeau (ENS, Paris), U. Frisch (observatoire de Nice) et B. Hasslacher (Los Alamos) ont-ils simulé des écoulements complexes de fluides en utilisant des règles de collision de particules dans des réseaux cellulaires hexagonaux. Ainsi la théorie mathématique des automates cellulaires a-t-elle connu de nombreux développements qui ont des incidences importantes dans la conception des futures machines abstraites. Un exemple significatif est celui de ce problème théorique résolu par J. Mazoyer (université de Lyon) en 1986. Il s'agit de ce qu'on nomme la « synchronisation d'une ligne de fusiliers » *(firing squad)*, à savoir comment un peloton d'exécution autogéré peut décider que ses membres (en l'occurrence des interconnectées en rangée) feront feu tous ensemble. C'est un problème qui a de multiples conséquences en calcul parallèle, et pour lequel on a longtemps cherché à minimiser le nombre d'étapes conduisant à la décision collective. J. Mazoyer est parvenu à modéliser un automate à six états, le minimum atteint jusqu'à présent. Ce modèle, de surcroît, est généralisable à deux dimensions.

Tous ces développements mathématiques importants, souvent associés à des modélisations physiques, impliquent le recours massif à de l'expérimentation. L'emploi de super-calculateurs étant souvent trop onéreux, T. Toffoli a eu l'idée, en 1981, de construire au Massachusetts Institute of Technology (MIT) un circuit électronique destiné à la simulation d'automates cellulaires (Cellular Automata Machine). Ce circuit est aujourd'hui commercialisé sous sa version CAM-6 et permet de visualiser sur l'écran d'un micro-ordinateur l'évolution d'automates cellulaires à la manière d'un film d'animation. Selon les mêmes principes, A. Clouqueur et D. d'Humières (École normale supérieure, Paris) ont de leur côté réalisé en 1986 un « simulateur spécialisé » d'automates cellulaires, destiné notamment aux simulations de fluides.

Toutes ces machines — à l'exception de quelques-unes — sont encore de capacités limitées et le plus souvent abstraites.

Pour passer à des machines réelles, de « vrais » ordinateurs cellulaires, encore faut-il développer des méthodes pour les programmer, et c'est un des enjeux actuels. Quelques exemples de machines réelles l'illustreront.

Il y eut ainsi d'abord la machine NETL qui n'est restée qu'en projet. Imaginée par S. Fahlman en 1979, elle devait servir aux recherches en intelligence artificielle puisque fondée sur l'interconnexion de près d'un million de processeurs simples, lesquels devaient simuler de gros réseaux sémantiques qu'on aurait pu parcourir selon des procédés déductifs simples. Une deuxième machine fut la fameuse Connection Machine créée par D. Hillis en 1981 et destinée à l'origine, elle aussi, à interroger de grandes bases de connaissances. Elle encore était prévue pour comporter un million de processeurs. Sa version commercialisée n'en a que 65 536 ; ce qui est déjà non négligeable. Elle fait déjà la preuve de ce que pourraient être en capacité les futurs grands ordinateurs cellulaires. Une troisième machine fut la puce GAPP (Geometrical Arithmetical Parallel Processor) commercialisée en 1985, et qui comportait 72 processeurs disposés sur une grille de six par douze, chaque processeur ayant 132 bits de mémoire, le brochage des puces permettant d'aboutir à une grille de 216 000 processeurs, communiquant tous avec leurs voisins orthogonaux ! Et de nouvelles versions permettent déjà d'offrir 512 processeurs par puce ! On est bien là en présence de vraies étapes vers la constitution d'ordinateurs cellulaires dotés de capacités considérables d'unités de calcul élémentaires ! Et les recherches sur ces « puces » ne font que progresser ! Comme celles de G. Mazaré et T. Muntean (Grenoble) qui approchent de 100 000 processeurs sur un même support ! (P. Greussay, 1988)

Les difficultés demeurent cependant considérables, et surtout au niveau de la programmation : il s'agit de faire opérer des concepts tels que « coins », « bords » ou « axes » qui prennent en compte la géométrie de cette grille plane sur laquelle sont disposés les processeurs élémentaires ; il s'agit encore de dépasser les contraintes provenant de l'aspect synchrone et standard des processeurs en individualisant l'activité de sous-surfaces, ce qui permettrait alors de créer des tâches indépendantes qui s'exécuteraient sur la surface.

Néanmoins, les perspectives ouvertes par ces développements d'architectures cellulaires sont probablement aussi passionnantes et novatrices que ne le furent les premiers temps de l'informatique.

Il en va de même de celles, concurrentes et convergentes, ouvertes par tous les travaux actuels sur les réseaux de neurones formels en vue de la conception de *machines neuronales*.

Réseaux de neurones formels et machines neuronales

L'ambition de construire des machines intelligentes a ainsi repris consistance aujourd'hui sous la forme de projets d'ordinateurs capables d'atteindre nos capacités cérébrales voire de les surpasser ! Cela provient de cette constatation que si les ordinateurs parallèles se révèlent prodigieux pour du calcul à grande vitesse, ils demeurent bien loin de nos multiples et flexibles capacités humaines, telles que très tôt l'enfant lui-même les manifeste, à savoir, par exemple, ce pouvoir précoce et extraordinaire de reconnaître, lire et manipuler des symboles manuscrits (lettres ou icônes). La difficulté quand on envisage d'ainsi copier la nature, c'est qu'en vérité, il n'existe pas dans notre cerveau de *modules spécifiques* entièrement spécialisés dans telle fonction et que, par ailleurs, toutes les informations que nous captons y sont traitées, à chaque fois, de manières très différentes.

On est donc loin d'imaginer encore ce que seront vraiment des « machines neuronales » ; les seules réalisations existantes ne sont qu'à l'état purement théorique. Cependant, un certain nombre de simulations bien avancées donnent déjà quelque idée de ce futur. L'idée de base initiale est que si notre cerveau est inimitable, au sens qu'il requiert l'activité conjointe de milliards de neurones, néanmoins il est possible de simuler schématiquement chaque opération simple que peut exécuter un neurone, c'est-à-dire d'envoyer ou non un signal en réponse aux signaux qu'il reçoit par l'intermédiaire de ses ramifications, les dendrites, et provenant de milliers d'autres neurones. Ce signal que le neurone « décide » d'envoyer passera le long d'une fibre unique et ramifiée au bout, l'axone, et cette information d'un neurone à l'autre se fera grâce aux points de contact qu'établissent entre elles les synapses. On est donc schématiquement constamment dans des situations *excitatrices* — d'un neurone émetteur à un neurone récepteur — ou *inhibitrices* — le neurone émetteur inhibant le neurone récepteur. De plus, chaque synapse peut se différencier selon l'efficacité avec laquelle elle établit connexion.

C'est ce fonctionnement que tente de modéliser le « neurone formel ». L'idée est déjà ancienne puisqu'elle a été conçue par W. McCulloch et W. Pitts en 1943, à l'université de Chicago, sous forme d'un élément binaire (+ 1 = état actif ; – 1 = état inactif) qui actualise périodiquement son état en calculant la somme de ses entrées et en comparant cette somme à un seuil qui lui est propre. Si cette somme est supérieure au seuil, le neurone formel devient actif (+ 1), et en cas contraire, il devient inactif (– 1). Et tous les neurones prennent leurs décisions ensemble en fonction de l'état global du réseau.

Ce type de simulation est simple à réaliser, mais comment s'assurer qu'un réseau de ce genre soit capable de mémoriser puis de « reconnaître » ce qu'on veut lui faire reconnaître et, enfin, d'accomplir correctement le travail qu'on lui définit ? L'historique des travaux accomplis en ce sens est éclairant sur le sujet.

Les premiers réseaux de neurones formels étaient simplement constitués de neurones d'entrée ou récepteurs, chargés de recevoir et de renvoyer de l'information. Ces réseaux étaient constitués de deux « couches » : une première couche de neurones dotés de la capacité de calculer leur état en fonction des informations émanant des neurones d'entrée, et donc de « décider » du réseau ; une seconde couche recevant des informations des neurones de la première couche, mais sans pouvoir être connectés entre eux. Pour qu'un tel réseau ait une certaine capacité de mémoire associative, imaginons qu'il soit conçu pour la reconnaissance de chiffres manuscrits et qu'en plus des neurones récepteurs il comporte dix neurones, chacun étant capable de « reconnaître » un chiffre entre 0 et 9. Chaque neurone en question étant alors numéroté de 0 à 9, seul le neurone 0 sera par exemple actif si le chiffre présenté à ces dix neurones est un zéro, *idem* pour le neurone 1 si le chiffre 1 est présenté, etc. Pour procéder, il faut présenter au réseau une image du chiffre manuscrit traduite en forme numérique et compatible avec le « langage » des neurones en – 1 et + 1. La méthode consiste alors à découper l'image en petits carrés : à chacun de ces carrés on fait correspondre un neurone récepteur qui prend la valeur + 1 si le carré contient un élément du chiffre manuscrit, et – 1 si le carré est vide. Les dix neurones calculent alors leur état d'après ces entrées, et la configuration qu'ils adoptent va constituer la réponse du réseau (L. Personnaz, G. Dreyfus, I. Guyon, 1988).

Pour ces premières machines neuronales, deux types de règles d'apprentissage avaient été conçues dans les années soixante : l'une imaginée par B. Widrow et M. Hoff (université Stanford), l'autre dite règle du Perceptron par F. Rosenblatt (université Cornell). Elles permettaient d'organiser ce qu'on nomme un « apprentissage supervisé ». Cet apprentissage consiste à présenter aux neurones d'entrée, les uns après les autres, les chiffres à mémoriser. A chaque fois, on observe les calculs effectués en réponse et on essaie de réduire l'écart entre ces résultats du réseau et la réponse qu'on souhaite effectivement en obtenir, soit en intervenant sur les coefficients synaptiques des neurones donnant une réponse incorrecte (perceptron), soit en modifiant ces coefficients de tous les neurones, et proportionnellement à la différence entre réponse obtenue et réponse espérée (algorithme de gradient). Dans des cas de figure simples, au bout d'un certain nombre de présentation des configurations à mémoriser, les efficacités synaptiques finissent par se stabiliser : l'algorithme « converge » et l'apprentissage est réalisé (L. Personnaz, G. Dreyfus, I. Guyon, 1988).

De tels réseaux ne peuvent bien sûr résoudre que des problèmes simples de classification. C'est pourquoi on a mis au point ultérieurement des « réseaux multicouches » permettant de construire la décision en plusieurs étapes, à l'instar de ce qu'on observe par exemple dans des systèmes sensoriels comme celui de la vision, organisé en plusieurs couches : celle des neurones récepteurs de la rétine, celle des neurones moteurs et celles des traitements intermédiaires dus aux « unités cachées », c'est-à-dire les neurones non reliés directement avec l'extérieur. C'est le problème de ces unités cachées qui a longtemps fait obstacle à la mise au point des réseaux multicouches. On n'a pu le résoudre qu'en 1974 lorsque a été découverte la méthode de « rétropropagation du gradient » par extension de la règle de

Widrow-Hoff. Cette méthode, comme dans le cas des réseaux simples, consiste, à partir d'une configuration imposée aux neurones d'entrée, à observer la réponse du réseau, à minimiser l'écart entre réponse réelle et réponse souhaitée, à la différence que, cette fois, le calcul se fait couche par couche, de la sortie vers l'entrée (d'où l'appellation de rétropropagation).

Un des exemples de cette méthode est le système NETtalk, réseau de neurones conçu en 1985 par T. Sejnowski et C.R. Rosenberg, qui apprend à lire à haute voix une page de texte anglais sans qu'on lui ait enseigné les règles de prononciation ! Ce réseau, fonctionnant sur ordinateur classique couplé à un synthétiseur de parole, est constitué de trois couches : deux cent trois neurones d'entrée répartis en sept groupes de vingt-neuf, vingt-six de sortie et quatre-vingts neurones cachés dans la couche intermédiaire (Sejnowski, Rosenberg, 1986). Chaque groupe des neurones d'entrée reçoit le code d'un caractère alphabétique : le réseau perçoit de la sorte des groupes de sept caractères qu'il « lit » à travers une « fenêtre glissante ». On présente donc à l'entrée à chaque fois un groupe de sept caractères du texte et on calcule les efficacités synaptiques pour obtenir en sortie une réponse approchant au mieux le code du phonème de la lettre centrale du groupe ; les six autres lettres fournissent le contexte qui va déterminer la prononciation de cette lettre centrale. Ensuite on fait glisser la fenêtre vers la droite et on répète le processus jusqu'à présentation de toute la page. Bien sûr, il faut présenter le même texte un très grand nombre de fois pour que le calcul des efficacités synaptiques converge vers une solution. Mais lorsqu'une page a été « apprise » de la sorte, on peut présenter au réseau une page inconnue et il se révélera capable, toutes proportions gardées, de « deviner » à peu près la prononciation des mots, témoignant ainsi de capacités de généralisation non négligeables.

Mais d'autres réseaux neuronaux sont depuis apparus, notamment ceux inspirés du modèle de J. Hopfield (1982). Là encore, l'inspiration provient d'observations de notre fonctionnement cérébral : sans doute notre cerveau est-il organisé en « couches », mais surtout l'information y recircule en permanence, de sorte que les décisions y sont prises par étapes successives. Et donc, contrairement aux réseaux à couches, notre cerveau se comporte comme un vrai système dynamique qui, en réponse aux stimuli externes, n'atteint que progressivement un état d'équilibre. Hopfield a conçu un modèle de réseau « coopératif » où chaque neurone reçoit des informations de tous les autres neurones et leur envoie en retour des signaux. Mais la caractéristique essentielle de ce système est de comporter des états stables qualifiés d'« attracteurs ».

Pour tester ce modèle, L. Personnaz et *al.* (1986) ont utilisé un dispositif expérimental visant à la reconnaissance de codes postaux manuscrits et mis au point au laboratoire d'électronique de l'École supérieure de physique et de chimie industrielles. Un module électronique enregistre et sépare les cinq caractères du code postal qui défilent devant une caméra. Chaque forme de caractère est représentée sous forme numérisée par un tableau de six cents cases ou *pixels* binaires. On a fait de surcroît mémoriser au réseau plusieurs prototypes d'écritures par chiffre et, pendant la phase d'apprentissage, on impose aux six cents neurones un prototype à mémoriser. On les laisse ajuster leurs synapses — par une règle du type Widrow-Hoff — pour que les prototypes deviennent des états stables attracteurs. Lorsque toutes les configurations ont été présentées, l'apprentissage est terminé et les efficacités synaptiques stabilisées. On présente alors en phase de reconnaissance un caractère inconnu aux six cents neurones ; ils recalculent leur état ; et le réseau évolue de la sorte, d'un état transitoire à l'autre, vers une configuration stable. Soit, ainsi, le caractère inconnu ressemble à un des prototypes et le réseau conduira à ce prototype, soit il rencontre quelque chose qui diffère d'un prototype, mais qui y ressemble et s'est donc stabilisé dans un état « parasite » correspondant à un style de chiffre qu'il a « inventé ». Un système simple de codage permet alors d'identifier tous les états stables correspondant à un même chiffre et, dans 80 % des cas, les chiffres reconnus correspondent aux formes représentées ! Dans 10 % des cas, le code final n'est pas interprétable : le réseau refuse de reconnaître ce qu'il trouve ambigu, et c'est d'autant plus intéressant en tant que problème de reconnaissance des formes !

Un tel type de réseau fonctionne à la manière des systèmes magnétiques dont les éléments, les *spins*, peuvent prendre deux états opposés, et les interactions entre ces spins sont analogues aux coefficients synaptiques : l'état d'une substance magnétique peut être caractérisé par son énergie, et les états stables correspondent aux configurations où cette énergie prend des valeurs minimales. On peut représenter l'évolution spontanée d'un système magnétique par les « aventures » d'une bille parcourant un paysage tourmenté correspondant à toutes les figures possibles de – 1 et + 1 et qui tombe tout naturellement vers le fond du creux le plus proche et y demeure. Hopfield, qui connaissait la théorie des systèmes magnétiques désordonnés nommés « verres de spin », a pensé le premier que cette théorie pouvait mathématiquement modéliser, et de façon identique, les réseaux de neurones formels. Le calcul l'a confirmé : si l'apprentissage est correct, la fonction d'énergie d'un réseau prend des valeurs minimales exactement pour les mêmes configurations présentées lors de l'apprentissage. Cela veut dire que le réseau a « calculé » ses efficacités synaptiques comme s'il avait « voulu » que les configurations à mémoriser soient des états stables d'énergie minimale (Personnaz, 1986).

Ces exemples sont ceux de *mémoires associatives*, et il s'agit toujours, alors, d'imposer des états stables attracteurs dans l'espace des états du réseau : la propriété essentielle de tels réseaux de neurones totalement connectés, c'est la recherche rapide de minimums de la fonction énergie en vue de l'« optimisation combinatoire ». Ainsi Hopfield et Tank (1985) ont-ils modélisé le célèbre problème du « voyageur de commerce » : un voyageur de commerce doit trouver sa tournée des villes la plus courte en ne passant qu'une seule fois par chaque ville. C'est un des problèmes d'optimisation combinatoire les plus délicats à résoudre sur ordinateur puisque le temps de calcul augmente exponentiellement avec le nombre de villes, mais avec un réseau de neurones électroniques, la solution peut être trouvée en quelques microsecondes !

Tous ces résultats extraordinaires, mais obtenus pour l'instant par simulation, incitent de plus en plus à avancer vers deux types de développements : soit la conception de simulateurs spécifiques de réseaux de neurones, soit des réseaux de processeurs parallèles agencés selon les conceptions précédentes.

Une autre approche consiste à exploiter le parallélisme propre aux systèmes optiques : D. Psaltis (Institut de technologie de Californie) a ainsi réalisé une maquette d'ordinateur neuronal comportant dix mille commutateurs optiques et deux hologrammes pour les interconnexions. En France, un projet de calculateur neuronal opto-électronique est en cours, grâce à la collaboration de l'ESPCI et du groupe d'études Signaux et Systèmes de Toulon.

Mais une question demeure : ce mouvement actuel en direction des réseaux de neurones formels relève-t-il d'une mode ou annonce-t-il un profond bouleversement dans nos façons de percevoir et de traiter les informations ? La vérité se trouve peut-être, comme toujours, entre les deux. Sans doute les enthousiasmes sont-ils cycliquement exagérés comme il arrive en science, mais les progrès ainsi permis témoignent bien de l'émergence de nouveaux concepts, préfigurateurs de nouvelles technologies, notamment celles de l'opto-électronique. Encore faut-il que ces concepts soient reçus « scientifiquement » dans une époque trop souvent propice aux mythologies de la machine...

Intelligence de la machine et intelligence humaine : réalités et mythes

Les machines parviendront-elles à simuler l'intelligence humaine, voire à la surpasser ? Ce genre d'interrogation fleurit dans les médias depuis près de dix ans, savamment entretenue par certains scientifiques en mal de reconnaissance ou par des journalistes en quête d'originalité. Craintes, inquiétudes et rêves multiples font que la question demeure d'actualité et retrouve à chaque fois un lectorat potentiel. Qu'en est-il concrètement ?

Sans doute, d'abord, une part non négligeable de la communauté scientifique concernée — mais toute discipline connaît ses vogues de triomphalisme — croit encore aujourd'hui à la possibilité que, tôt ou tard, l'ensemble des activités intelligentes de notre espèce sera reproductible en machine et même au-delà. Réciproquement, une autre fraction de la communauté scientifique, renforcée de ceux qui populairement ont toujours redouté « la machine », juge cela définitivement impossible. On sait depuis que tous les jugements sur les limitations internes des ordinateurs ont été infirmés par les progrès constants accomplis dans le domaine. La prudence dans le débat est donc nécessaire : d'une part, les ordinateurs n'ont en rien métamorphosé le monde comme on l'espérait ; d'autre part, on est bien forcé de constater qu'ils modifient considérablement nos rapports au travail, nos organisations professionnelles, autant industrielles que tertiaires, et par voie de conséquence un certain nombre de nos rapports au monde, sinon de nos logiques d'existence au sens large. Autant à propos des jeux que de la consultation médicale ou de l'expertise technique, on a vu précédemment les progrès importants qu'ils permettent. On peut même dire que ce qui ordinairement, et dans nombre d'actes de la vie courante, relevait jusque-là du jugement intuitif devient grâce à eux mieux contrôlé, souvent exhaustif sinon totalement rationnel (Fall, Vignaux, 1989).

Les théorèmes de limitation, notamment celui de Gödel, ont été fréquemment invoqués pour avancer que ce qu'un humain accomplit, aucune machine au monde ne pourra jamais le reproduire. Effectivement, ce que réalisent ou peuvent réaliser les machines dépend d'algorithmes de traitement, mais, en vérité, cela a peu à voir avec les problèmes spécifiques de leur architecture interne, de leur *hardware*. D.C. Dennett a bien fait la distinction de ce point de vue : les limitations d'un algorithme dans ce qu'il peut faire ne sont pas identiques à celles imposées à un dispositif d'innovation utilisant ce même algorithme. Prenons l'exemple du jeu d'échecs : on connaît maintenant l'algorithme qui permettrait à une machine de gagner de façon imparable et quasi « brutalement », mais cet algorithme requiert une puissance de calcul dont on n'ose imaginer la machine qui la posséderait. En conséquence, les programmes d'échecs qu'on trouve actuellement en machine ne sont pas conçus pour « écraser » l'adversaire, mais reposent sur des algorithmes qui permettent de jouer au mieux et favorablement. Ce sont précisément des heuristiques, d'autant plus intéressantes que tout ordinateur mis à disposition d'un public professionnel ou ordinaire doit composer avec les mêmes exigences : il ne s'agit pas de bloquer l'utilisateur, mais de l'aider en intégrant ses ignorances et ses errements éventuels dans l'utilisation de la machine. Nous en sommes, bien sûr, encore loin.

En résumé, adversaires ou croyants de l'intelligence artificielle n'échangent pour l'instant que de mauvais arguments.

H. Dreyfus, bien connu pour ses critiques à l'égard de l'intelligence artificielle, admettait à l'occasion d'un entretien qu'il pourrait exister un jour un ordinateur réellement doté d'« intelligence », mais seulement lorsque les chercheurs auraient quitté le confort des logiques formelles et classiques pour affronter les phénomènes de la « logique naturelle », celle usuelle et de tous les jours (Grize, 1990). Il ajoutait que l'échéance serait probablement non pas de quelques siècles, mais de trois mille ans !

Ce point de vue est d'autant plus juste qu'il reste encore d'immenses progrès à accomplir à la logique pour se débarrasser de certains modèles dont la seule vertu est la pureté interne, et, à l'analyse du raisonnement, pour prendre en compte bien des apports des neurosciences fonctionnelles et des systèmes symboliques évolués, tels ceux qui fondent et expriment nos langages naturels, les fonctionnements de nos cultures et ceux des représentations sociales organisant nos échanges quotidiens. Quant aux phénomènes perceptifs et intellectuels, tels que croient les modéliser bien des systèmes de représentation et de gestion des connaissances, il y a encore beaucoup à dire sur leurs rigidités directement issues de lacunes dans la vraie connaissance de ce que ces « systèmes » peuvent être en chacun de nous.

Sans doute s'y est-on mal pris : pendant longtemps, on a cru plus intéressant de chercher à reproduire automatiquement nos activités les plus abstraites. Cela ne pouvait être que totalement artificiel. On peut toujours trouver des règles formelles séduisantes pour modéliser nos activités symboliques, mais cela se fait nécessairement à distance des règles de fonctionnement et de mise en pratique de ces activités. La linguistique formelle de N. Chomsky est exemplaire de ce type de contresens quant à la description de l'activité réelle de langage. Quant aux capacités perceptives humaines, elles se révèlent, dans leurs fonctionnements neurobiologiques et neurocomportementaux, davantage sophistiquées à mesure des découvertes et, de ce fait, de plus en plus réfractaires à la programmation usuelle.

Pour D.C. Dennett, l'intelligence artificielle n'est qu'une « recherche de l'espèce la plus abstraite sur la possibilité de l'intelligence ou de la connaissance ». Faute de savoir alors répondre à des questions du type : « Comment notre système est-il capable de réaliser telle ou telle action ? », on choisit de reformuler l'interrogation sous la forme : « A quelles conditions un système quelconque (possédant les caractéristiques A, B, C...) pourrait-il effectuer X, Y ou Z ? » C'est de cette même façon que Chomsky avait cru pouvoir retranscrire la question du langage en se demandant : « Quel genre de caractéristiques (abstraites) un système quelconque devrait-il posséder pour être pourvu de ce que nous appelons la connaissance ou la compréhension d'une langue naturelle ? » (Bouveresse, 1985)

Il est manifeste que ce genre de choix théorique, tôt ou tard, se heurte à la réalité empirique et méthodologique et que cela ne va pas sans dégâts. L'intelligence artificielle, à trop longtemps vouloir s'abstractiser sous prétexte de scientificité, a ainsi perdu quelques avantages aux yeux de ses utilisateurs — ce qui est plus grave que les attaques de ses détracteurs classiques. Dreyfus a raison de remarquer, à ce propos, que « notre intelligence ne réside pas dans ce que nous savons, mais dans ce que nous sommes : nous avons un corps et des aptitudes physiques, des émotions (ce qui nous émeut, nous irrite, nous intéresse, etc.). Nous n'avons pas à connaître des choses à leur sujet, parce que nous sommes ce corps, ces émotions ». Mais, pour autant, il ne s'agit pas de nier la possibilité d'intégrer ces facteurs humains — attestables au moins dans des classes de conduites et de réactivités aux situations —, dans de nouvelles heuristiques « programmables » au prix de modélisations différentes et surtout davantage tributaires de l'observation empirique et humaine. Encore demeurera-t-il l'interrogation quant au « pourquoi ? » et « pour faire quoi ? » de ce désir de machines sans cesse perfectionnées pour encore mieux simuler l'humain.

De quelles machines, d'ailleurs, s'agit-il ou s'agira-t-il ? La situation actuelle — au sens du marché — ne suffit pas à éclairer les choses. Le nombre d'ordinateurs s'est multiplié, et d'autant celui des utilisateurs et de leurs attentes, en même temps que ces usages devenaient moins critiques, moins « experts » : il en va de l'informatique comme de l'automobile : rare est l'automobiliste qui sait vraiment comment sa voiture fonctionne ; très peu de possesseurs de « micro » en connaissent réellement l'architecture interne et les modes d'opérations (Duby, 1988). Néanmoins, comme dans le cas de l'automobile, chacun soupçonne que les progrès rapides accomplis d'une machine à l'autre chaque année sont autant issus de développements technologiques (architectures, circuits intégrés) qu'intellectuels — les ordinateurs modernes doivent leur conception à la mise au point de programmes de CAO extrêmement sophistiqués qui gèrent leur construction.

Ce sont cependant ces développements importants en logiciels qui ont contribué à dissimuler l'architecture des nouveaux ordinateurs. Il y a bien longtemps que nous ne programmons plus directement en binaire et que nous passons par des successions de logiciels intermédiaires qui constituent autant d'écrans et de médiations entre la machine et l'utilisateur. Pour comprendre cette révolution, il faut quelque peu remonter dans le passé, aussi récent soit-il. Durant ses vingt premières années d'existence, l'architecture des ordinateurs est restée relativement stable, tributaire de cette rencontre exceptionnelle entre la technique électronique et la notion de « machine séquentielle à programme enregistré » qu'avait formalisée von Neumann. Et il aura fallu longtemps pour comprendre toute la richesse d'exploitation que cette conjonction techno-scientifique allait permettre.

C'est surtout à partir des années soixante que les progrès se sont fait rapides et que sont apparus de nombreux types de machines dotées d'architectures spécifiques, les unes consacrées aux calculs importants *(number crunchers)*, d'autres vouées au traitement du signal ou à l'intelligence artificielle et jusqu'aux toutes dernières, qui n'ont cessé de nous surprendre : la gamme constamment renouvelée des micro-ordinateurs. Pour l'utilisateur, ce sont autant de complexités croissantes d'usages et une difficulté multipliée à s'y retrouver dans les bibliothèques de logiciels. Pour les industriels, ce sont tous les enjeux économiques liés à la concurrence et aux aléas de la maintenance.

C'est pourquoi une standardisation s'est amorcée dans les années quatre-vingt, tout au moins au niveau des structures d'ordinateurs les plus répandues. Mais la course au progrès continue et sous la forme d'une recherche tous azimuts d'architectures nouvelles, plus ou moins novatrices. Ainsi va-t-on parler d'architectures « massivement parallèles », « cellulaires », « systoliques » ou « neuronales ». Les progrès des neurosciences sont passés par là, le plus souvent naïvement imités.

Tout cela néanmoins signifie un écart grandissant vis-à-vis des architectures classiques inspirées du modèle de von Neumann. Et l'effet conceptuel est heureux ; il l'est moins dans la pratique où l'on ne sait guère trop comment encore programmer les fonctionnements de telles architecturations.

D'aucuns diront qu'il s'agit là de modes, voire de pures spéculations théoriques. Et sans doute l'histoire des techniques incite-t-elle au pessimisme quand on se remémore les difficultés qu'a connues telle ou telle innovation avant de s'imposer. Pour que ces nouvelles architectures s'imposent, il leur faudra démontrer leurs avantages économiques et sociaux : dans l'un et l'autre cas, l'intelligence est convoquée et, de ce fait, tout un processus d'acculturations nouvelles à construire. On a le temps, dira-t-on. Rien n'est moins sûr, car l'électronique sur laquelle repose l'informatique actuelle est proche de son point de saturation au sens des limites physiques. On sait aujourd'hui fabriquer des circuits intégrés de l'ordre du micron et même du dixième de micron, mais on atteint une limite proche de l'infranchissable. On peut encore s'imaginer manipuler isolément chaque atome dans le silicium et rêver d'une informatique « moléculaire ». Mais ce ne sont là que d'ultimes rêves d'une technologie proche de son dépassement (Duby, 1988).

Car à mesure que s'améliorent les connaissances du cerveau humain au niveau de ses interactions neuroniques — et c'est là qu'est la vraie révolution scientifique de notre siècle —, on apprend davantage à quel point celui-ci possède une capacité et des puissances que n'est pas près d'atteindre un ordinateur. Qu'on songe par exemple que chacun de nous est capable de reconnaître un visage en quelques dixièmes de seconde, autrement dit en quelques centaines de cycles neuronaux ! Il faudrait pour ce faire, à un très gros ordinateur, au moins plusieurs millions d'instructions ! Pourquoi ce décalage ? Tout simplement parce qu'au niveau « structurel » chaque neurone a la capacité de se mettre en relation avec des milliers d'autres tandis qu'un transistor ne peut l'être qu'avec quelques autres. C'est là sans doute que se manifeste le vrai point de rupture technologique des machines séquentielles du type von Neumann (Duby, 1988).

On peut raisonnablement se demander, dès lors, si l'informatique, pour progresser, n'est pas condamnée à envisager — et à court terme — de nouvelles technologies inspirées d'architectures résolument différentes. C'est un enjeu épistémologique et technologique dont on sait le risque : il n'y a guère que deux ou trois grandes idées tous les deux siècles ! En tout cas faut-il le tenter. Nécessairement, cela s'accompagnera de *transformations des normes du savoir et des croyances* en d'autres rhétoriques de la connaissance, voire en de nouvelles « écologies cognitives », de plus en plus tributaires des progrès accomplis en neurosciences (Lévy, 1987, 1990).

2

L'ESSOR DES NEUROSCIENCES : LA GRANDE RÉVOLUTION SCIENTIFIQUE

Des fondations historiques aux développements actuels

S'il est une interrogation aussi vieille que l'humanité, dès les premiers moments où des hommes se mirent à penser et à réfléchir sur leur propre espèce, c'est bien celle qui porte sur la nature et les fonctionnements de notre cerveau. Dès l'Antiquité donc, Hippocrate puis Galien le considèrent comme l'organe des sensations et de l'intelligence. Cette position n'était pas celle d'Aristote, et les siècles suivants vont longtemps débattre de la même controverse. Ce n'est qu'au XIXe siècle, à la faveur du courant positiviste, que va commencer véritablement l'étude scientifique du cerveau avec notamment la découverte des localisations cérébrales et les premiers travaux sur la théorie cellulaire du réseau nerveux.

Rappelons brièvement cette genèse historique : Cabanis, considéré comme le fondateur de la psychophysiologie, avance en 1795 que le cerveau est tout autant l'organe de la pensée que l'estomac est celui de la digestion. En 1808, Cuvier préside un comité chargé d'examiner un mémoire en vue de l'élection à l'Institut de France (l'Académie des sciences rebaptisée ainsi par Napoléon), mémoire dont les auteurs sont Gall et Spurzheim et dont le titre est : *Recherches sur le système nerveux en général et sur celui du cerveau en particulier.* La thèse des candidats est que les différentes « facultés » de l'esprit (perception, apprentissage, mémoire, volonté, etc.) et bien d'autres choses comme la causalité, la comparaison ou la combativité sont toutes localisées dans des régions particulières et précises du cerveau. Conséquemment, selon Gall et Spurzheim, ces facultés sont variables selon les individus ; la preuve en est donnée par la différence entre les dimensions des « bosses » sur le crâne, lesquelles traduisent corrélativement les différences psychologiques entre humains. De là, Spurzheim et d'autres développèrent cette théorie baptisée *phrénologie* dont les allures faussement scientifiques connurent un grand succès populaire jusqu'au début de notre siècle. Il fallut l'abandon de la « psychologie des facultés » pour qu'enfin la phrénologie disparaisse sans pour autant quitter l'opinion commune, laquelle continue obscurément de croire en des facultés, des « bosses du crâne », etc. L'hypothèse contemporaine de « modules neuronaux », qui seraient sièges dans le cerveau de certaines capacités perceptives et cognitives, comme la vision des couleurs ou la reconnaissance des visages, en est peut-être une curieuse résurgence...

La remise en cause de cette théorie débute néanmoins précocement. Pierre Flourens, succédant à Cuvier à l'Académie des sciences, est le premier à établir expérimentalement par l'observation des effets fonctionnels causés par des lésions du cerveau, les spécificités ou « actions propres » des grandes régions cérébrales. Ainsi, constate-t-il, la fonction des lobes cérébraux est-elle de participer aux processus de la volonté, de la mémoire, du jugement et de la coordination des mouvements ; celle de la moelle épinière est de relier les excitations des nerfs aux contractions des muscles ; enfin, et surtout, chacune de ces parties, tout en ayant une responsabilité propre, s'intègre dans une « action commune » qui les coordonne toutes entre elles. C'est à cette époque, dans la première moitié du XIXe siècle, qu'on constate que les diverses fonctions psychologiques occupent la même place à la surface du cerveau et qu'elles constituent un système unitaire. Cette conception *holistique* du fonctionnement cérébral rencontrera de multiples résistances chez les phrénologistes convaincus. Mais, curieusement, c'est l'un d'entre eux, Bouillaud, qui, le premier, établira la localisation cérébrale de cette fonction supérieure qu'est le langage.

Broca en fera la démonstration éclatante, le 18 avril 1861, en présentant devant la Société d'anthropologie de Paris un bocal d'alcool contenant un cerveau porteur d'une lésion de l'hémisphère gauche. Ce cerveau appartenait à un nommé Leborgne, interné depuis plus de vingt ans à l'hospice d'aliénés de Bicêtre. Leborgne avait perdu tout usage de la parole, à l'exception de la syllable « tan » qu'il se contentait de répéter. Broca, examinant son cerveau, attribua cette disparition du langage à la lésion localisée au pied de la troisième circonvolution frontale gauche. En 1865, était confirmé enfin que « le siège de la faculté du langage articulé » se situait bien dans le lobe frontal gauche en même temps qu'on réaffirmait le principe d'une dominance hémisphérique gauche pour cette faculté de langage. Ce fut alors « l'âge d'or des localisations » pour reprendre l'expression de Hecaen et de Lantéri-Laura. Successivement Frisch et Hitzig vont, en 1870, localiser le centre moteur dans le cortex précentral du chien, D. Ferrier spécifier la sphère visuelle dans le lobe occipital et Munk montrer, en 1881, que la suppression unilatérale d'un lobe occipital n'entraîne de cécité que pour un demi-champ de chaque œil. Dès lors, hypothèses et controverses vont se multiplier, telle la théorie de l'équipotentialité des actions cérébrales qu'avancera Lashley en 1929 ou encore les théories globalistes de l'aphasie proposées par H. Jackson et H. Head. Aujourd'hui, grâce à la multiplicité des démonstrations anatomiques, biochimiques ou électrophysiologiques, nous disposons d'une cartographie extraordinairement fournie du cortex cérébral des mammifères et surtout des primates. Entre-temps, la théorie cellulaire du tissu nerveux, esquissée dès 1873 par Golgi — le premier à considérer ce tissu comme formé de cellules dont les prolongements s'anastomoseraient entre eux pour former un réseau continu —, et surtout développée par Ramon y Cajal — démontrant en 1889 que chaque cellule, baptisée « neurone » selon le terme de Waldeyer en 1891, est une unité complète avec ses prolongements de fibres, d'axones et de dendrites —, cette théorie a atteint son plein épanouissement, ouvrant la voie aux neurosciences actuelles.

Les neurosciences : une nouvelle interdisciplinarité

Aujourd'hui, ce terme de « neurosciences » recouvre tout à la fois *l'étude du système nerveux, de ses compositions cellulaires, moléculaires et biochimiques, et les différentes manifestations de ce système et du tissu au travers de nos activités d'intelligence telles que le langage, la reconnaissance des formes, la résolution de problèmes et la planification des actions*

(Imbert, 1988). Cette dénomination s'est imposée autour des années soixante ; elle traduit le constat de cette interdisciplinarité exceptionnelle qui fait collaborer activement aujourd'hui aussi bien la physique que la chimie, la biologie moléculaire, la psychologie et l'anthropologie, dans un rare échange de méthodes et de concepts. D'où les progrès réalisés, dont on ne fait qu'entrevoir les multiples conséquences.

Au niveau moléculaire, on est capable aujourd'hui d'identifier les molécules spécifiques qui permettent aux neurones de maintenir leurs fonctions et leurs identités. Et le moment est proche où l'on disposera de descriptions chimiques quasi exhaustives du système nerveux grâce à l'apport de techniques biophysiques extrêmement efficaces (spectrométrie de masse, résonance magnétique nucléaire, chromatographie à haute performance, etc.). Ainsi les méthodes de recombinaison génétique favorisent-elles de plus en plus la caractérisation de nouvelles protéines identifiant les fonctionnements du système nerveux, en particulier les peptides et les récepteurs qui interviennent dans la transmission synaptique.

Tout cela s'opère bien sûr grâce à ce caractère multidisciplinaire des neurosciences déjà évoqué, et dont M. Imbert donne deux exemples significatifs. Le premier est celui des préparations *in vitro*, qui, associant les méthodes de la biologie moléculaire à celles du génie génétique, permettent aujourd'hui d'identifier les molécules qui vont faire que des neurones se « reconnaissent » entre eux en vue de s'assembler pour créer des réseaux de connexions déterminées. Le second exemple est celui du progrès des techniques d'enregistrement des activités du cerveau lors de conduites ou de tâches précises. On peut maintenant « être à l'écoute » d'un neurone particulier dans des comportements expérimentalement contrôlés relevant de ce qu'on nomme classiquement la motivation, l'anticipation ou l'association. On sait aussi « regarder » dans un cerveau humain lorsqu'il accomplit des opérations relativement complexes (Mazoyer, Tzourio, 1991). On peut de la sorte mesurer le métabolisme cérébral local correspondant à des modifications régionales d'activité aussi bien grâce à la tomographie par émission de positions qu'avec l'imagerie par résonance magnétique nucléaire, toutes techniques qui permettent de visualiser efficacement les distributions spatiales et temporelles des activités cérébrales. Ces techniques sont parvenues à un tel niveau de puissance qu'on est à même de pouvoir caractériser les différents états du cerveau lorsqu'il est au repos ou engagé dans différents types d'activités cognitives.

Mais de tels exemples du progrès de la connaissance de nous-mêmes n'épuisent pas encore l'enjeu que le monde contemporain est en train d'attribuer aux neurosciences. Ce qui est en cause, c'est bien sûr le savoir quant à la situation particulière de notre espèce au sein du monde biologique, les frontières et les extensions de notre intelligence, la question du rapport entre « mécanismes » génétiques de cette intelligence et la part des interactions ou des apprentissages. Mais c'est aussi la question centrale, compte tenu des mutations technologiques accélérées dans nos sociétés, de trouver les moyens de meilleurs équilibres proprioceptifs et environnementaux, voire de contribuer à l'organisation de nos sociétés futures tant au plan des rythmes biologiques d'adaptation au travail et au quotidien que dans la prévention de risques sociétaux tels que la consommation de drogues ou l'utilisation de procédés contraires à l'éthique humaine comme la privation sensorielle dans la torture ou la psychochirurgie comme contrôle des déviances (Imbert, 1988). De ces points de vue, c'est bien à une véritable « révolution de l'intelligence » et des rapports à nos propres intelligences du monde et de nous-mêmes, qu'avec les modernes neurosciences nous sommes conviés d'assister.

En résumé, jamais aucun siècle n'aura connu en si peu de temps autant de bouleversements concernant nos connaissances du vivant, de ses grandes fonctions et des organes et conduites directement vecteurs et supports de nos activités d'intelligence. D'ores et déjà, bien des *a priori* philosophiques ou psychologiques devront en tenir compte, mais cette révolution dans le public est à peine ébauchée. Nous commencerons ici par résumer un certain nombre de conceptions nouvelles, mais aussi de « chemins de découverte » quant au cerveau, organe central de toutes nos cognitions.

L'histoire réécrite du cerveau

Nos conceptions de l'évolution — ou du moins ce que d'aucuns en connaissent — demeurent tributaires de ce qui reste des idées principales de Darwin (sélection, adaptation, hérédité, etc.). Ces idées et les travaux qui ont suivi depuis plus d'un siècle ont établi au moins cette évidence d'une complexification continue et croissante des systèmes nerveux des différentes espèces avec une nette coupure entre ceux des mammifères et ceux des poissons, batraciens ou oiseaux. L'exemple classique est celui du télencéphale, c'est-à-dire la partie du cerveau provenant de la vésicule cérébrale antérieure de l'embryon et qui constitue les hémisphères cérébraux. Cette partie est très réduite chez les espèces inférieures, mais elle se développe puissamment chez les mammifères et précisément chez les primates. Quant à l'homme, ce que l'évolution nous montre, c'est bien un développement remarquable du cortex associatif et un épanouissement significatif du lobe frontal.

A comparer les encéphales de différents types d'animaux, on pourrait penser que ces différents cerveaux correspondent à autant d'états successifs de l'évolution du système nerveux humain, depuis le poisson jusqu'au reptile et à l'oiseau puis aux carnivores pour en arriver finalement à l'homme. En vérité, il ne s'agit en aucun cas d'un seul et même phyllum. Tous ces cerveaux sont issus du développement d'une des branches de l'arbre phylogénétique, et un poisson comme la morue, pour prendre cet exemple, ne correspond nullement à un des stades évolutifs du cerveau humain. De même, les oiseaux et les carnivores ne sont pas directement inscrits dans l'évolution du cerveau humain dans la mesure où ils ne sont pas les ancêtres des primates.

La *théorie des paliers*, fondée sur l'analyse des afférences et efférences nerveuses, fait l'hypothèse d'une évolution selon trois stades successifs : mésencéphalique, thalamostrié et néocortical. Cela signifie que le cerveau primitif ou mésencéphalique serait celui des poissons, le paléencéphalique correspondrait aux amphibiens, aux reptiles et aux oiseaux, et le plus évolué, le néencéphalique, aux mammifères. L'idée de base est que l'évolution aurait ainsi fonctionné par régression des structures primitives au profit de l'émergence progressive de systèmes tout à fait nouveaux.

Cette conception est aujourd'hui fortement controversée. Un exemple suffira à éclairer les doutes surgis. Longtemps, la voie visuelle rétino-thalamo-télencéphalique fut jugée comme caractéristique absolue des mammifères. On penche aujourd'hui plutôt vers l'existence d'un plan général de structuration des projections rétiniennes qui serait commun à tous les mammifères. Chez les vertébrés, la fonction visuelle parvient au télencéphale selon deux voies : rétino-thalamo-télencéphalique et rétintecto-thalamo-télencéphalique. Les zones visuelles des reptiles et oiseaux, d'abord considérées comme paléencéphaliques, sont probablement déjà néocorticales. Et des observations récentes chez un cyclostome — un des vertébrés les plus primitifs survivants — ont détecté une voie visuelle rétino-thalamo-archipalléale. D'où l'hypothèse d'une téléencéphalisation des fonctions visuelles qui s'exercerait dès l'origine sur l'archipallium, c'est-à-dire la partie ancienne de l'enveloppe cérébrale. Les différentes parties du pallium — archicortex, paléocortex et néocortex — sont en définitive probablement présentes à tous les échelons des vertébrés, mais on ne sait encore comment véritablement traiter les cas atypiques.

C'est toute la question de l'homologie des dispositifs entre différentes structurations nerveuses, et cette question a pour conséquence des modifications non négligeables au niveau des nomenclatures phylogénétiques. La biologie moléculaire intervient ici puissamment en vue de reconsidérer les classifications déjà établies : la connaissance de séquences de protéines ou de gènes présents dans les cellules, le long des « rameaux » des différents arbres évolutifs, devrait peu à peu nous amener à mieux comprendre comment, à des niveaux déterminés, a pu s'établir à chaque fois un certain degré de divergence par rapport à un ancêtre commun. De ce point de vue, jusqu'à présent, aucun neurotransmetteur n'a pu être reconnu comme spécifiant de manière univoque une lignée. La répartition de ces neurotransmetteurs semble, à vrai dire, uniforme dans tout le règne animal : aucune molécule, aucun gène n'ont pu être découverts qui ne soient pas homologues d'une espèce plus ancienne. La phylogenèse moléculaire du cerveau, quoique dans ses débuts, ne semble donc guère pour l'instant confirmer les théories et les *a priori* relatifs à des paliers ou à de brusques coupures dans la classification évolutive (O. Plaisant, 1988). Mais sans doute devrons-nous continuer d'explorer, et ici sur la longue durée, cet extraordinaire « atlas » qu'est le cerveau.

Un atlas schématique du cerveau humain

Un cerveau humain pèse environ 1 400 grammes et a un volume de 1 200 centimètres cubes. Sa structure anatomique est particulièrement compliquée. Les deux hémisphères, à leur partie apparente, sont constitués d'une couche plissée de matière grise : le cortex. Celui-ci, dont les circonvolutions et les sillons dissimulent les neuf dixièmes de la surface, est structuré en cinq lobes.

La partie la plus ancienne du cortex (le rhinencéphale), très développée chez les mammifères et les primates, est située à la face interne de chaque hémisphère et formée d'un anneau constitué par la circonvolution cingulaire, l'hippocampe, associé au pédoncule et au bulbe olfactifs.

La partie centrale de l'encéphale correspond à des formations anciennes (paléencéphale) qui sont présentes chez tous les vertébrés, à savoir : le diencéphale (thalamus et hypothalamus) et les « noyaux striés » (caudé, lenticulaire). Ces « noyaux gris » ont pour fonction chez l'homme d'assurer la relation et la régulation entre le tronc cérébral et le cortex.

Il y a donc deux sortes de tissus — la *substance grise* et la *substance blanche* — qui correspondent aux deux parties de la cellule nerveuse — le corps cellulaire et son prolongement axonal —, et qui vont traduire l'organisation du cerveau en « centres » et en « voies ». La substance blanche est ainsi appelée parce que les fibres qui la constituent sont recouvertes d'une couche de myéline.

Sans doute y a-t-il une unité fonctionnelle de la cellule nerveuse, mais, dans le cerveau, on va rencontrer plusieurs types morphologiques de neurones. Par exemple, dans le cortex, deux espèces de neurones se manifestent : les gros « neurones pyramidaux moteurs », et les « cellules en grains », sensitives. Il y a encore d'autres variétés de cellules nerveuses assumant des fonctions de relation et d'interaction et qui sont nommées « interneurones ». Enfin, les « assemblées de neurones » sont maintenues par un tissu de soutien, ou névroglie, dont les fonctions sont nutritives et architectoniques.

Contrairement aux autres tissus, les tissus nerveux ne se régénèrent pas : dès avant la naissance, le nombre de cellules nerveuses est fixé et va diminuer progressivement à partir de

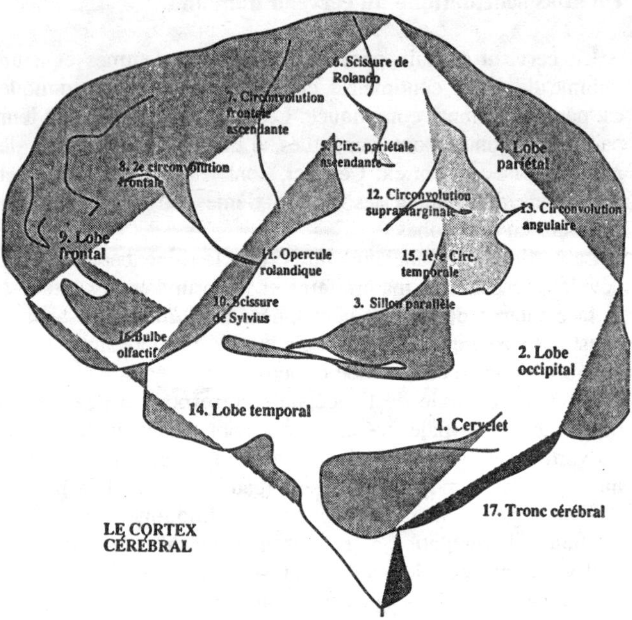

Légende : La surface extérieure du cerveau, ou cortex, se subdivise en quatre lobes apparents (2, 4, 9, 14), plus un caché, séparés par des scissures (6, 10). Chaque lobe est organisé en circonvolutions séparées par des sillons. (7) et (8) sont les zones de la motricité volontaire et de la production du langage écrit, le reste du lobe frontal étant occupé par les aires associatives des fonctions de prévision et délibération. La pariétale ascendante (5) est une zone sensorielle, l'opercule rolandique (11) un centre moteur du langage parlé. Les régions (12) et (13) correspondent à la compréhension du langage parlé et écrit. Le lobe occipital (2) contient les centres sensori-moteurs de la vision. Le cervelet (1) accomplit une fonction de contrôle de l'équilibre, du tonus musculaire et de coordination du mouvement. Le tronc cérébral (17) est la voie de passage des fibres ascendantes et descendantes, et contient des noyaux importants (nerfs crâniens et centres cardio-respiratoires). La substance blanche sous-corticale est un réseau complexe de liaisons entre les aires corticales. Certains grands faisceaux de fibres assurent le fonctionnement interactif des lobes cérébraux dans le même hémisphère. Les liaisons inter-hémisphériques sont assurées par le corps calleux, le fornix et la commissure blanche antérieure.

l'âge de vingt ans. C'est à travers ces cellules que vont nous parvenir les informations du monde extérieur, ainsi projetées à travers le tronc cérébral et les noyaux centraux, sur le cortex où elles vont se retrouver, filtrées, « codées », reconstituées dans des aires spécialisées : toucher, chaleur, douleur sur la pariétale ascendante, audition sur la première temporale, vision sur le cortex occipital, olfaction sur l'extrémité antérieure de la première temporale, gustation sur la partie inférieure de la pariétale ascendante, etc.

Ces traitements d'informations vont souvent impliquer la contribution en interaction de plusieurs aires du cortex, interaction d'autant facilitée que ces aires sont interconnectées par un nombre considérable de fibres reliant à la fois des aires voisines et des régions quelquefois très éloignées dans le cortex.

Enfin, les zones motrices du cortex renvoient en retour des faisceaux descendants dont le rôle est de contrôler les structures sous-jacentes et de commander les noyaux de la motricité (nerfs crâniens, centres moteurs de la moelle). C'est le cervelet qui, sur ce grand axe, assure la coordination générale des actions des divers types de centres moteurs.

Ce n'est là qu'une tableau schématique du cerveau ; il est évident que sa *véritable unité fonctionnelle va provenir des différents mécanismes électrochimiques* qui vont assurer son extraordinaire capacité à accomplir de multiples tâches ou adaptations, et ainsi orienter ces processus incessants de construction qui fondent l'« intelligence » de notre système nerveux dès avant même la naissance.

Le cerveau, sa construction, ses fonctions et tout ce qui s'ensuit

Peut-être effectivement sommes-nous, comme le dit A. Prochiantz (1989), à la veille de savoir comment se « construit » un cerveau. Et le changement historique est considérable : ce qui jusqu'à présent était considéré comme une sorte de « boîte noire » devient de plus en plus explicite dans sa genèse et son architecture : ce à quoi nous assistons, c'est à une véritable « révolution neurologique » pour reprendre l'expression de J.-P. Changeux (1983). Sans doute cela est-il comparable à ce que connut la physique au début du siècle, lors de l'apparition de la théorie de la relativité et des développements de la mécanique quantique.

Pour comprendre cette révolution, au moins faut-il avoir quelque idée des croyances, préjugés et lentes approches jalonnant les deux derniers millénaires quant à cet organe, le cerveau, qu'on supposait maître de tout, mais dont on savait si peu. Pour Aristote, au IVᵉ siècle avant J.-C., c'était le cœur qui était source de la chaleur et du mouvement et, en contrepartie, le cerveau n'était qu'un organe froid ayant pour rôle de tempérer la chaleur et l'ébullition qui affectaient le cœur. Cela allait à l'encontre d'Hippocrate, lequel considérait déjà à la fin du Vᵉ siècle avant J.-C. que le cerveau était le siège de toutes les sensations. Galien, célèbre médecin du IIᵉ siècle de notre ère, confirma la thèse d'Hippocrate, et c'est seulement à partir de lui que se concentreront sur le cerveau les efforts scientifiques des siècles suivants. Tous ces efforts demeurèrent dispersés sinon vagues jusqu'au début du XIXᵉ siècle.

Ce n'est en effet qu'en 1810 que commence véritablement la science du cerveau avec l'ouvrage de F. J. Gall intitulé *Anatomie et physiologie du système nerveux en général et du cerveau en particulier.* Qu'on ne s'illusionne pas cependant : Gall fondait alors une étrange doctrine, baptisée phrénologie qui eut un immense succès, on l'a vu, mais dont le postulat essentiel était que les dispositions morales et intellectuelles dépendaient de facultés innées et distinctes, inscrites dans le cerveau. Cette révolution eut plus d'impact qu'on n'imagine : jusqu'alors, on attribuait le caractère inné des comportements, des vertus ou des vices à la « substance » de l'âme ; à partir de Gall, les choses vont être vues sous l'angle du matérialisme des structures cérébrales. Broca renforcera cette perspective en confirmant, à propos du langage, la notion de localisation cérébrale. Notion que renforcèrent encore, à la fin du XIXᵉ siècle, les travaux de G. T. Frisch, E. Hitzig et P. Flechsig. Mais, quelles que soient les critiques ironiques apportées à ces croyances d'alors, les travaux modernes en anatomie fonctionnelle du cerveau étaient d'une certaine façon initiés.

Aujourd'hui, il est désormais acquis qu'il existe dans le cerveau des « aires » spécialisées : cortex moteur ; cortex sensoriel (visuel, auditif, olfactif, etc.) ; cortex lié aux phénomènes cognitifs ou émotionnels ; régions sous-corticales servant de relais entre afférences sensorielles et efférences motrices, etc. Il est acquis surtout que *toute localisation cérébrale correspond à de multiples connexions entre différentes régions cérébrales*, sous forme à la fois de « voies nerveuses » transmettant les stimulations sensorielles de la périphérie au centre et les réponses en retour, et de voies qui, à l'intérieur du cerveau lui-même, relient ces « régions » les unes aux autres.

Ces voies sont constituées par les neurones : corps cellulaires qui offrent cette particularité d'être porteurs de prolongements spécialisés, les dendrites et les axones, lesquels sont nécessairement connectés aux dendrites et axones d'autres neurones au niveau de zones appelées *synapses*. Ces synapses — lieux d'interactions spécialisées entre cellules nerveuses — sont très nombreuses : plusieurs milliers par neurones. Ce qui les différencie, c'est la structure du signal à chaque fois libéré dans la « fente synaptique », c'est-à-dire entre la région où le signal est émis (région présynaptique) et la région où ce signal va se fixer (région postsynaptique). Ce signal est dit « neuromédiateur » puisqu'il assure la médiation qui va influer l'élément postsynaptique et provoquer la contraction de la fibre musculaire au bout de la synapse, c'est-à-dire qu'il conduit l'influx nerveux dans le neurone moteur.

Mais tout cela relève du neurofonctionnel et le fonctionnement du cerveau ne repose pas uniquement sur ce qui vient d'être décrit. D'autres niveaux de complexité interviennent, liés aux différents types de constituants cellulaires du cerveau, et notamment les cellules non neuronales, cellules annexes, dites encore « gliales » ou « neurogliales », c'est-à-dire littéralement « qui collent les neurones entre eux » : ce sont les *microglies* et les *macroglies*. Les premières sont encore peu étudiées, mais les secondes — *oligodendrocytes* et *astrocytes* — ont fait l'objet de nombreuses recherches.

Les *oligodendrites* qui entourent les axones de certains neurones produisent la myéline, structure chimique qui a pour fonction d'isoler électriquement chaque fibre ; ce qui permet à l'influx nerveux de se déplacer le long de l'axone à des vitesses considérables. Quant aux *astrocytes*, leur rôle est double : synthétiser des molécules contribuant aux processus plastiques (divisions et migrations cellulaires, croissance des synapses, etc.) ; se comporter aussi comme des sortes de « cellules tampons » afin de maintenir la constance de l'environnement chimique des neurones, notamment en réabsorbant le potassium libéré lors de l'activité électrique nerveuse.

Cette brève description suscite immédiatement une interrogation centrale en neurologie et en embryologie : comment se déterminent et se localisent progressivement les organes cérébraux et comment s'instaurent leurs différentes spécifications ? Il semble, comme l'avance A. Prochiantz, que nous soyons près de comprendre le mécanisme général de cette morphogenèse du cerveau et de ses fonctions, et qu'ainsi s'instaure une véritable « génétique du développement mental ».

Cette génétique nouvelle est bien sûr tributaire des progrès de l'embryologie expérimentale, lesquels sont conjoints aux avancées des neurosciences. Ce sont les embryologistes qui, étudiant la formation du système nerveux dès la naissance, ont découvert l'importance de l'ectoderme primitif de la blastula — après sa fécondation par le spermatozoïde, l'œuf va se transformer en une boule de cellules appelée morula, laquelle continuant à se diviser, va ménager une cavité en son centre, et devenir la blastula, boule creuse dont la partie dorsale donnera les futures cellules du cerveau. Mais cet ectoderme de la blastula ne se transformera vraiment en tissu nerveux qu'après avoir été mis en contact avec le feuillet mésodermique. De la découverte de ce contact nécessaire est venue l'idée d'une « induction de la différenciation ».

Cette idée essentielle vient en prolongement d'une longue histoire, peuplée de croyances et d'observations partielles. Au XVIIIe siècle, comme l'explique G. Canguilhem, les adeptes de la théorie préformiste, notamment Charles Bonnet, considéraient que, dans l'œuf humain, l'être futur existait déjà tout préformé, et qu'en conséquence le développement de l'embryon n'était qu'un agrandissement progressif de cet être en miniature, de cet *homonculus*. Au XIXe siècle, C. F. Wolff s'opposa vigoureusement à cette théorie et put montrer qu'au contraire le développement des diverses parties de l'organisme s'opère par additions et différenciations successives depuis l'œuf initial. Plus tard, vers la fin du XIXe siècle, E. Balbiani avança l'idée d'un « principe matériel » se véhiculant de génération en génération et responsable du fait qu'un œuf de poule donne invariablement un œuf de poule et qu'il en va de même chez les canards, etc.

Morphogenèse et architecturation du système nerveux central

C'est ainsi qu'émergeait progressivement l'idée, aujourd'hui acceptée, que la construction des systèmes vivants était redevable, d'une part, à un mécanisme héréditaire au sens strict — le principe d'une reproduction des formes à l'identique — et, d'autre part, aux interventions de l'environnement lors de ce processus de construction. La nature, observait-on, en offrait de multiples exemples ; notamment celui des jumeaux : bien qu'ils soient absolument identiques sur le plan génétique, en vérité, leurs systèmes nerveux ne l'étaient jamais, tant par le nombre des cellules que par les réseaux de leurs connexions. Aujourd'hui, on en sait davantage quant à cette répartition entre le génétique et l'épigénétique (l'« accidentel » dans la trajectoire héréditaire) et l'analyse de nombreuses variantes animales a permis de comprendre que cette plasticité dans les processus de construction individuels ou collectifs des espèces est extrêmement variable. Par exemple, chez les vertébrés, l'importance de ces mécanismes épigénétiques est bien plus grande que chez les invertébrés, et plus les organismes sont évolués, plus cette épigenèse joue un rôle important dans la structuration du système nerveux. Et cela n'est pas sans incidence sur la génétique du développement cérébral.

Revenons brièvement, en effet, sur les questions de différenciation cellulaire et de morphogenèse. A partir de l'œuf se produisent de multiples divisions qui vont donner des cellules musculaires, nerveuses, etc. Ce sont, pour reprendre l'expression d'A. Prochiantz, des « décisions » successives qui vont faire qu'à chaque fois une cellule acquerra des propriétés spécifiques, faisant de cette cellule, le cas échéant, un neurone. Ces décisions sont des événements qui résultent d'une interaction de la cellule avec son environnement, mais qui déterminent aussi le destin de la cellule en fonction du répertoire génétique. Ce qui fait que, d'événements en événements embryologiques en cascade, les possibilités de chaque cellule vont se trouver restreintes jusqu'à ce que cette cellule ne soit plus en mesure que d'effectuer la fabrication d'un certain type de molécules. En résumé : toutes les cellules issues du même œuf ont le *même génome* — c'est-à-dire le même capital de gènes —, mais, dans chaque cellule, *ce n'est pas la même fraction du génome qui sera activée* et cela va définir, à chaque fois, le destin de la cellule.

Il y a cependant un autre processus qui vient s'intriquer à celui-là : ce processus est celui de la morphogenèse organique, dont les « événements » vont décider de la forme et de l'emplacement des organes. C'est là que les recherches les plus récentes apportent du nouveau. On a découvert chez la drosophile ou mouche du vinaigre, qui offre la commodité de se reproduire à vive allure, les gènes du développement, c'est-à-dire ceux qui assurent la morphogenèse — la mise en forme et en place — des organes. En effet, très tôt, chez la mouche, apparaissent des segments qui se suivent en séquences de la bouche à l'anus, et dont la position, le nombre et la nature sont génétiquement déterminés. Cette détermination génétique signifie qu'on trouvera des mutants chez qui l'avant sera transformé en arrière, donnant des êtres qui auront soit deux parties dorsales ou caudales, ou se seront raccourcis par manque de segments, ou encore auront des segments anormalement développés comme s'ils correspondaient à d'autres organes. Ce qui produit ces perturbations, ce ne sont pas des changements dans la nature des cellules ; c'est tout simplement le plan de construction de l'organisme qui, à la suite de la mutation, a changé. Et ce sont des gènes qui interviennent en la circonstance, gènes appelés « homéotiques » parce qu'ils vont avoir le pouvoir de transformer un organe spécifique d'un segment en l'organe homologue d'un autre segment (par exemple : l'antenne de la tête en la patte du segment thoracique).

L'intérêt d'un tel phénomène est qu'il vient aussi à concerner le cerveau : au stade de la « neurulation » — c'est-à-dire lorsque le tube nerveux est déjà formé et parcourt de l'avant à l'arrière le futur têtard par exemple —, le cerveau est à l'avant avec ses vésicules — télencéphale, diencéphale, mésencéphale, rhombencéphale —, et le futur de ces cellules bordant le tube nerveux va dépendre en partie de leur position. La question est alors de savoir si, dans la formation du cerveau et de ses différentes régions, des gènes de développement, tels les gènes homéotiques, vont effectivement exercer un rôle. Dans la mesure où le cerveau est segmenté et que ces segments apparaissent différents, on est tenté d'attribuer cette morphogenèse à l'intervention de gènes de développement. Mais il n'y a aucune preuve que des gènes homéotiques interviennent directement dans cette segmentation et, de surcroît, on ne sait pas vraiment si le cerveau est un organe segmenté. Il est possible encore que la segmentation apparente ne soit que la résultante de la régulation d'autres tissus subissant la régulation homéotique. On peut imaginer, comme le fait A. Prochiantz, que cette segmentation affecte simplement le mésoderme qui entoure le cerveau et que, par voie de conséquence, l'organe apparaisse segmenté, mais cette segmentation ne serait pas le résultat de gènes développementaux dans les cellules cérébrales elles-mêmes, bien qu'un certain nombre de données issues de la biologie moléculaire laissent entendre que les gènes homéotiques interviennent cependant, de façon encore mal connue, dans le développement du cerveau. Ainsi les a-t-on observés dans des régions précises correspondant à des sortes de « territoires » cérébraux. Mais peut-on leur attribuer une fonction et ainsi « localiser » ces territoires ? Rien n'est moins sûr.

L'intérêt de ces recherches serait de nous procurer une meilleure analyse des phénomènes évolutifs. Concrètement, cela permettrait de comprendre pourquoi, chez certaines espèces, des régions déterminées du cerveau sont plus importantes que d'autres : par exemple, l'olfaction davantage développée chez le chat ou le chien que chez l'homme, et chez celui-ci les fonctions cognitives davantage que chez le singe. D'aucuns songent déjà à la manipulation sinon à la création d'espèces nouvelles. En même temps, c'est cette double question à la fois des modes de construction et de sélection de nos circuits cérébraux — par suite de nos aptitudes —, et des mutations propres à notre espèce qui est ici posée.

Du côté de la construction du cerveau, il s'agit de parvenir à comprendre comment s'élabore l'architecturation des neurones et synapses qui vont contribuer à stabiliser des régions fonctionnelles et des territoires spécifiés pour les activités comportementales et intellectuelles. Du côté des mutations, la question est celle de l'évolution phylogénétique — aux plans neuronal et cérébral — de notre espèce non seulement vis-à-vis de nos ancêtres de la préhistoire, mais aussi des proches primates.

En ce qui concerne le premier objectif — la genèse du cerveau —, nous ne disposons guère de marqueur capable de « pister » les différenciations et migrations cellulaires qui vont conduire aux spécifications neuronales, car tous les marqueurs essayés se diluent régulièrement dans les divisions cellulaires. Nicole Le Douarin est cependant parvenue, dans les années soixante-dix, à utiliser chez l'oiseau un marqueur fiable, en l'occurrence des cellules de caille greffées dans le système nerveux d'un embryon de poulet, et ainsi a-t-elle pu établir la généalogie des cellules du système nerveux périphérique. Des recherches du même type sont en cours pour le cerveau.

On peut cependant espérer obtenir, dans un avenir raisonnable, les moyens d'approcher d'un arbre généalogique des grands types cellulaires du cerveau et, par là, être en mesure de répondre à certaines interrogations du type : des neurones appartenant à des régions différentes du cerveau sont-ils plus proches entre eux que deux cellules de natures distinctes mais situées dans la même zone ? Ou encore : « Dans le processus de migration cellulaire, qu'est-ce qui est donné en premier : le code postal ou le type cellulaire ? » (Prochiantz, 1989)

En ce qui concerne maintenant le second objectif des recherches, à savoir les formes et processus de l'évolution phylogénétique au plan cérébral, on peut imaginer — au vu des faibles différences génétiques entre l'homme et ses ancêtres moins évolués, tel le chimpanzé —, que cette différence construite sur des millénaires entre l'homme et son ancêtre le plus lointain de la préhistoire s'est opérée à partir de mutations — dans l'idée classique de la théorie de l'évolution —, mais mutations au sens moderne, c'est-à-dire affectant la rapidité ou la durée de certains gènes de développement ; cela ayant pour conséquence l'apparition de traits caractéristiques qui différencieront de plus en plus l'espèce humaine.

De ce point de vue, on peut considérer le système nerveux de l'homme comme une sorte d'« engramme » de son histoire dans l'espèce, mais aussi de son histoire personnelle et donc sociale. Un exemple plus qu'éclairant en est donné par le langage : celui-ci est sans doute lié à la structure d'une certaine couche cérébrale commune à tous les individus, mais on ne trouvera jamais la même capacité expressive de l'un à l'autre : sont intervenus entre eux de multiples phénomènes épigénétiques qui sont les « histoires » affectives, intellectuelles et sociales de chacun.

Alors nous faut-il au moins comprendre — et ce sont les objectifs de la recherche en neurosciences — comment ces multiples et extraordinaires capacités du cerveau humain peuvent bien s'organiser, sachant au moins que nos grandes fonctions intellectuelles et comportementales vont dépendre du nombre de neurones et de synapses, c'est-à-dire de *connexions* entre cellules nerveuses, que telle ou telle région cérébrale va organiser et déployer. Là se retrouve la grande question des interactions entre genèse cérébrale et environnement.

Activité neuronale et connexions synaptiques

Il y a encore quelques décennies, les neurobiologistes pensaient que les gènes imposaient les connexions initiales entre neurones (les cellules nerveuses), mais ils s'interrogeaient sur le fait de savoir si oui ou non toute la maturation cérébrale était tributaire des gènes. Ainsi considérait-on que l'activité cérébrale, sous forme d'influx nerveux ou de potentiels d'action à l'intérieur des neurones, modulait le nombre, la répartition et l'efficience des synapses (les régions de contact de deux neurones) permettant aux neurones de se transmettre des informations. Mais au cours des vingt dernières années, les recherches ont montré que c'est l'activité cérébrale elle-même qui agit directement sur le développement des synapses et que les potentiels d'action sont nécessaires à ce développement. Ainsi, R. Kalil et d'autres chercheurs (universités de Madison et de Boulder) ont montré qu'en bloquant l'activité de jeunes neurones dans le cerveau de jeunes mammifères, on figeait leurs terminaisons axoniques et que les synapses ne se développaient pas. Ces recherches mettent en évidence un double phénomène : d'une part, *la plasticité cérébrale n'est pas indéfinie* — quand un certain nombre d'ajustements sont terminés, les voies neuronales perdent toute capacité de se modifier — et, d'autre part, *dans certaines parties du cerveau, il est essentiel, en revanche, que demeure une plasticité permanente*, parce qu'il s'agit de circuits neuronaux permettant l'apprentissage et assurant au cerveau de stocker continûment de nouvelles connaissances.

En étudiant cette plasticité d'apprentissage dans certaines zones du cerveau, on a découvert comment l'activité cérébrale, au niveau moléculaire, est susceptible d'intervenir dans le développement du cerveau. En particulier, les jeunes neurones de certaines zones du cerveau auraient les mêmes caractéristiques moléculaires que celles des neurones des zones d'apprentissage, et il apparaît qu'en des circonstances déterminées le remaniement serait alors possible. Conjointement, il semble manifeste que des mécanismes de même type ajusteraient l'intensité des synapses à l'activité cérébrale de façon à préserver la plasticité des zones d'apprentissage.

Prenons l'exemple du système visuel du chat. Celui-ci s'établit dans les cellules ganglionnaires de la rétine, lesquelles cellules transmettent l'information reçue par les cellules photoréceptrices vers les corps genouillés latéraux, situés dans la région du cerveau nommé thalamus. Cela s'opère de façon croisée : les cellules ganglionnaires de la moitié droite de chaque œil, bien que recevant les informations depuis la partie gauche du champ visuel, ont leur axone qui aboutit dans le corps genouillé latéral de l'hémisphère gauche. De là, des cellules relais vont transmettre l'information aux neurones du cortex visuel du même hémisphère gauche.

C. Shatz, D. Sretavan et M. Luskin ont spécifié le développement prénatal de ces circuits neuronaux : dix jours à peu près avant la naissance du chaton, les axones des cellules relais des corps genouillés latéraux vont atteindre le cortex visuel. Au début, les axones de l'œil droit sont mélangés à ceux de l'œil gauche et souvent en contact avec les mêmes cellules cibles. Mais cet état est transitoire : S. Le Vay, M. Stryker et C. Shatz ont établi qu'au cours du deuxième mois après la naissance, lorsque les axones embryonnaires des cellules ganglionnaires de la rétine atteignent les corps genouillés latéraux, chacun de ceux-ci est alors un groupe de cellules disposées au hasard, mais ils vont très vite se transformer et s'organiser en couches alternativement sensibles aux signaux émis par l'un des deux yeux — ce qui traduit une stratification des axones provenant des cellules ganglionnaires de la rétine —, et deux mois après la naissance, les axones géniculo-corticaux vont se regrouper en fonction de l'œil auquel ils correspondent, de sorte que chaque cellule corticale ne reste en contact qu'avec les cellules du corps genouillé latéral associées soit à l'œil droit soit à l'œil gauche. A la fin de cette « ségrégation », le cortex contient des « colonnes de dominance oculaire », alternées et en nombre égal pour les deux yeux : certaines colonnes ne reçoivent que des signaux en provenance de l'œil droit, d'autres uniquement de l'œil gauche.

Toutes ces études ont renforcé l'hypothèse, avancée par D. Hebb en 1949, de l'existence d'un mécanisme par lequel l'activité neuronale influerait sur les connexions synaptiques : lorsqu'un neurone stimule fortement un autre neurone ou de manière régulière, les modifications ainsi induites dans le métabolisme ou la structure des deux cellules viendraient renforcer la connexion entre elles.

Ce phénomène de « potentialisation associative à long terme » — à savoir qu'une intense activité synaptique vient renforcer les connexions synaptiques — a été confirmé en 1966 par T. Lomo. Cela s'opère dans l'hippocampe, cette partie du cerveau qui joue un rôle essentiel dans la mémoire et l'apprentissage. En stimulant ainsi un neurone de l'hippocampe avec des courants de haute fréquence pendant quelques secondes, on renforce de façon durable ses synapses. On a mis longtemps à comprendre que, ce faisant, des ions positivement chargés pénétraient dans la cellule et qu'alors des ions calcium, libérés au-dessous d'un certain seuil, entraient dans la cellule où ils allaient activer des enzymes intracellulaires, notamment celles qui reçoivent des signaux synaptiques, et de là sans doute, il y avait augmentation des réactions des neurones post synaptiques aux stimulations.

C'est probablement un mécanisme analogue — du moins en fait-on l'hypothèse — qui vient renforcer les synapses au cours du développement cérébral. L'activation répétée des cellules corticales par les axones géniculo-corticaux associés à un œil serait ainsi détectée par un récepteur sensible au potentiel, comme celui du NMDA (N-méthyl-D-aspartate), et cette détection de modification déclencherait en retour, par l'intervention des ions calcium, la réorganisation de la membrane postsynaptique qui viendrait alors renforcer, en vue de les stabiliser, les synapses actives.

Un tel modèle permettrait d'expliquer les commandes des différents systèmes cérébraux, autrement dit : un certain nombre de mécanismes biochimiques seraient génétiquement programmés pour synthétiser, ou même pour cesser de le faire, des molécules, comme le récepteur du NMDA, sensibles à des stimulations spécifiques. Des modifications d'un même mécanisme biochimique pourraient ainsi expliquer aussi bien les courtes périodes de plasticité que celles durables observées dans les activités cérébrales et notamment dans certaines parties du cerveau, tel l'hippocampe. C'est toute la question de l'apprentissage et de ses plasticités autant génétiques et biochimiques que stimulées au travers d'activités spécifiques, qui se trouve ici posée. De même que celle des « spécialisations » entre hémisphères cérébraux.

Hémisphère droit, hémisphère gauche : les asymétries fonctionnelles de notre cerveau

Il y a, en effet, une division du cerveau, commune à tous les mammifères, en deux parties plus ou moins symétriques. On constate, sans trop savoir comment l'expliquer, que l'hémisphère droit commande la motricité et tous nos événements sensoriels se produisant dans la partie gauche du corps, alors que l'hémisphère gauche est responsable de ceux survenant à droite du corps. Comprendre les raisons de cette *dominance cérébrale* de chaque hémisphère motive un grand nombre de recherches aujourd'hui en neurosciences. Mais cela est encore une longue histoire...

Elle commence en 1865 lorsque P. Broca, l'illustre chirurgien parisien, donna la première preuve d'une asymétrie des fonctions entre les deux hémisphères cérébraux, en établissant le lien entre une lésion de l'hémisphère gauche et la perte de la parole. Il suggérait en même temps qu'il en allait de même pour le phénomène des « droitiers » et des « gauchers ».

La préférence et la compétence manuelles pour une main plutôt que l'autre sont sans doute les manifestations les plus communes et évidentes de cette *latéralisation fonctionnelle* du cerveau. L'hémisphère gauche qui commande la partie droite du corps est très largement « dominant » autant pour la motricité que pour le langage, et chez la plupart des humains. C'est pourquoi, très tôt, on s'est intéressé aux gauchers. Les préjugés ont longtemps dominé la question. En fait, encore aujourd'hui, aucun modèle n'a été trouvé pour expliquer ce phénomène surprenant, à savoir qu'une minorité non négligeable diffère, sur ce point moteur capital, du reste de la population.

On a longtemps cru que l'hémisphère gauche était tout simplement « dominant » et que l'hémisphère droit n'était que « mineur ». Il a fallu attendre les années soixante pour qu'enfin on commence à comprendre le rôle de l'hémisphère droit. C'est alors qu'on a découvert qu'un sujet atteint à l'hémisphère droit, même s'il semble apparemment capable de communiquer normalement, peut présenter en vérité des lésions graves des fonctions mentales, telles que l'aptitude à percevoir et la capacité à construire des images tridimensionnelles comme, par exemple, dessiner un cube. De même se révèle-t-il capable de comprendre tout ce qui intervient dans la partie droite de l'espace et totalement ignorant de ce qui intervient à gauche. Parmi les conséquences classiques, il y a par exemple cette incapacité à reconnaître des visages familiers (prosopagnosie). Mais, surtout, les patients atteints de lésions de l'hémisphère droit sont souvent victimes de dégradations importantes de l'affectivité et de la personnalité dont la manifestation la plus familière est celle de l'indifférence à leur propre état (agnosognosie). Il reste donc encore beaucoup à faire pour connaître l'hémisphère droit (Habib et Galaburda, 1988 ; Galaburda, 1989).

Le modèle classique appliqué à l'étude des différenciations fonctionnelles entre hémisphères est celui du *splitbrain* (littéralement : « cerveau coupé en deux »). Ce modèle est provenu d'observations effectuées sur les effets d'interventions chirurgicales consistant à supprimer le corps calleux — c'est-à-dire une masse de fibres nerveuses reliant les deux hémisphères — chez des patients atteints d'épilepsie. La conséquence principale de cette section du corps calleux est la suppression de toute communication entre les hémisphères. Par là, on a appris à mieux connaître leurs fonctions respectives, y compris, comme l'a montré R. Sperry, comment par exemple, lorsqu'on projette très brièvement une image sur une seule moitié du champ visuel, l'image d'un mot n'est lue que si elle est projetée dans l'hémichamp droit et donc parvient à l'hémisphère gauche.

De même a-t-on pu de la même façon comprendre les fonctions « émotionnelles » de l'hémisphère droit : si on projette sur l'hémisphère gauche une scène érotique ou d'horreur, un sujet *split-brain* va la décrire de manière exacte et distanciée ; en revanche, la même scène projetée sur l'hémisphère droit va produire embarras, confusion voire négation de ce qu'il a vu. Ce ne sont là que des exemples restreints des différences de spécialisation entre hémisphères, mais ils traduisent cette préoccupation continue de parvenir à spécifier et caractériser ces différenciations fonctionnelles et surtout d'en « motiver » l'origine.

D'où les observations et études effectuées longtemps chez l'animal dont, par exemple, les travaux de V. Denenberg, consacrés à l'analyse des asymétries fonctionnelles chez le rat, et qui ont permis de montrer — de façon étonnante et analogue à ce qui s'observe chez l'homme — une prévalence de l'hémisphère droit pour les fonctions spatiales et émotionnelles. D'autres travaux, tels ceux de F. Nottebohm, ont montré les mêmes similitudes d'asymétrie chez les oiseaux chanteurs comme le pinson, et notamment le dimorphisme sexuel des structures cérébrales responsables du chant, structures bien plus développées chez le mâle que chez la femelle (Habib et Galaburda, 1988 ; Galaburda, 1989).

Pour en revenir au cerveau humain, ce qu'on observe à la surface du cortex entre la gauche et la droite, c'est bien une différence des dessins des circonvolutions, mais l'asymétrie corticale est surtout fondée sur la scissure sylvienne au fond de laquelle on va trouver le planum temporale. Le rôle et l'importance de ce planum temporale n'ont été mesurés qu'à partir de 1968, lorsque N. Geschwind et W. Levitsky ont montré que le planum temporale était bien plus vaste du côté gauche que du côté droit. En même temps, ils faisaient observer que, du côté gauche et non du droit, cette région correspondait à une aire fonctionnelle importante pour le langage, puisque proche des aires de l'audition et de la compréhension du langage oral. Cela suscita nombre de réflexions et mouvements dans la communauté scientifique, et en particulier une résurgence des travaux portant sur la relation entre anatomie cortico-fonctionnelle et langage.

On pouvait présumer que cette asymétrie du planum était corrélée à la dominance de l'hémisphère gauche pour le langage. Cependant toutes les recherches entreprises par la suite, en vue de le confirmer, aboutissaient à la constatation que ces asymétries, présentes chez près de 70 % de la population, étaient en revanche absentes ou inversées chez le dernier tiers restant. Une dernière contribution morphologique fut avancée par A. Galaburda et son équipe lorsqu'ils apportèrent la confirmation d'asymétries spécifiées microscopiquement : une aire de cortex auditif associatif se projetant sur le planum se révélait sept fois plus vaste à gauche qu'à droite, en même temps on pouvait constater une asymétrie du thalamus sous-cortical (Habib et Galaburda, 1988 ; Galaburda, 1989).

Demeurait cependant la question de la signification de telles asymétries. Deux options étaient possibles : celle de poursuivre l'étude des corrélations entre anatomie et fonctionnalités, ou celle d'en rechercher l'explication aux plans ontologique et évolutif. De ce second point de vue, les recherches entreprises permirent de découvrir, dans les années soixante-dix, que les asymétries observées chez l'adulte se retrouvent aussi et de façon plus précise encore sur le cerveau du fœtus vers la vingt-neuvième semaine de gestation. Elles ne sont donc pas liées à quelque usage des circuits fonctionnels. C'est bien ici la structure corticale qui prépare et va permettre la fonction. Une autre avancée importante de ces années-là fut celle de la découverte chez des primates (chimpanzé, gorille) d'asymétries cérébrales comparables à celles des humains tant au plan de l'orientation qu'à celui des proportions. La conclusion était délicate : le singe ne parlant pas, on était tenté d'en inférer que ces asymétries ne concernaient pas le langage. On pense aujourd'hui qu'elles traduisent chez le primate les premiers signes évolutifs de l'asymétrie humaine : une sorte d'ébauche d'asymétrie fonctionnelle.

Au niveau maintenant de l'étude des relations entre anatomie et fonction, de grands progrès ont été accomplis grâce à l'introduction de techniques remarquables : scannérisation cérébrale à rayons X et imagerie par résonance magnétique (IRM). On obtient ainsi avec une grande précision des cartographies de l'anatomie corticale. Les recherches de M. Habib et A. Galaburda (1988) ont encore permis de montrer que la droiterie manuelle est directement tributaire du planum temporale et aussi du volume de l'opercule pariétal. On observe que le corps calleux est davantage développé chez le gaucher, ce qui manifeste chez celui-ci la présence d'un système de connexions bien plus riche entre les deux hémisphères. Cette question de la gaucherie manuelle a suscité, comme on l'a vu, bien des interrogations dans l'histoire. On a d'abord tenté de l'expliquer par la transmission génétique des parents aux enfants. D'autres hypothèses, prenant à témoin des populations pathologiques (bègues, épileptiques, dyslexiques), invoquaient l'idée d'une « souffrance » fœtale ou périnatale. C'était confondre la cause et la conséquence.

Asymétrie et dominance

La théorie la plus admise aujourd'hui est celle de N. Geschwind, lequel suppose qu'il y a, chez la majorité des humains, une dominance de l'hémisphère gauche pour la fonction du langage, mais que cette dominance peut être contrariée, notamment dans la vie fœtale, pour tout ce qui concerne la manualité. Par ailleurs, Geschwind admet que cette dominance peut aussi s'opérer de façon aléatoire, sous l'impact d'événements survenant au cours de la maturation et qui peuvent de la sorte influer sur la tendance innée à l'asymétrie (au sens d'une moindre latéralisation).

Le développement du cortex cérébral humain s'opère en effet en plusieurs étapes : il y a une première période de prolifération cellulaire pendant laquelle les futurs neurones du tube neural de l'embryon vont migrer jusqu'à leur future place dans le cortex. Là ils vont construire leurs axones afin d'établir contact avec d'autres neurones. Cela commence vers la vingt-cinquième semaine de gestation en suivant des processus complexes que l'on connaît encore peu, et dont il est probable qu'ils sont tributaires à la fois des molécules trophiques *(nerve growth factor)* et des facteurs fonctionnels et génétiques. Tout cela est probablement impliqué dans la constitution des asymétries morphologiques et dans la mesure où celles-ci s'établissent lors de la vingt-neuvième semaine de gestation, il est encore probable que cela va traduire l'impact d'événements s'étant produits durant cette période.

On observe ainsi, chez l'embryon, que le cortex de l'hémisphère droit se développe deux semaines plus tôt que le gauche. L'hypothèse de Geschwind était que certains facteurs intervenaient pour ralentir ce développement de l'hémisphère gauche. Les recherches réalisées par A. Galaburda ont corrigé cette hypothèse : le facteur déterminant est non pas une augmentation de la perte cellulaire du côté gauche, mais bien plutôt une diminution de celle-ci du côté droit. Les êtres à dominance atypique seraient ceux chez qui des facteurs environnementaux ont perturbé le développement normal en diminuant ce degré de perte cellulaire.

L'hypothèse de Geschwind était encore que l'hormone mâle, la testostérone, jouait un rôle majeur puisqu'on connaît son rôle trophique sur le cerveau en croissance. Ainsi M. Diamond (université de Berkeley, Californie) a-t-il établi que certaines aires corticales du rat sont plus développées à droite qu'à gauche et seulement chez le mâle. De même Nottebohm a-t-il montré que l'application de testostérone au canari femelle peut transformer l'aspect de certaines structures cérébrales et déclencher l'apparition du chant. Enfin, on peut constater que, dans l'espèce humaine, certaines asymétries morphologiques sont plus marquées chez l'homme que chez la femme. D'où l'idée que la testostérone serait l'un des facteurs les plus déterminants quant à l'installation d'une dominance cérébrale (M. Habib, A. Galaburda, 1988).

L'exemple le plus caractéristique de ce concept de dominance atypique est sans doute celui de la dyslexie, affection qui concerne l'apprentissage du langage écrit chez l'enfant.

L'idée répandue est celle d'une relation entre la dyslexie et une anomalie ou une perturbation de la dominance cérébrale. Les travaux d'A. Galaburda ont encore établi que les cerveaux des dyslexiques présentent régulièrement deux types d'anomalies : absence d'asymétrie du planum temporale et anomalies microscopiques du cortex cérébral sous forme d'accumulation anormale de neurones dans la couche I du cortex (ectopies neuronales) et souvent associées à une distorsion des couches sous-jacentes (dysplasie). Mais y a-t-il vraiment relation entre ces lésions et le déficit fonctionnel ? Une interprétation possible est que le cerveau du sujet dyslexique a subi une agression à la fin de la période de migration des neurones corticaux, au cours du sixième mois de la gestation. On peut imaginer, comme l'a fait Geschwind, que cela est dû à un excès de sécrétion de testostérone.

Mais on peut envisager une autre hypothèse, à savoir qu'une perturbation immunitaire serait cause des lésions décrites dans la dyslexie. M. Habib et A. Galaburda (1988) ont ainsi étudié une souche de souris porteuses d'un déficit immunitaire inné se manifestant sous la forme d'une propension à l'auto-immunité en même temps que présentant des anomalies microscopiques du cortex cérébral semblables à celles observées chez les dyslexiques. On pourrait supposer alors qu'une prédisposition génétique aux affections auto-immunes interviendrait aux côtés des facteurs environnementaux en vue d'établir une dominance atypique ou même dans le déterminisme de la dyslexie.

Tous ces exemples montrent la *complexité du partage entre déterminismes génétiques et impact des facteurs environnementaux*. Et tel est l'enjeu des neurosciences, responsables de ce fait autant des prévisions fonctionnelles quant à notre « nature » que d'une reconsidération complète de nos épistémologies du vivant.

Le labyrinthe neuronal

Voici longtemps que les biologistes s'efforcent de comprendre ce qui forme et comment fonctionnent ces cellules constitutives de notre tissu nerveux que sont les neurones. L'une des plus anciennes techniques pour ce faire est celle de la coloration. C'est Golgi qui l'a découverte en 1873 et lui le premier qui a pu ainsi découvrir la forme d'un neurone et celles de ses prolongements : dendrites et axone.

Les premiers étalent sur de grandes étendues des arborescences extrêmement complexes. Le second en émergeant de la cellule va s'étirer sur de grandes longueurs puis développer de nombreuses ramifications. On peut, grâce aux progrès de la microscopie électronique, différencier un grand nombre de variétés neuroniques selon leurs morphologies et, à partir de là, spécifier des types de « populations de neurones » selon les régions du cerveau. Ce travail de neuromorphologie aide puissamment à détecter l'organisation des neurones et les communications qu'ils établissent entre eux. Mais on ne sait toujours pas ce qui constitue la « géométrie » interne d'un neurone, et en vérité cela seul nous permettrait d'analyser la façon dont chaque neurone reçoit, organise et communique les « messages » du système nerveux.

Pour l'instant, les méthodes de coloration ont le défaut de toujours colorer plusieurs neurones en même temps et cette confusion propagée au niveau de leurs prolongements donne l'impression d'un « labyrinthe » inextricable. Il est encore malaisé de réaliser des coupes de neurones exemptes de fragments relevant d'autres neurones. On ne sait toujours pas bien mesurer la dimension réelle des prolongements ni étalonner dans le temps l'évolution morphologique des arborescences dendritiques. Lorsqu'on dessine ces figures observées, la projection plane demeure impuissante à rendre compte de la structuration tridimensionnelle de chaque neurone et donc de leurs orientations spatiales les uns par rapport aux autres.

Néanmoins, des progrès considérables ont été accomplis cette dernière décennie en neuromorphologie fonctionnelle. Tout d'abord, on a découvert des substances qui, introduites dans un neurone, vont pouvoir le colorer lui seul avec ses prolongements, et donc rendre possibles l'identification et le marquage de chaque neurone. Ensuite, ont été mis au point des systèmes de microscopie assistés par ordinateur qui, de plus en plus, facilitent la mesure tridimensionnelle des fragments de neurones. Aujourd'hui, des logiciels extrêmement perfectionnés permettent d'isoler chaque dendrite afin d'en analyser la géométrie : taille, branchements et différents diamètres. De la sorte, on parvient à montrer qu'à la limite chaque dendrite possède ses propres caractéristiques géométriques projetées à chaque fois dans plusieurs régions (P. Gogan, S. Tyc-Dumont, 1988).

Mais le plus important reste à réaliser, à savoir comment, effectivement, interagissent et communiquent entre elles les populations de neurones. On sait que, à l'endroit où l'axone quitte le corps cellulaire, il se produit un signal nommé « électrogenèse du potentiel d'action ». Et que cette zone est active à un certain seuil. On sait encore que la synapse est cette zone de contact entre neurones où va se réaliser le transfert d'information, et que tout courant impulsé par une synapse en un point de l'arborescence dendritique va provoquer un potentiel d'action en ce point. Ce potentiel va circuler le long des dendrites tout comme le ferait un signal électrique au long d'un câble et dans les mêmes conditions qu'impliquent la longueur ou la grosseur de ce câble. Nous ne savons pas, faute de technique, enregistrer ces phénomènes de transmission aux différents niveaux de la synapse, de l'axone, *a fortiori* de la cellule. Au moins, compte tenu des connaissances sur la géométrie tridimensionnelle du neurone et en appliquant les équations techniques de câble, peut-on calculer les transformations des signaux ainsi propagés.

Dans certains cas, on découvre ainsi que les signaux synaptiques circulent avec des efficacités variables selon les branches dendritiques qu'ils suivent. On constate que dans certaines dendrites aux branchements éloignés de la cellule, il existe des régions indépendantes, en quelque sorte les unes des autres, lesquelles constitueraient des sortes de sous-unités à l'intérieur desquelles apparaissent des « processus d'interactions non linéaires » entre synapses, et dont l'effet ressemblerait à une multiplication des signaux. Seul alors le résultat parviendrait au corps cellulaire — comme si ces sous-unités étaient des « coprocesseurs fonctionnant en parallèle » (P. Gogan, S. Tyc-Dumont, 1988).

En conséquence, il apparaît que la géométrie de chaque élément va déterminer d'une certaine façon les types et les capacités de traitement des informations nerveuses par le neurone. Cela se vérifie, entre autres, par cette constatation qu'une même synapse peut avoir des effets très variables selon sa localisation dans l'arborescence dendritique. A l'évidence, les effets des synapses sont tributaires de la forme dendritique qui les réceptionne, et cela va être déterminé, à chaque fois, par la configuration spatiale des synapses concernées.

Sans doute, ainsi, les processus synaptiques de transmission des informations nerveuses sont-ils communs à bien des espèces, mais au moins peut-on faire l'hypothèse — sous réserve d'éventuelles remises en cause futures — que c'est bien cette *géométrie tridimensionnelle des neurones qui va permettre la richesse des traitements d'informations* dont ils se révèlent capables, et que cette architecturation interne au neurone, mais aussi composée et interagissante entre différentes régions du cerveau, est encore responsable de nos capacités neurobiologiques et intellectuelles supérieures aux autres espèces, notamment sous l'aspect de ces extraordinaires spécifications fonctionnelles dont témoignent l'organisation et le fonctionnement du cerveau humain (P. Gogan, S. Tyc-Dumont, 1988).

Développement, sélection et stabilisation des synapses : la mise en place des structures neuronales d'adaptation et d'apprentissage

Ces études viennent confirmer encore l'idée accréditée par plus d'un siècle de recherches neurobiologiques, à savoir — comme le soulignent J.-P. Changeux et A. Danchin — que, du réflexe le plus simple jusqu'à l'activité mentale dans ses formes hautement élaborées, les neurones jouent à chaque étape un rôle fondamental sinon unique, et que les contacts entre neurones, c'est-à-dire les synapses, s'avèrent d'une importance essentielle. Pour reprendre l'expression de ces auteurs : « Ce sont les goulets d'étranglement de tout transport d'information à travers le système nerveux. » C'est sans doute à leur niveau qu'il faut comprendre les fonctions principales du système nerveaux central.

Si l'on conçoit le système nerveux comme une « machine » (P. Courrège) pour des raisons de pure commodité, il faut cependant savoir dissocier ce qui constitue le *système* lui-même des *fonctions* proprement dites qu'il exerce. Le système peut être considéré comme composé par tout ce qui vient le structurer : les neurones et leurs ensembles d'axones et de dendrites. Toutes les propriétés qui en découleront prendront forme de fonctions lorsqu'elles s'appliqueront et organiseront des principes de fonctionnement et des régularités comportementales.

On est obligé d'admettre alors l'extrême complexité du système nerveux, au vu du très grand nombre de neurones (10^{10} dans le seul cerveau humain) et de leurs interconnexions synaptiques (plus de 10^{14} dans le cerveau) en regard de la simplicité et de la récurrence des fonctions élémentaires qu'il assume (propagation des potentiels d'action, modes de transmission synaptique, etc.). Autrement dit : autant les *types de fonctions codées* qu'un tel système nous offre et nous permet sont d'une *extrême plasticité fonctionnelle*, autant les *modes de ce codage* sont en nombre *limité et régulier* : séquences de potentiels d'action et rythmes élémentaires, etc.

Là se repose l'interrogation des parts respectives entre un déterminisme génétique strict et des plasticités inhérentes au système en fonction des types et situations d'apprentissage. On connaît aujourd'hui de façon précise, et aussi bien au niveau macroscopique que cellulaire, l'anatomie du cerveau. On sait que cette anatomie est reproductible d'un individu à l'autre, à l'intérieur d'une même espèce. On sait encore comment s'opèrent des mutations — par exemple chez la mouche domestique ou la souris —, mutations qui peuvent donner une distribution « anarchique » des classes de neurones dans le cervelet tout en conservant les diverses classes de contacts synaptiques nécessaires (Sidman, 1972). De toutes ces observations effectuées dans les vingt dernières années, se dégage la conclusion que *l'organisation topologique du système nerveux demeure sous contrôle génétique rigoureux* (Changeux, Danchin, 1974).

Mais y a-t-il une limite à cette détermination génétique et comment s'introduisent des variations dans l'organisation fonctionnelle des réseaux de neurones ? Chez les petits invertébrés, les études ont montré — sauf mutations — un déterminisme quasi absolu du nombre de neurones et de leurs connexions. En revanche, dans les espèces où la quantité de neurones est importante — céphalopodes ou mammifères — des fluctuations se manifestent tant au niveau du nombre de neurones que de la topologie même du système nerveux. On pourrait se demander si ces fluctuations ne sont pas la simple conséquence de l'hétérogénéité génétique des populations étudiées. Mais des études sur des sections du cortex visuel de la souris et notamment sur le nombre d'« épines » — chacune correspond à un côté d'une synapse — sur les dendrites apicales de la couche IV de l'aire striée ont montré des fluctuations significatives d'un individu à l'autre ; de même en ce qui concerne l'orientation des dendrites des cellules pyramidales de la couche III (Valverde, 1967).

En résumé, ce qu'on observe là, comme le fait remarquer J.-P. Changeux, c'est à la fois une *constance* de la « géométrie » moyenne des connexions neuronales et une *dispersion significative* de cette disposition neuronale : fluctuation donc, mais qui s'opère de façon limitée à l'intérieur d'une « enveloppe génétique ».

Au niveau comportemental, des séries d'observations sur des animaux mutants ont révélé de sérieuses modifications de comportement. Par exemple, les mutants du cervelet — chez qui soit il manque une classe de connexions synaptiques, soit il y a distribution anarchique des classes de neurones — vont présenter diverses formes de perturbations : ataxie, dystonie ou instabilité des postures et de la marche. Ce qui tendrait à prouver l'impact irréversible de la « programmation génétique ». De même, à l'observation d'oiseaux « primitifs », tels la poule domestique ou le ramier, on sait que chez ces oiseaux la structure du chant est innée et que l'interaction avec l'environnement n'y joue aucun rôle ; de même en ce qui concerne la parade nuptiale ou la construction du nid (Thorpe, 1969 ; Nottebohm, 1970). De même encore, s'agissant de certaines psychoses humaines — telles que de nombreuses schizophrénies —, on sait l'origine génétique certaine de ces psychoses, bien que leur expression puisse varier avec l'entourage (Heston, 1970 ; Rosenthal, 1970). Il y aurait donc bien chez l'animal, et dans une mesure encore mal connue chez l'homme, des *invariants* de comportements génétiquement déterminés, encore que tout ne soit guère connu quant à la structure et aux bases anatomo-fonctionnelles de ces invariants.

Néanmoins, il y a, à la base de tous nos comportements, des facteurs d'acquisition et de mémorisation qui vont eux aussi déterminer ces comportements et, d'une certaine façon, marquer la frontière entre le déterminisme génétique et les situations d'apprentissage. On observe ainsi de larges variations dans l'aptitude à apprendre au sein de couches consanguines de souris (Bovet, 1969). Mais ce qui est appris est toujours caractéristique de l'espèce, et là encore manifeste les contraintes imposées par l'enveloppe génétique. Y a-t-il alors un développement « spontané » — comme dit J.-P. Changeux — du réseau neuronique et une certaine « indépendance » de la maturation primitive par rapport à l'environnement ?

Invariance et plasticités neuronales

Pour tenter de comprendre la reproductibilité des structures neuronales, divers types de recherches avaient été réalisées sur le système nerveux central des vertébrés, qui tendaient à laisser entendre que, après section des nerfs moteurs périphériques, les nerfs régénérés venaient aboutir exactement aux mêmes anciennes plaques motrices, et par là on supposait un mécanisme de reconnaissance absolu entre cellules nerveuses (Sperry, 1965 ; Jacobson, 1970 ; Gaze, 1970). D'autres recherches ont relativisé cette certitude : celles de Raisman (1969), en particulier, ont montré qu'après section d'une des voies nerveuses afférentes au noyau septal chez le rat, il y a redistribution des fibres terminales sur la voie intacte, et surtout les sites vacants sont réoccupés par les fibres survivantes, qui vont ainsi former de nouvelles connexions. Cela a pu être observé encore dans le cortex cérébelleux du furet atteint de panleukopénie : les destructions opérées par la maladie sont suivies d'une véritable réorganisation des connexions synaptiques (Llinas, 1972) ; conjointement des animaux dont on avait ôté le cervelet manifestaient une amélioration dans les six mois suivants. De tels faits traduisent une sorte d'évidence, qui est qu'avec le recouvrement de synapses fonctionnelles, les mécanismes impliqués dans l'établissement de connexions ne sont nullement aussi absolus que le laisse supposer le strict déterminisme génétique.

Sans doute y a-t-il « invariance globale », selon l'expression de J.-P. Changeux (1974), c'est-à-dire que les principales voies nerveuses vont se former et se développer sans influence extérieure, cela au sens où effectivement les premières étapes de différenciation des neuroblastes s'intègrent à l'intérieur du développement embryonnaire, mais cela vaut-il pour les étapes ultérieures du développement ? Une série d'expériences — les unes portant sur des cortex cérébelleux humains et prélevés sur des fœtus âgés de dix à dix-neuf semaines (Lapham et Markesberry, 1971) ; les autres comparant la maturation neurologique d'enfants prématurés à celle d'enfants nés à terme

(Sainte-Anne Dargassies, 1964) — ont montré que l'établissement des voies nerveuses principales se produit de façon spontanée et autonome sans que la présence d'une grande variété de stimuli durant la vie extra-utérine précoce n'accélère l'apparition des fonctions motrices, visuelles et auditives.

Considérant maintenant l'extraordinaire précision des contacts entre neurones dans le cerveau chez l'adulte, on peut se demander si ces contacts s'établissent eux aussi de façon spontanée et directement, avec cette même rigueur qu'on observe dans les phases de développement. Ici les choses sont moins sûres : dès 1908, rappelle J.-P. Changeux (1974), Cajal faisait déjà l'observation que, durant les premiers stades de la croissance des nerfs, quelques fibres manquaient leur cible et que, dans plusieurs régions du cerveau, des phénomènes de régression pouvaient s'observer. Ainsi, dans les cellules de Purkinje chez le nouveau-né, les axones présentent vingt à vingt-quatre collatérales ; il n'en restera que quatre ou cinq vers deux mois.

Il y a donc bien des phénomènes de « régression » qui vont traduire des à-coups à l'intérieur même du processus général de la construction du système nerveux central. De telles régressions ont pu être encore observées dans l'innervation progressive des muscles squelettiques, où lors des premiers stades on voit s'établir un grand nombre de contacts synaptiques fonctionnels dont il ne restera qu'un seul plus tard (Redfern, 1970). De même en va-t-il dans des fonctions supérieures, telles la perception ou la parole, avec des disparitions importantes de l'équipement ou des plasticités originelles : certains sons que le tout jeune enfant est capable de discriminer, ne le seront plus par l'adulte (Mehler, 1974 ; Mehler et Dupoux, 1990).

En résumé, il est manifeste que les potentialités du réseau neuronique, assez importantes à une étape précoce du développement, perdent de leur plasticité et de leur importance après maturation. Celle-ci met en cause d'une certaine façon la richesse et la rigueur initiales du dispositif d'architecturation innée de notre système nerveux. Qu'est-ce que cela signifie ? Tout simplement qu'*on ne peut avoir une conception rigide du développement neuronal* : celui-ci est en évolution constante dans le temps. Continûment, des neurones migrent, se divisent, se réorganisent et établissent de nouvelles ramifications, lesquelles peuvent disparaître à leur tour. Cela s'apparente à ce qu'on observe par ailleurs dans la culture des tissus.

Les études les plus anciennes (Cajal, 1907), largement complétées depuis par de nombreuses recherches sur la croissance des nerfs, autant *in vivo* qu'*in vitro*, ont permis de dégager trois types de conclusions :

— suite au mouvement améboïde des fibres exploratoires, le nerf va sur son chemin rencontrer un grand nombre de cellules et pouvoir ainsi établir une extrême variété de contacts transitoires : la stabilisation de certaines connexions résultera, semble-t-il, de procédures du type essai et erreur ;

— une fois le « bon trajet » choisi, le contact étroitement établi alors avec la fibre exploratoire « économisera » une grande quantité d'information, selon le *principe d'économie* qui régule tout processus organique : les fibres qui arrivent plus tard suivent tout naturellement les voies balisées par les fibres plus précoces ;

— les fluctuations manifestées dans la géométrie et dans la connectivité des fibres nerveuses chez l'adulte pourraient traduire un mouvement précoce des terminaisons, autrement dit la position relative des cellules nerveuses se conserverait durant la croissance et se projetterait de la sorte sur les neurones cibles, et ce mouvement subsisterait dans la structure adulte (Gaze, 1970). Peut-être y a-t-il relation ici avec cette découverte que le tissu cérébral est richement doté en protéines contractiles (Changeux, 1974).

En conclusion, bien que les cellules nerveuses établissent contact entre elles de façon spontanée à l'instar de ce qui se passe dans le développement embryonnaire, on voit que les contacts ainsi construits ne sont jamais stables, et qu'il faudra de nombreux facteurs notamment physiologiques pour que se maintiennent de tels contacts synaptiques.

Plasticité neuronale et apprentissage

C'est donc une évidence que les connexions nerveuses sont sous régime d'instabilité. Par exemple, toute section d'un nerf est rapidement suivie de la dégénérescence de son extrémité, mais aussi parfois de celle du corps neuronal et des arborescences dendritiques. Dans certains systèmes, cela peut se propager aux neurones voisins de celui sectionné. Les exemples de ce type sont nombreux dans les recherches portant sur les trajets visuels chez les mammifères : chez le chat ainsi, toute section de nerf optique a pour conséquence un rétrécissement progressif de la section moyenne — allant jusqu'à 30 % —, et une perte de la basophilie cytoplasmique des neurones des noyaux dorsaux du corps genouillé latéral, c'est-à-dire des cellules sur lesquelles les fibres du nerf optique se projettent (Cowan, 1970). Cet effet de dégénérescence se propage encore au cortex visuel. La stabilité d'un trajet multineuronal va donc dépendre de l'intégrité anatomique de tous les éléments de la chaîne (Changeux, 1974).

Mais cette stabilité sera tributaire de l'état d'activité de ces éléments. Ces effets de l'environnement s'observent en étudiant les systèmes sensoriels. Les études les plus classiques sont celles de Wiesel et Hubel (1963) et de Hubel et Wiesel (1965), lesquels ont analysé avec une extrême minutie les effets d'une suppression de la vision sur le corps genouillé latéral et sur les projections géniculo-corticales. Cette suppression par suture des paupières chez les jeunes chats a immédiatement pour conséquence une diminution très nette de la dimension des corps neuronaux ; il en va de même après énucléation. Si on prive un œil de lumière pendant une période allant de quatre semaines à trois mois après la naissance, cet œil devient aveugle. Il y a lésion irréversible des voies optiques, autrement dit : *la déprivation sensorielle à une période critique du développement entraîne la perte d'une fonction innée telle que la vision.*

D'autres expériences révèlent des résultats particulièrement intéressants : Blakemore et Cooper (1970) ont élevé des chats dans l'obscurité, sauf exposition cinq heures par jour à un environnement constitué de bandes horizontales ou verticales, blanches et noires. Après cinq mois de ce régime, les chats sont atteints de déficits visuels permanents et devenus aveugles pour tous contours qu'on leur présente lorsque ces contours sont orientés perpendiculairement aux bandes auxquelles ils étaient exposés. La conclusion la plus vraisemblable est qu'à partir d'un certain degré de privation, les neurones et connexions, ayant cessé d'être stimulés, régressent inéluctablement.

D'autres recherches ont porté sur ce système relativement simple qu'est la jonction neuromusculaire en vue d'étudier les propriétés fonctionnelles d'une synapse. La section du nerf moteur ici augmente la sensibilité à l'acétylcholine dans la plaque motrice correspondante (Miledi, 1960), et ce même effet opère en cas d'anesthésie locale du nerf ou par suite d'immobilisation mécanique du muscle ; autrement dit pour maintenir l'intégrité de la synapse, il faut aussi bien préserver la propagation de l'influx que la contraction de la cellule musculaire : *pour qu'une synapse garde sa structure, il faut qu'elle demeure active* (Fischbach et Robbins, 1971). « Dans de nombreux cas, l'expression phénotypique correcte et complète du programme génétique semble dépendre du fonctionnement des voies nerveuses. En d'autres termes, le développement du "système" est couplé à son "fonctionnement" » (Changeux, 1974).

Dès lors, et à ce niveau de réflexion, peut-on se poser l'interrogation : qu'appelle-t-on « apprentissage » ?

L'apprentissage

Acceptons la définition commune : tout apprentissage dans un système ou chez un être vivant se manifestera par l'acquisition d'une ou plusieurs propriétés qui ne sont pas innées dans ce système ou chez cet être. On opère une distinction classique entre l'apprentissage à court terme, qui n'implique pas la synthèse de protéines, et l'apprentissage à long terme, qui va se traduire par le stockage prolongé d'informations, associé à une synthèse de protéines. On impute le premier type d'apprentissage à la propagation de l'influx dans ces circuits courts ou « reverbérants » (Lashley, 1950) ; et cela joue un rôle non négligeable dans les processus de fixation de la mémoire. Mais plus fondamentaux sont les phénomènes d'apprentissage à long terme et d'acquisition d'informations par le système nerveux central.

Une des constatations les plus intéressantes, alors, est celle de l'existence de « limites » aussi bien dans la capacité d'apprendre que dans la vitesse d'apprentissage et la durée du stockage des informations. Ces *limites* proviennent à chaque fois de l'organisation même et des propriétés fonctionnelles qui vont spécifier les espèces considérées en fonction de leur déterminisme génétique propre. Lenneberg (1967) avait ainsi étudié l'« inaptitude congénitale au langage » dont les caractéristiques principales sont autant les difficultés à lire et à s'exprimer qu'à apprendre une seconde langue, ces difficultés étant cependant associées à une intelligence normale. Cette maladie serait due à un seul gène, témoignant d'une limite absolue à l'apprentissage du langage. Ces limites constitueraient-elles des *universaux* propres à chaque espèce ? La question reste controversée (Changeux, 1974).

Ce qui demeure remarquable, c'est que toutes nos acquisitions de connaissances s'opèrent dans une période critique de croissance. Cela est valable pour de nombreuses espèces : si, chez la poule domestique par exemple, les poussins, dès la sortie de l'œuf, possèdent déjà de nombreuses caractéristiques du comportement adulte, en revanche, chez les rapaces, on observe une maturation lente et prolongée du système nerveux central, et certaines comparaisons ont pu être établies entre ces structurations précoces et les comportements du système chez l'adulte. La conclusion est que plus cette maturation postnatale est lente, plus les conduites de l'adulte se manifestent de façon complexe et évoluée.

Cette maturation postnatale du système nerveux est probablement la plus longue chez les mammifères ; chez l'homme, elle occupe presque le quart de la vie. Ainsi notre cerveau augmente-t-il de près de trois fois en poids et en dimension après la naissance et, durant cette maturation, vont se multiplier de façon considérable les arborescences dendritiques des neurones corticaux. C'est à ce moment-là que s'instaurent et se mettent progressivement en place les fonctions principales nécessaires à nos conduites et à nos adaptations : comportement neuromoteur, processus d'acquisition et de connaissance, conduites « intelligentes », mimiques expressives et langage. Lors de l'acquisition de ce dernier, d'ailleurs, on constate que l'augmentation de poids du cerveau humain est de plus de deux cents grammes ; c'est dire *l'importance des interactions environnementales* sur notre propre système nerveux et sa maturation.

Plus tard, à l'âge adulte, les capacités d'apprendre sont de plus en plus réduites, mais demeurent toutefois : des cônes de croissance subsistent dans nombre de parties du cerveau et le taux de renouvellement des protéines reste suffisant ; ainsi constate-t-on encore, bien que réduits, des mouvements synaptiques dans le cerveau de l'adulte, sans que pour autant on puisse vérifier s'ils sont effectivement conséquents de processus d'apprentissage. En conclusion, et nous adopterons ici celle de J.-P. Changeux (1974), il apparaît manifeste que :

1) Les organismes où la programmation des connexions nerveuses est la plus rigide sont ceux les moins capables d'apprendre : toute possibilité d'apprentissage suppose l'existence d'un certain taux de *variabilité* dans la structuration synaptique.

2) Cette variabilité dépend de la mobilité des extrémités nerveuses et de leur aptitude à établir de multiples contacts notamment lors de la croissance ; tous ces contacts sont *labiles*, c'est-à-dire qu'ils demeurent non stabilisés tant qu'une activité électrique postérieure n'intervient pas.

3) Lorsqu'il y a apprentissage et acquisition d'informations, cela provient du *choix* de certains trajets nerveux spécifiques, lesquels vont *stabiliser des propriétés associatives* au sein de la très grande combinatoire possible entre synapses. Cette stabilisation peut être aussi bien « homosynaptique » — induite dans une synapse par sa propre activité électrique —, qu'« hétérosynaptique » — sous la forme d'une excitation simultanée de plusieurs terminaisons d'un même neurone.

4) La prolifération des terminaisons nerveuses lors de la période d'apprentissage produit des effets séquentiels dans le développement de ces terminaisons ; cela va accroître de façon importante le nombre de combinaisons aptes à une stabilisation sélective.

Un modèle des processus neuronaux d'apprentissage

P. Courrège, J.-P. Changeux et A. Danchin ont ainsi tenté de construire une description formelle d'un système de neurones, en prenant en compte l'essentiel des propriétés biologiques qui viennent d'être résumées (1973). Le but était de proposer « un automate reproduisant les processus élémentaires d'apprentissage ».

Pour ce faire, ils avaient choisi de représenter — en termes de « système simple » — toute figure spécifique de neurones et de leurs connexions sous forme d'un couple d'ensembles finis non vides (C, S), baptisé « graphe neuronique », et où C correspond à l'ensemble des lignes axonales d'un système donné de neurones et S traduit les connexions entre ces neurones. A cette description purement statique, on ajoute le temps comme dimension supplémentaire. Ainsi, une connexion peut se manifester selon quatre états : N, L, D et S (N = état néant ; L = état labile ; D = dégénérescence ; S = état stable).

A partir de là, on peut construire effectivement un graphe qui va illustrer la géométrie de l'enveloppe génétique du réseau de neurones considéré, au sens du nombre maximal de connexions synaptiques potentielles. On peut encore faire « fonctionner » ce graphe en y représentant un flux provoquant une évolution synaptique vers un état S ou D, évolution contrôlée par des lois génétiques et qui permet d'aboutir à une modélisation baptisée programme neuronique ; lequel programme — représenté par la formule R = (C, S, y, *n*, Ø, Δ) — va intégrer le graphe précédemment défini (C, S), la règle y de transmission, le degré *n* de mémorisation, la fonction Ø d'intégration et la fonction Δ d'évolution. Chaque réalisation de ce programme va correspondre alors à une stabilisation d'un ensemble de synapses caractérisant les influx afférents. De là peuvent dériver des équations reliant ce programme neuronique et son *expression phénotypique*.

Plusieurs conséquences non négligeables peuvent être dégagées, en particulier l'hypothèse selon laquelle toute connexion neuronique capable de « reconnaître » une certaine séquence d'éléments déterminés (de vocabulaire V et de longueur *n)* est susceptible de modifier son état lorsqu'elle fonctionne. On peut alors définir différents types de règles correspondant à divers cas : soit une dégénérescence définitive de la connexion, soit une *rotation mnésique* (il y a d'abord dégénérescence puis reformation de la synapse dans un état labile), soit encore une *croissance non conditionnelle* (dans l'absence d'interaction épigénétique), soit enfin une *croissance conditionnelle* (positive ou négative). En résultat, on peut associer à chaque réalisation du programme neuronique R, un automate qui transforme chaque multimessage entrant U*a* au temps *t* en un multimessage sortant U*s*.

En fonction de ce modèle, toute acquisition du système nerveux peut s'interpréter comme la transformation, par l'automate R, d'un message *T* en un message *T'* (transformation de *T* en *T'* et liaison *T-T')*. Et un tel modèle semble tout à fait satisfaisant. Mais, s'interroge doublement J.-P. Changeux, existe-t-il vraiment, d'une part, un programme neuronique dans lequel va subsister une compétence de type *T-T'* après ablation d'un élément ; et, d'autre part, quel sera le fonctionnement minimal nécessaire pour que cette « compétence » demeure stable ?

En vérité, l'opportunité de la théorie est d'aider à construire des représentations des processus de codage en termes géométriques, à savoir que, dans un ensemble donné de connexions, toute activité va stabiliser un certain nombre de ces connexions selon un schéma à chaque fois bien défini ; lequel schéma permettra de coder les informations transmises par les fibres en termes de « positions ». Encore faut-il confronter les schémas obtenus à des topologies des projections axonales d'un neurone donné à divers moments d'activité lors de sa croissance. De même, encore, faudrait-il mesurer les fluctuations quantitatives d'ensembles spécifiés de connexions nerveuses : ce qui s'appelle le « bruit » dans le câblage entre ces neurones en écho de l'activité du système nerveux (Changeux, 1974).

Apprentissage et potentialités génétiques

L'acte d'apprendre n'implique pas ainsi forcément l'acquisition de nouvelles spécificités moléculaires, mais, au contraire, il faut admettre l'extraordinaire aptitude des terminaisons nerveuses à croître, à se développer, à établir connexion avec d'autres et, surtout, à « identifier » avec plus ou moins de précision leurs points d'aboutissement. Tout cela étant programmé génétiquement dès le développement embryonnaire, *tout apprentissage correspondrait alors, d'une certaine façon, à une restriction des potentialités inscrites génétiquement*.

En réalité, comprendre comment la structuration d'une synapse peut être modifiée par son activité demeure un des grands problèmes de la neurobiologie, autant que celui des modes d'échange et de « reconnaissance » entre neurones. Dans cette préoccupation, divers types de travaux ont tenté d'analyser les classes de signaux pouvant servir à réguler et contrôler la stabilité synaptique.

Le premier type de ces signaux, et le plus évident, est le médiateur lui-même. Il apparaît ainsi que l'acétylcholine, appliquée chroniquement sur des muscles dénervés, ne peut imiter l'établissement d'un contact fonctionnel, mais si on empêche l'acétylcholine de parvenir aux sites du récepteur cholinergique, on parvient à empêcher la maturation de jonctions neuromusculaires (Giacobini et *al*, 1973). Il s'avère encore que le médiateur a des effets sur sa propre synthèse à un niveau présynaptique, et même sur sa libération par la terminaison nerveuse.

Dans un second type de cas, la mise en place d'un contact synaptique entraîne la synthèse d'une classe de macromolécules pour laquelle la cellule postsynaptique ne semblait pas avoir été programmée (Changeux, 1974). Par exemple, les cellules du muscle Sartorius — innervées par le nerf Sartorius et qui synthétisent des récepteurs nicotiniques —, lorsqu'elles sont greffées dans la cavité thoracique et innervées alors par le nerf vague, vont se mettre à produire des récepteurs cholinergiques du même type que ceux des neurones parasympathiques avec lesquels ce même nerf vague établit d'habitude ses synapses. Pour comprendre de tels phénomènes, on fait recours à la notion de substances « trophiques » qui seraient distinctes des médiateurs, mais dont on ne sait trop encore ce qu'elles seraient.

Enfin, au niveau des synapses elles-mêmes, on a pu reproduire par simple stimulation électrique de la face pré ou postsynaptique, un certain nombre d'effets « plastiques » ou « trophiques » (Fischbach et Robbins, 1971).

Sont candidats, donc, au statut de signaux régulateurs plausibles autant le médiateur lui-même que le gradient électrochimique ou ces substances trophiques encore mal définies. On ne sait trop précisément comment les uns et les autres concourent entre eux et comment ainsi s'établissent des spécificités de relations entre différents types de signaux. On sait cependant que pour maintenir l'intégrité d'une synapse, il faut que ces signaux circulent à travers elle, selon deux directions opposées : de la terminaison présynaptique vers la synapse en suivant la propagation de l'influx nerveux ; de la cellule postsynaptique vers le nerf afférent présynaptique (effet rétrograde).

Ce second cas apparaît important notamment lors de la « stabilisation hétérosynaptique » d'une synapse par sa voisine ; son examen suscite de nombreuses recherches récentes : tels les effets de la 6-hydroxydopamine sur le ganglion sympathique ou son interaction avec la synthèse de la norépinéphrine dans la cellule postsynaptique en bloquant la choline acétylase dans les terminaisons présynaptiques.

On s'aperçoit dès lors que toute analyse fine du transport de signal synaptique suppose un développement des recherches sur la biochimie du cerveau et celle du réseau neuronique. Cela contribuerait à éclairer des phénomènes significatifs, tels que l'activité électrique des cellules nerveuses embryonnaires ou encore la stabilisation fonctionnelle.

Dans le premier cas, ce qu'on a observé par exemple, dans les embryons de poussins, c'est que la plupart des mouvements enregistrés sont commandés directement par le système neuronal embryonnaire (Ripley et Provine, 1972), et cela semble traduire l'existence d'une activité neuronale essentielle, probablement liée à l'interaction de l'embryon avec son environnement et visant d'une certaine façon à la « stabilité » interne du système. De même, la persistance du sommeil paradoxal et des formes d'activité onirique chez l'adulte pourraient être conçues comme nécessaires au maintien des structures synaptiques fonctionnelles, en vue de lutter contre leur dégénérescence. Ce qui renforcerait les théories psychanalytiques arguant que le rêve traduirait l'expression neurale de fonctions réprimées dans la vie quotidienne. Et, par voie de conséquence, on pourrait avancer que le rêve aurait pour rôle d'empêcher la perturbation ou la dégradation de circuits neuronaux perturbés lors de conflits extérieurs (Changeux, 1974).

Tous ces exemples sembleraient conforter la théorie avancée précédemment par J.-P. Changeux et *al.*, à savoir que tout apprentissage reviendrait à l'intervention de « mécanismes sélectifs » au niveau synaptique sans doute, mais aussi avec des échos à d'autres niveaux, tels ceux symboliques de l'apprentissage du langage et des fonctions expressives (Mehler, 1974). *Le programme génétique de l'espèce humaine s'apparenterait donc à un dispositif de structures latentes potentiellement disponibles*, les unes activées par l'interaction avec l'environnement, les autres non activées et condamnées, de ce fait, à dégénérescence — *toute stabilisation d'une structure impliquant une interaction continue et spécifique avec le monde extérieur* (Prigogine, 1970 ; Changeux, 1974). Et ainsi semblent en témoigner nos grandes fonctions neurocognitives : mémoire, apprentissage, motricité, vision, etc.

La mémoire : structure, fonctionnements et processus mnésiques

Depuis quelques décennies, les découvertes s'accumulent, enrichissant nos connaissances des fonctionnements et processus de la mémoire. L'étude de la cellule nerveuse témoigne ainsi des « traces » qu'y déposent nos expériences et nos événements passés. Cependant il demeure difficile d'identifier à coup sûr la relation qu'il y aurait entre telle ou telle modification cellulaire et le type fonctionnel d'information stockée à l'occasion de cette modification. De même ignore-t-on généralement dans quelles conditions des activités antérieures vont pouvoir renaître pour constituer un souvenir, une représentation mentale ou, plus spécifiquement, commander un comportement appris antérieurement.

C'est pourquoi les recherches s'orientent vers l'analyse des modes constitutifs de « réseaux » et d'« assemblées cellulaires » afin de mieux cerner certaines formes d'*associativité* ou de *mise en connexion* qui vont sous-tendre l'organisation de processus mnésiques déterminés. Ces conceptions ne sont pas étrangères avec ce qu'on sait ou suppose du perfectionnement progressif de nos capacités de mémoire et d'apprentissage lentement perfectionnées, au cours de l'évolution, par l'enrichissement de notre cerveau en connexions multiples. En témoigne aujourd'hui, dans ce cerveau, la multitude des contacts qu'on observe entre neurones et l'importance de son enveloppe externe riche en associations.

Cette capacité de stockage est telle que nous pouvons conserver même l'image d'une personne rencontrée une seule fois et que nous pourrions emmagasiner des souvenirs couvrant près d'un siècle de nos expériences. Un mot, une impression fugace suffisent souvent pour « réactiver » tout un ensemble de perceptions, d'émotions et de connaissances que l'on croyait enfouies, voire oubliées. C'est cette idée d'ensembles ou de « paquets » de souvenirs et de savoirs associés qui fait que nombre de recherches se sont orientées vers l'exploration de territoires neuronaux conditionnant, semble-t-il, la formation, le stockage et le rappel de nos processus de mémoire. D'autres explorations portent sur la façon dont, au niveau du simple neurone, peuvent s'effectuer des opérations simples de rappel et de calcul de mémorisation.

Le neurone en effet — on l'a vu précédemment — a le statut d'unité fonctionnelle du cerveau. Il est aussi, peut-on dire, un extraordinaire « détecteur de coïncidences » au vu du nombre d'informations qui vont transiter par les contacts multiples (synapses) qu'il établit et entretient avec d'autres cellules, et de la caractéristique en tout ou rien de son signal de sortie propagé le long de l'axone (potentiel d'action). Quand un potentiel d'action parvient ainsi dans une terminaison présynaptique, la réponse dans le neurone cible sera soit une hyperpolarisation soit une dépolarisation du potentiel de membrane, et cette amplitude de la réponse (modulation du potentiel de membrane) va traduire l'efficacité de la transmission synaptique. A chaque contact synaptique, on peut donc associer un « gain » déterminé : positif, si la synapse est excitatrice ; négatif, si elle est inhibitrice. Le « message entrant », c'est-à-dire la réponse à l'activation d'un certain nombre de synapses, ne sera relayé vers les autres neurones d'un même réseau que si la dépolarisation membranaire dépasse un *seuil critique de déclenchement*. Dans la réalité, en dépit du fait qu'un neurone puisse recevoir et porter plusieurs milliers de contacts synaptiques, seules quelques dizaines de terminaisons excitatrices, agissant de concert, suffisent à déclencher son activité propagée.

Au sens théorique, donc, *le cerveau utiliserait pour apprendre ou mémoriser deux types de stratégies non exclusives sinon complémentaires* : soit *il fabriquerait de nouveaux circuits* grâce à la création de nouveaux neurones, soit *il transformerait les connexions établies* entre neurones déjà existants.

La première situation n'existe qu'au cours des tout débuts du développement, car très vite, à un certain stade souvent prénatal, les cellules nerveuses cessent de se diviser. La seule exception majeure qu'on ait identifiée est celle du canari adulte chez lequel on a pu observer le déclenchement annuel d'une neurogenèse dans une certaine aire corticale consacrée à l'apprentissage du chant. Cette aire corticale va doubler de volume au printemps, à la saison des amours puis reprendre sa taille normale, le canari oubliant son chant jusqu'au printemps suivant où il acquerra à nouveau un chant différent.

Le second type de situation est celui commun au cerveau des mammifères dans lequel, même si les neurones n'augmentent plus en nombre après la naissance, demeure leur capacité à modifier la croissance de leurs prolongements, sous certains effets de l'environnement : c'est ce qu'on nomme la croissance orientée. Mais plus importante est la *stabilisation sélective* de certains contacts avec, en corrélat, l'élimination des connectivités superflues ou inappropriées : c'est la théorie de J.-P. Changeux et d'A. Danchin, exposée précédemment.

Ainsi, tant l'apprentissage que la mémorisation pourraient être considérés comme des *ensembles de systèmes organisateurs* dont l'activation spontanée ou par l'expérience orienterait, cas par cas ou régulièrement, la fonction finale.

Ces conceptions ont connu toute une histoire avant de pouvoir être formulées. Très tôt, les biologistes ont supposé que la circulation du fluide nerveux en écho à des processus associatifs d'événements ou d'idées devait laisser des traces sous forme de couplages entre éléments du système. Mais c'est surtout le psychologue D. O. Hebb qui, le premier, en 1949 — on l'a vu précédemment — a formulé un postulat sur la plasticité synaptique, postulat selon lequel « quand l'axone d'une cellule A est assez proche pour exciter une cellule B, et répétitivement ou avec persistance prend part au déclenchement de sa décharge, un processus de croissance ou un changement métabolique intervient dans une ou les deux cellules de telle façon que l'efficacité de A, en tant que l'une des cellules déclenchant B, est augmentée ».

Ce principe de Hebb connut très vite le succès. On le reprit abondamment sous forme d'algorithme de modification de la connectivité locale en vue de modéliser le développement ou les processus d'apprentissage du système nerveux central. Dans ces types de contextes, lorsqu'on applique le principe de

Hebb en chaque point du réseau, cela permet de distribuer la représentation d'une information entrante et modifiant l'efficacité de transmission de toutes les synapses actives. Par là, on s'efforce de construire, à chaque fois, une *mémoire associative* caractérisant l'assemblée cellulaire, à savoir que plusieurs traces peuvent coexister sous forme superposée et même être rappelées indépendamment les unes des autres.

Très vite, à partir de là, des analogies furent établies entre réseau de neurones et réseau d'automate. Dès 1943, le neuropsychiatre W.S. McCulloch et le logicien W. Pitts avancèrent une première modélisation de la fonction neuronale : les « neurones formels » qu'ils proposaient étaient des processus logiques offrant une sortie à deux états (1 = actif ; 0 = inactif) et pouvant recevoir plusieurs signaux d'entrée actifs ou inactifs (voir chapitre 1). Quand la somme des signaux d'entrée dépassait un certain seuil de l'état interne, le processeur devenait alors actif. Associés en réseau, ces neurones formels pouvaient se connecter les uns aux autres au moyen d'amplificateurs à gains variables, qui schématisaient la transmission synaptique. La règle d'apprentissage la plus élémentaire était d'imposer à chaque étape de calcul, sous forme d'ordres donnés par un « professeur », soit une augmentation soit une diminution des gains synaptiques des connexions actives, selon que le « professeur » jugeait correcte ou incorrecte la réponse des organes de sortie du réseau. On pouvait, de la sorte, ajuster les gains synaptiques en chaque point du réseau, et ces automates simples offraient la possibilité d'observer comment fonctionnaient des capacités d'apprentissage lorsqu'elles convergeaient vers des états stables, en même temps qu'ils permettaient de résoudre des propositions logiques de type prédicatif.

Plus tard, et dans la même mouvance, F. Rosenblatt proposa, en 1962, une machine, nommée le Gammaperceptron, qui allait favoriser les débuts de la cybernétique. Cette machine n'avait cependant qu'une capacité réduite de reconnaissance et de classification des formes ; surtout, elle était incapable de résoudre les problèmes topologiques associés à la « connexité ». Les critiques vigoureuses de M. Minsky et S. Papert, en 1969, allaient conduire à l'abandon de cette première ébauche de « cerveau électronique » et, durant longtemps, malheureusement, retarder les travaux connexionnistes (*cf. supra)*.

Ce ne fut pas le cas des recherches en biologie cellulaire et en neurophysiologie qui continuaient à se développer, soutenues par les progrès accomplis en particulier dans les techniques d'enregistrement électrophysiologique. C'est pourquoi — comment le souligne Y. Fregnac (1988) —, au moment même où l'intelligence artificielle renonçait à l'idée de « perceptron », c'étaient les biologistes qui reprenaient le projet et décidaient de travailler le rôle du « professeur » dans l'apprentissage cellulaire, en étudiant notamment les renforcements ou les diminutions des couplages fonctionnels entre neurones selon les niveaux d'activité du réseau. Trois grandes questions émergeaient alors, qui demeurent :

Le renforcement artificiel de coactivité temporelle en un point du réseau a-t-il des conséquences sur la transmission synaptique ?

Les changements de gains synaptiques ont-ils à leur tour une conséquence fonctionnelle sur l'intégration neuronale ?

Les modifications d'intégration neuronale vont-elles déterminer des adaptations comportementales ?

La coactivité : mémoire « distribuée » ou mémoire corticale

On pourrait considérer en effet le cortex comme caractéristique d'une structure cérébrale fonctionnant sur le mode d'une mémoire « distribuée ». Pour l'expliquer, rappelons d'abord que : le cerveau humain est constitué de deux hémisphères, chacun d'eux contrôlant la moitié du corps située du côté opposé ; ces hémisphères sont reliés l'un à l'autre par un faisceau de près de trois millions de fibres nerveuses et chacun d'eux est recouvert par un « manteau » de quelque dizaines de milliards de cellules nerveuses étroitement imbriquées entre elles.

C'est ce manteau formant l'écorce cérébrale qu'on nomme le cortex, et c'est avec lui que, dans sa lente évolution historique, l'espèce humaine est progressivement devenue apte à comprendre, raisonner, mémoriser, sans que pour autant nous sachions encore comment se distribuent anatomiquement ces capacités humaines. Tout ce que nous savons quant à la localisation des souvenirs provient de l'observation de malades ou d'accidentés ou encore d'animaux de laboratoire dont on a lésé les lobes temporaux. Lorsqu'on détruit une région déterminée du cortex temporal, on détruit par la même occasion la capacité de retenir ce qui vient d'être vu et cela supprime toute possibilité d'apprentissage visuel. En revanche, la stimulation électrique de certaines zones du lobe temporal provoque la réminiscence de souvenirs précis, et même certains patients rapportent à ce propos avoir vécu l'impression surprenante de se trouver dans deux lieux à la fois : le moment présent et la mémoire d'un événement antérieur.

Ces observations laissent entendre que certaines zones du cortex seraient spécifiquement spécialisées dans les processus de mémorisation, mais on sait, en vérité, que la majorité des souvenirs se distribuent dans l'ensemble du cortex. Des techniques nouvelles, telles que la caméra à positons ou encore l'emploi de molécules proches du glucose et marquées radioactivement, vont permettre la visualisation (radio-autographie) de territoires neuronaux lorsqu'ils sont modifiés par la mémorisation de certains types de comportements. De même, encore, des techniques fines d'imagerie à partir de radio-isotopes ont favorisé la comparaison de deux hémi-cerveaux séparés chirurgicalement et, par là, ont permis de constater, au moins grossièrement, que des millions de neurones changent d'activité même lors d'un simple conditionnement du comportement.

Nos informations mémorisées semblent donc se distribuer dans l'ensemble du réseau neuronal du cortex, et non pas en un endroit déterminé. C'est bien l'idée d'une *mémoire distribuée*. Des recherches plus récentes sur les mécanismes cellulaires associés à la mémorisation paraissent confirmer l'existence de capacités relativement uniformes dans le néo-cortex : un neurone des aires visuelles primaires ou du cortex moteur aura la même capacité ou presque d'ajuster son fonctionnement à partir des événements passés. C'est-à-dire qu'un processus d'apprentissage associatif identique va entraîner des fonctionnements comparables, bien que les structures de circuits soient différentes.

De cette plasticité synaptique, Hebb fut le premier à induire que les capacités du cortex à mémoriser étaient tributaires de l'interaction avec l'environnement, et les observations faites en électrophysiologie dans les années soixante-dix, ont confirmé depuis son hypothèse, notamment au travers des études sur la période « critique » du développement du cortex visuel, lorsque celui-ci, après la naissance, atteint progressivement sa spécialisation fonctionnelle grâce, justement, aux interactions avec l'environnement. Sans négliger pour autant l'importance du génétique, ni prétendre que l'état définitif du réseau est un simple miroir de l'expérience, c'est bien cependant durant ces premiers stades (épigenèse) du développement postnatal que les neurones du cortex visuel vont « apprendre à voir », si l'on peut dire.

Pour simuler ce rôle d'une « coactivité » comme mécanisme régulateur de l'épigenèse du cortex visuel, un modèle d'apprentissage cellulaire a été conçu par D. Shulz et E. Bienenstock, lequel modèle permet de reproduire des modifications fonctionnelles analogues à celles observées lors du développement du système visuel. Concrètement : l'expérimentateur facilite la réponse du neurone à un stimulus visuel et bloque la réponse pour un stimulus différent ; on est dans une situation semblable à celle du « professeur » dans le Gamaperceptron. On a pu de la sorte réaliser des modifications à long terme des trois types de propriétés fonctionnelles de la vision corticale : la préférence d'orientation, la dominance oculaire et la disparité interoculaire d'orientation. Les changements les plus significatifs ont été observés dans les neurones les moins spécialisés initialement, et la grande majorité des cellules vont « décaler » leur préférence fonctionnelle dans le sens du stimulus « renforcé ».

De telles observations, en accord avec le principe de Hebb, laissent entendre que des modifications synaptiques pourraient se réaliser dans deux directions : *un accroissement de la covariance entre signaux et une augmentation du gain synaptique*. Réciproquement, un échec synaptique répété, lorsque la réponse est bloquée, finirait par produire une décroissance d'efficacité synaptique. On peut donc considérer qu'une même synapse verra son gain augmenter ou diminuer en fonction du niveau de covariation entre entrée et sortie. Demeure la question des types de facteurs qui, lors de l'épigenèse ou de certains apprentissages, vont imposer ces modifications de covariation. Dans le cas du système visuel, des expériences récentes laisseraient envisager que joueraient le rôle de « portes », dans la plasticité synaptique, des signaux non visuels, corrélés aux processus d'attention et au contexte moteur, tels les mouvements oculaires par lesquels nous prenons nos informations visuelles (Fregnac, 1987).

Mais le néocortex n'est pas le seul endroit du cerveau où des procédés de coactivation forcée vont entraîner des modifications de la transmission synaptique ou du pouvoir d'intégration neuronal. Depuis les premiers travaux de neuropsychologie réalisés dans les années cinquante, lorsque B. Milner, examinant un malade qui venait d'être opéré pour une épilepsie grave, découvrit chez ce sujet une intelligence supérieure à la moyenne, une mémoire tout à fait normale, mais une incapacité à la mémoire récente et à apprendre durablement. L'amnésie était globale et affectait tous les événements intervenant après l'opération. Or cette opération consistait en une ablation bilatérale de l'hippocampe dans le système limbique. On put reproduire chez le singe la même amnésie, par lésion d'une autre structure limbique : l'amygdale. On découvrait que ces zones de notre cerveau « primitif », bien que n'étant pas les endroits de stockage de la mémoire, jouaient cependant un rôle capital dans les processus de mémorisation. Plus tard, Mishkin et Appenzeller ont montré que différents types de circuits sous-corticaux entraient en interaction avec le cortex. On connaît aujourd'hui l'extraordinaire plasticité synaptique de l'hippocampe et cette souplesse avec laquelle on peut, au prix d'une stimulation brève et intense, y laisser une « trace » durant des heures ou même des jours. Ce phénomène de « potentiation à long terme » (PLT) pourrait être l'analogue d'un mécanisme de stockage de l'information. D'autres recherches encore, recourant à nouveau au principe de Hebb, ont révélé qu'une stimulation afférente sous-liminaire peut induire une potentiation à long terme de la transmission synaptique en conjonction avec une dépolarisation du neurone cible. Il semblerait que la libération de neurotransmetteurs par les fibres afférentes agirait sur des récepteurs postsynaptiques démasqués par la dépolarisation. Cette interaction membranaire déclencherait une arrivée de calcium dans le neurone, provoquant alors une série de réactions internes enzymatiques conduisant à l'induction de la PLT (Campbell, 1983 ; Fregnac, 1987).

Un dernier facteur de cette plasticité synaptique associée à la coactivité est sans doute l'implication du cervelet, localisé à la face postérieure du tronc cérébral, dans le maintien et la coordination des mouvements. Son rôle est évident quand on songe que, dans l'évolution de notre espèce, cette structure cérébrale a plus que triplé de volume au cours du dernier million d'années. Il semble même probable que c'est là que se stockerait la mémoire de certains apprentissages simples, en même temps que seraient localisés ces rôles adaptatifs nécessaires à un grand nombre d'apprentissages moteurs (réflexe vestibulo-oculaire ou conditionnement du mouvement réflexe de clignement d'une paupière par exemple).

Ce fonctionnement du cortex cérébelleux a sa traduction neuro-anatomique bien identifiable sous forme d'une multitude de circuits modulaires à double entrée-sortie et fonctionnant en parallèle. C'est-à-dire que la cellule de Purkinje, neurone de sortie principal du cortex cérébelleux, assume la fonction d'élément intégrateur des informations issues par deux voies : *1)* les *fibres grimpantes* provenant de l'olive inférieure et qui s'enroulent autour des troncs des dendrites principaux ; chaque cellule de Purkinje est innervée par une seule fibre grimpante ; *2)* les *fibres parallèles* relayant l'information provenant des fibres moussues ; l'arbre dendritique de la cellule de Purkinje est ainsi traversé à angle droit par de très nombreux faisceaux de fibres parallèles qui viennent s'accrocher le long des dendrites secondaires.

Les réponses de la cellule de Purkinje à l'activation sont de deux types : par la fibre grimpante, le potentiel d'action est déclenché de façon soudaine et la synapse impliquée ne peut être modulée ; par les fibres parallèles, en revanche, la réponse prend la forme d'un potentiel synaptique excitateur qui sera d'amplitude variable selon le nombre de fibres actives et la région dendritique concernée. Les points de contact entre fibres parallèles et cellule de Purkinje semblent donc bien pouvoir postuler au rôle de sites des modifications de gain dans la transmission synaptique. Dès lors, l'intérêt du cervelet, pour la modélisation, est de pouvoir fournir l'image d'une sorte de « professeur » précâblé, puisque toute activation de la fibre grimpante va provoquer l'ordre de la décharge de la cellule cible. D'autant que le principe de Hebb prédit qu'une association répétée produira à terme une transformation du gain de la synapse reliant fibre parallèle et cellule de Purkinje. Ainsi, F. Crépel et son équipe ont pu montrer qu'une protéine spécifique, la protéine kinase C, était bien impliquée dans la dépression à long terme, et que l'activation de cette protéine produirait dans la cellule de Purkinje une désensibilisation en retour des récepteurs responsables de son déclenchement (Fregnac, 1987, 1988). On pourrait donc produire des modifications synaptiques en renforçant la réponse à une stimulation au départ sous-liminaire, et cela de deux façons : en modulant le niveau d'excitabilité du neurone cible ou par activation conjointe d'une autre voie afférente (plasticité hétérosynaptique).

De ces observations, il se dégage qu'une mémorisation au niveau synaptique ne peut se produire que lorsque le potentiel de membrane du neurone atteint un certain seuil, et qu'il faut bien l'intervention des systèmes modulateurs pour que le neurone puisse passer d'un stade de transmission passive à un état adaptatif.

Ces avancées considérables accomplies par la neurobiologie ont eu de nombreuses retombées dans certains secteurs de l'intelligence artificielle, où, très vite, on s'est efforcé d'imaginer diverses variantes d'*ordinateur neuronal*. Le fonctionnement d'un tel type d'ordinateur n'est pas simplement déterminé par la connaissance de la transduction que chaque composant opère localement. Ce qui compte ici, c'est l'*état collectif du réseau* et c'est cet état global qui va jouer dans le rappel d'une information ou dans la puissance de mémorisation de plusieurs types d'informations. L'idée est que nos capacités d'apprentissage et de mémorisation ne viennent pas simplement des modifications de la transmission neuronale, mais dépendent directement de la capacité ou potentialité de réseaux neuronaux spécifiques, tels le néocortex et l'hippocampe, à construire des *graphes connectifs stables* le temps qu'il faut pour élaborer une idée ou rappeler un souvenir.

C. Von der Malsburg fut le premier ainsi à proposer, en 1981, une théorie de la construction des réseaux neuronaux selon laquelle la coexistence et la simultanéité d'activités dans le réseau seraient analogues à ce qu'on observe au niveau des coopérations entre processus cognitifs dans l'apprentissage (Fregnac, 1987, 1988). On sait que l'efficacité d'une transmission synaptique, aussi bien dans l'hippocampe que dans les cortex moteur et visuel et dans le cervelet, peut être modulée sur des périodes lentes et en fonction des niveaux de covariation entre activités afférentes et post-synaptique. L'idée de Von der Malsburg fut de supposer des modifications de transmission synaptique à des périodes temporelles beaucoup plus rapides et de l'ordre de la milliseconde. On pourrait en déduire que *des milliers de neurones deviendraient coactifs pendant le temps bref et précis de présentation d'un objet mental et que la configuration d'activités à chaque fois établie serait traductible en structure de graphe relationnel*, lui aussi à chaque fois particulier et déterminé. Par exemple, un même objet physique présenté en deux points de l'espace donnerait naissance à la formation de deux graphes équivalents dans leur structure connective (homéomorphie), mais différents selon les neurones activés.

Une telle hypothèse permet de construire une approche *topologique* des réseaux neuronaux et de la formation des objets mentaux dans et par ces réseaux. Cette approche, développée ultérieurement par la collaboration de Von der Malsburg avec E. Bienenstock (Laboratoire de neurobiologie du développement, Orsay), offre l'avantage de pouvoir résoudre des problèmes complexes, comme l'invariance perceptive, en même temps qu'elle conduit progressivement à révolutionner un certain nombre de modèles en intelligence artificielle. Mais une telle conception pourrait encore conduire à remettre en cause ce déterminisme qu'on a coutume d'associer à la fonction neuronale : ainsi pourrait-on faire l'hypothèse d'un codage transitoire de l'information en mémoire associé à des fluctuations quasi instantanées du couplage synaptique entre neurones (Fregnac, 1987, 1988). Cela confirmerait le statut des observations effectuées par caméra à positons et radio-autographie quantitative, et qui permettent de visualiser des distributions de régions cérébrales dont le métabolisme cellulaire est augmenté suite à des stimulations sensorielles ou à l'occasion de processus mentaux spécifiés. On sait, de la sorte, que des zones « actives » peuvent se modifier après un apprentissage, mais on sait peu de chose sur la cohérence possible d'activité entre groupes de neurones impliqués dans le graphe de l'objet mental. L'espoir repose dans le développement de l'analyse idéographique ou l'amélioration de la définition des images de l'activité du réseau dans le temps.

Quoi qu'il en soit, de telles perspectives traduisent déjà une évolution profonde dans nos façons de nous représenter les jeux des mécanismes cérébraux impliqués dans les activités et les phénomènes de mémoire. Ainsi sommes-nous progressivement amenés à considérer que le stockage et le rappel des objets mémorisés sont liés à des propriétés organisant des assemblées de neurones assurant de multiples façons la coopération entre ces neurones ; cela à partir d'un nombre considérable de connexions, chacune supportant une association potentielle. *De facto*, alors, la mémoire humaine ne serait en rien localisée dans quelques neurones spécifiques, mais bien *l'objet et le résultat de processus dynamiques* imbriquant le réseau et ses synapses, *en interaction permanente avec les formes d'activation tant internes qu'externes*, aux divers plans des apprentissages et des adaptations spatiales ou symboliques, tels le langage et l'environnement.

Le cerveau, l'espace et l'orientation

Toutes nos habitudes quotidiennes — trajets, parcours, explications et repérages — ont en effet à voir avec l'environnement spatial. Ce sens de l'orientation est sans doute plus ou moins bien partagé chez les uns et les autres, mais il est — très vite nous le constatons dans l'apprentissage d'une ville inconnue ou à l'occasion d'un déménagement de quartier d'habitat — ce qui se construit, se développe et bientôt devient une sorte de conduite inconsciente, voire automatique, des déplacements dans l'espace. Pour s'orienter soi-même ou pour expliquer à autrui un cheminement, on peut soit le faire oralement avec toutes les difficultés du genre, sous forme d'indications d'une sorte de route — « vous prenez à droite puis à gauche ; vous prenez la deuxième à gauche, à main droite se trouve l'hôtel », etc. —, soit tenter de se placer sur une « carte » et de la lire. Mais ces deux types de procédures sont cognitivement distinctes : une « route » fonctionne comme une succession d'instructions ordonnées vers un but précis et finalisé. Une « carte », en revanche, présente des difficultés bien plus grandes de lecture et de verbalisation : elle est construite selon un système de coordonnées analogiques au territoire qu'elle représente ; elle implique, de ce fait, la dimension cognitive de la spatialisation.

Ce n'est que depuis peu que ces problèmes de la représentation spatiale intéressent les neurologues : c'est Tolman qui, en 1948, à la suite d'expérimentations éthologiques, c'est-à-dire sur le comportement animal, imagina le premier qu'il pouvait exister des conditions neurophysiologiques susceptibles d'expliquer la « mémoire spatiale ». Cela concordait avec un certain nombre de recherches effectuées dans ces mêmes années soixante-dix : celles consacrées par exemple aux oiseaux-mouches de Hawaii et qui tendaient à montrer que ces oiseaux témoignaient de performances spatiales très élaborées dans leur recherche de *trajets* conduisant uniquement à des fleurs pleines de nectar ; celles, encore, qui établissaient cette capacité surprenante chez les rats placés dans un labyrinthe à obtenir le maximum de nourriture dans le minimum de temps, en évitant notamment d'explorer deux fois la même branche.

L'interrogation, suite à de telles observations, demeurait la même : s'agissait-il de conduites cognitives du type « cartes » ou « routes mentales » ? L'idée dominante était que l'animal placé dans un labyrinthe développait alors une carte de son environnement, carte constituée des relations spatiales qu'il appréhendait entre les différents « points remarquables » de ce labyrinthe. En conséquence, on considérait la mémoire spatiale comme ayant statut d'une fonction spécifique et non décomposable (Dauvin, 1988).

C'est alors que, dans ces mêmes années soixante-dix, D. Olton, J. O'Keefe et L. Nadel (1978) firent appel à la chirurgie cérébrale et à l'électrophysiologie pour analyser ces performances spatiales d'animaux de laboratoire, et considérèrent les fonctions spécifiques de l'hippocampe dont on découvrait alors progressivement que son rôle n'était pas tant de stocker les phénomènes de mémoire, mais de faciliter leurs mises en relation et leurs associations en vue d'apprentissages. On savait, par ailleurs, que toute lésion de l'hippocampe entraînait l'amnésie aussi bien chez l'homme que chez l'animal, et détériorait par là complètement la capacité à des tâches spatiales. La question d'une discrimination entre des conduites cognitives aussi différentes que celles des « cartes » et des « routes » continuait de se poser : *était-il possible de dissocier psychologiquement ces deux types de procédures ?* Un premier indice en ce sens fut la découverte que la lésion de l'hippocampe affecte de façon sélective toute capacité à employer des cartes. D. Olton établit alors cette distinction, depuis devenue familière, entre « mémoire de travail » (stockage temporaire) et « mémoire de référence » (mémoire des données permanentes). J. O'Keefe et L. Nadel continuaient de considérer que seule la procédure de type « carte » avait valeur de modèle cognitif. En vérité, il s'agissait d'un débat classique entre le caractère *absolu* et les données *relatives* de l'environnement dont nous sommes tributaires (Dauvin, 1988).

Lorsque chacun de nous se déplace dans une carte, on utilise des coordonnées absolues qu'on pose comme indépendantes de soi-même. En revanche, lorsqu'on trace une route, ces coordonnées s'établissent et se repèrent dans un espace construit à partir de nos propres déplacements. En va-t-il de même dans le cerveau ? On peut faire l'hypothèse qu'on a en mémoire des *cartes mentales* et que celles-ci traduiraient l'activation de neurones spécifiques. Ces neurones entreraient donc en activité selon des *lieux*. En revanche, en l'absence de carte, et lorsque nous suivons une route — qui que nous soyons : animal ou homme —, ce qui va jouer, ce sont nos propres mouvements du corps comme indices des changements de trajectoires, et on pourrait supposer que cela se dépose en trace dans le cerveau. On pourrait admettre encore qu'à l'intérieur du cerveau, l'hippocampe serait chargé de coordonner ces cartes mentales en fonction des multiples coordonnées que l'expérience et l'environnement quotidien nous apportent.

O'Keefe et Conway (1978) ont tenté de tester cela en utilisant un labyrinthe où ils plaçaient des rats munis d'électrodes, le tout surveillé par une caméra et un ordinateur. Ils purent enregistrer l'activité de trente-quatre « unités », à savoir des petits groupes de cellules de la partie dorsale de l'hippocampe, durant la période où les animaux exploraient le labyrinthe. Ces enregistrements donnèrent des résultats inattendus : trente-deux de ces unités montrèrent une sensibilité spécifique à des endroits déterminés de l'espace, notamment les frontières du labyrinthe, et quinze d'entre elles réagissaient dans deux environnements différents. On pouvait faire l'hypothèse que chaque cellule était capable de participer à la gestion d'un très grand nombre de « cartes », mais la question était de savoir ce que signifiait cette « gestion ». Était-elle de nature topologique ? S'organisait-elle selon un système de coordonnées ? Et sur quels indices : olfactifs, auditifs ou tactiles ? Pour le vérifier, O'Keefe, Conway et Nadel firent systématiquement varier l'environnement expérimental. Pour eux, le principal facteur de l'activité des unités provenait d'un ensemble de trois indices spatiaux (lumière, sonnette, carton coloré) perceptibles à distance. Un seul enlevé ne produisait aucun changement dans les résultats. Au-delà d'un, les sept huitièmes des unités perdaient leur activité spécifique et se mettaient à fonctionner de manière erratique.

Leur conclusion fut qu'à la manière d'un navigateur se repérant au compas, les unités opéraient des sortes de « triangulations » entre les stimuli nécessaires à l'orientation dans la carte. Autre observation : lorsqu'on supprimait les indices durant le temps d'exploration par l'animal, ces unités manifestaient un taux d'activité bien supérieur à celui déployé pour un environnement balisé, comme si elles s'évertuaient à « corriger » ou « compléter » la carte. Il semblait donc que leur rôle consistait à « mettre à jour » en permanence la carte afin de signaler tout changement à effectuer. Cette théorie du rôle de l'hippocampe dans la mémoire spatiale a influé quantité de travaux et non moins d'hypothèses plus ou moins discutables. En 1978, O'Keefe et Nadel eux-mêmes avançaient encore qu'ils considéraient leurs propres recherches comme se plaçant dans la lignée des débats épistémologiques sur le caractère absolu ou relatif des dimensions spatiales. Les cartes mentales dont ils affirmaient avoir prouvé l'existence témoignaient selon eux de cette impossibilité naturelle chez l'homme à se représenter un espace à plus de trois dimensions, et que cela vérifiait en quelque sorte les *a priori* kantiens de la raison ! (O'Keefe, 1983 ; Dauvin, 1988)

Aujourd'hui, cette relation entre fonctions de l'hippocampe et activité ne fait plus consensus. Des psychophysiologistes français du CNRS ont même suggéré récemment qu'il fallait déplacer ce rôle attribué à l'hippocampe dans les activités d'exploration plutôt vers la phase préliminaire de mémorisation. Leurs recherches ont montré que si l'on détruisait en partie une des voies de l'hippocampe, nommée le fornix, les rats placés dans un labyrinthe classique développaient une stratégie exploratoire plus simple comme s'il leur était alors impossible de se représenter d'emblée la constitution générale du labyrinthe. Lorsque, par ailleurs, on leur injectait un agoniste chimique favorisant l'activité des cellules du fornix, ces animaux manifestaient en revanche une récupération de leur capacité d'apprentissage spatial. On constatait encore une corrélation entre une activité du fond de l'hippocampe (production de rythmes *têta)* et la variation du degré de divergence exploratoire. D'où l'idée qu'il y aurait dès l'origine, dans le cerveau, une différence qualitative et physiologiquement corrélée dans la façon dont ce cerveau va traiter des informations nouvelles : deux types de méthodes, donc, l'une étant plus exhaustive que l'autre à la manière des comparaisons précédentes entre stratégies des types cartes et routes (O'Keefe, 1983 ; P. Ellen, C. Thinus-Blanc, 1987).

Les chercheurs ne sont donc point dupes du statut purement analogique de ces modèles. La notion de carte renvoie à une représentation statique du monde alors qu'en vérité le fonctionnement cérébral est nécessairement dynamique. Quant à la notion de plan, il semble bien qu'effectivement le cerveau puisse manifester une certaine capacité à appréhender globalement les relations spatiales entre objets de l'environnement. Des expérimentations réalisées au laboratoire de neurosciences fonctionnelles de Marseille, et qui consistaient à modifier les tailles et formes d'objets d'un environnement présenté à des hamsters, ont montré de nettes différences dans l'intérêt exploratoire, comme si des changements dans la forme provoquait un intérêt exploratoire bien supérieur à la simple variation de taille de la figure délimitée par les objets. Comme si l'animal, comparant ce qu'il découvrait à ce qu'il avait connu auparavant, s'intéressait davantage à la disposition relative des objets qu'aux distances entre ces objets ; ce qui confirmerait l'existence d'une mémoire spatiale constituée tout autant d'images mentales que d'invariants spatiaux et de règles abstraites (P. Ellen, C. Thinus-Blanc, 1987).

J. O'Keefe considère pour sa part que ce qu'on nomme la mémoire spatiale ou encore la cartographie cognitive serait une fonction de l'hippocampe tandis que la mémoire des routes *(orientation behavioural system)* serait indépendante de cette structure. Sembleraient en témoigner nombre d'observations sur des animaux qui, après lésions hippocampiques, demeurent cependant partiellement capables de visiter correctement un labyrinthe, ou encore d'autres observations effectuées sur des sujets humains atteints de pareilles lésions.

Plusieurs cas d'*amnésie topographique* ont été ainsi analysés par H. Hecaen, C. Tzortzis et P. Rondot (INSERM), lesquels témoignent, semble-t-il, de cette capacité hypothétique du cerveau à fonctionner à partir de « cartes ». Un des malades observés, bien qu'ayant conservé l'essentiel de ses facultés intellectuelles et mnésiques, se révélait incapable de reconnaître l'endroit où il se trouvait ou encore d'utiliser des repères visuels pour s'orienter vers un but. On découvrit chez lui une hémianopsie gauche (perte de la moitié du champ visuel) en même temps qu'une impossibilité peu commune à s'orienter à partir de repères visuels, en particulier l'incapacité à accomplir un trajet dans une pièce à partir d'un plan dessiné sur le papier.

L'examen au scanner révéla chez lui une anomalie (suite à un accident vasculaire) dans la région occipitale droite du cortex. On compara son cas à celui de malades ayant subi une lobectomie temporale droite incluant l'hippocampe, lesquels avaient les mêmes difficultés à réussir un test de labyrinthe visuel. Puis, en songeant aux travaux de O'Keefe et Olton, on fit l'hypothèse que ce déficit spatial pouvait être causé soit par une lésion de l'hippocampe soit encore par une altération des voies connectant l'hippocampe au cortex occipital (O'Keefe, 1983 ; Dauvin, 1988).

Ce dernier exemple illustre nos difficultés à localiser et identifier finement les grandes fonctions du cerveau. Mais il témoigne aussi du prodigieux enjeu des neurosciences lorsqu'il s'agit d'articuler la modélisation cognitive de nos conduites à la spécification des régions cérébrales à chaque fois impliquées, comme c'est le cas depuis longtemps à propos du langage.

Le cerveau et le langage

Aphasie et théorie associationniste

C'est à partir du XIXe siècle en effet, avec notamment Bouillaud, qu'on commence à avancer l'idée, matérialiste, que notre faculté de langage doit bien dépendre d'une certaine zone fonctionnelle du cerveau. Mais c'est Broca qui, le premier, en apportera des éléments de preuve en 1861, comme on l'a vu précédemment, et qui, en 1865, avancera encore une autre hypothèse conflictuelle : celle de la *dominance hémisphérique* selon laquelle les deux hémisphères cérébraux n'ont pas le même rôle fonctionnel.

En 1874, le neurologue allemand Wernicke, observant des patients qui parlent abondamment mais de façon incompréhensible — ce qu'ils disent n'a aucun « sens » ! —, localise, par autopsie, ce trouble de l'aphasie dans la région postérieure de la zone temporale gauche (T1). L'aphasie dite depuis de Wernicke est sensorielle ou de réception ; celle dite de Broca est antérieure ou motrice. Cette dichotomie établie, Wernicke va suggérer un modèle *associationniste* de l'aphasie, lequel se fonde sur une cartographie du cerveau en « centres » et en « voies » reliant ces centres. L'aphasie provenant selon lui d'une atteinte de ces voies, il fait l'hypothèse d'une connexion entre la région cérébrale postérieure dont le rôle serait d'assurer l'intégration sensorielle du mot (W) et la région cérébrale antérieure qui serait responsable de son élaboration motrice (B). Ce serait la rupture entre W et B qui provoquerait notamment l'aphasie de conduction lorsque le patient peut comprendre et produire, mais ne peut répéter.

Plus tard, effectivement, on va découvrir les lésions du « faisceau arqué » qui relie l'aire de Broca à l'aire de Wernicke, et Lichsteim complétera ce schéma par l'adjonction d'un autre centre : le *système conceptuel* (C). D'où le fameux schéma dit aujourd'hui de la « maison » et dont l'utilité n'est que pratique : cette description anatomique en centres et en voies ne suffit pas à expliquer pourquoi et comment fonctionne le langage. Mais si on emprunte ce schéma de la maison élaboré par Lichsteim, on comprend que, pour pouvoir entendre ou élaborer un discours, il nous faille à chaque fois disposer

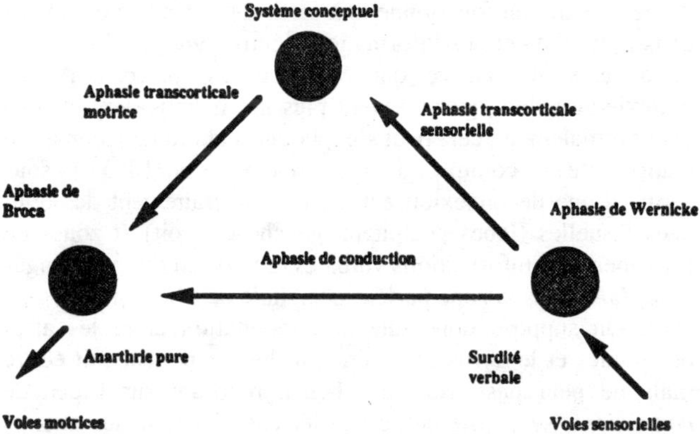

d'une capacité d'analyse sensorielle et motrice du verbal, en même temps qu'il soit nécessaire de faire recours au système conceptuel assurant la relation entre mot et sens. Concrètement : si la liaison est maintenue entre W et B, on pourra répéter sans comprendre (aphasie transcorticale sensorielle : ATS) ; si la liaison est interrompue entre W et C, on ne comprendra pas ce qu'on entend. Une lésion enfin entre C et B sera cause d'une aphasie de Broca (transcorticale motrice : ATM). A propos des « murs » de la « maison », Lichsteim a suggéré encore deux autres modèles : celui de la surdité verbale (seulement pour les mots) et celui d'anarthrie pure (trouble articulatoire). Ces modèles demeurent discutables.

Mais la maison de Lichsteim continue de favoriser des prédictions cliniques correctes et la théorie associationniste se révèle ainsi toujours efficace dans l'analyse des troubles du langage, notamment ceux du langage écrit des types alexie (trouble de la lecture) ou agraphie (trouble de l'écriture). On constate à chaque fois que la région cérébrale concernée correspond, en arrière des zones du décodage du langage oral, à une sorte de grand « carrefour » pariéto-temporo-occipital où vont converger à la fois les informations visuelles (lecture) et motrices (mouvements de la main). Cette région est alimentée par la même artère que les centres B et W. Et cette association fréquente entre troubles du langage écrit et troubles de l'oral peut aussi bien provenir d'une coïncidence anatomique que d'une association fonctionnelle à partir de processus communs dans le traitement des informations (Otto, 1988).

Par exemple, en ce qui concerne les malades atteints d'alexie-agraphie, qui ne savent plus lire mais parlent et écrivent normalement, cela peut s'expliquer d'abord de façon associationniste — comme l'avait fait Déjerine en 1895 — sous forme d'une déconnexion entre zones de traitement des données visuelles (lobes occipitaux gauche et droit) et zones de traitement des informations verbales (au niveau du gyrus angulaire (GA) dans la zone pariéto-occipitale de l'hémisphère gauche). On suppose donc une désafférentation entre les aires occipitales et le gyrus angulaire gauche : le patient sait écrire mais ne peut pas lire. Ce schéma, reposant sur l'idée de *connexions*, se vérifie en particulier chez les malades atteints d'hémianopsie droite (leur vision du demi-champ de vision droit est supprimée suite à une nécrose du lobe occipital gauche et une lésion des fibres callosales). Ces malades souffrent d'alexie sans agraphie (ils écrivent sans pouvoir lire).

En résumé, l'aphasie de conduction (pouvoir parler mais être incapable de répéter) et cette alexie sans agraphie sont les deux modèles de base des conceptions associationnistes selon lesquelles une capacité cognitive comme le langage va provenir de l'association entre sous-modalités spécifiques ancrées anatomiquement et sera par suite immédiatement perturbée lors de lésions atteignant les connexions entre centres fonctionnels. Mais en dépit des apparences, il ne s'agit là que de postulats vraisemblables : on ne sait toujours que peu de chose de l'organisation et de la structure des centres fonctionnels en question. L'aire corticale du langage demeure pour l'analyse une vaste zone continue et difficilement dissociable, recouvrant à la fois la scissure sylvienne, les zones de Broca et de Wernicke et toutes les régions postéro-frontale, somato-sensorielle, pariétale inférieure et temporale, en bref pratiquement tout l'hémisphère gauche ! On observe d'ailleurs, dans les cas d'aphasie, qu'une simple lésion de quelques millimètres cubes peut être responsable de la destruction d'une multitude de circuits profonds cortico-corticaux, cortico-infracorticaux, etc. (I. Otto, 1988).

Le plus souvent, il est fait recours alors à l'explication par la dualité du cerveau et les effets induits par l'asymétrie cérébrale. On oppose couramment le verbal au non-verbal, le visuo-spatial à l'analytique, le numérique à l'analogique, etc. Sans doute, hémisphère gauche (HG) et hémisphère droit (HD) n'ont à l'évidence pas les mêmes propriétés fonctionnelles, et l'hémisphère droit, contrairement à certaines idées reçues, joue lui aussi, à propos du langage, un rôle important dans nombre de circonstances (gaucherie, bilinguisme, polyglottisme, langues à tons, écriture idéographique).

Les gauchers seraient ainsi caractérisés par une latéralisation moindre du langage : leur organisation fonctionnelle n'est pas en miroir de celle des droitiers, et 33 % des aphasies surviennent chez eux par lésion de l'hémisphère droit. Chez les bilingues, l'observation d'aphasies permet là aussi de découvrir une organisation différente pour les deux langues : des lésions localisées à droite ou à gauche touchent préférentiellement la seconde langue et épargnent la première. D'où cette hypothèse que la langue enseignée scolairement aurait son siège dans l'hémisphère gauche et que celle apprise par imprégnation serait davantage localisée à droite. Aurait-on là l'indice de cette opposition classique : analytique = gauche/global = droit ? (Otto, 1988)

En ce qui concerne enfin les langues à tons, l'observation a révélé la présence chez les Chinois d'aphasies provoquées par lésion droite. Une langue à tons se caractérise par le fait qu'un même phonème n'y a pas le même sens selon le ton avec lequel il est prononcé. On sait aussi que l'hémisphère droit est concerné par le traitement des mélodies. D'où cette interrogation : la part plus ou moins grande de « musicalité » dans une langue influerait-elle sur la contribution de l'hémisphère droit au langage ? Ces comparaisons et ces oppositions sont encore plus intéressantes à propos des écritures idéographiques, et le cas japonais est, de ce point de vue, exemplaire. Les Japonais ont deux systèmes d'écriture : le *kana*, syllabique et proche de notre système ; le *kanji*, fondé sur des idéogrammes. On constate alors que selon l'emplacement d'une lésion, c'est l'un ou l'autre de ces deux systèmes qui est détérioré : le *kana* dans les lésions gauches ; le *kanji* dans les lésions droites.

On pourra dire que ces situations sont particulières, sinon exceptionnelles. Cependant, à l'observation de sujets « courants », droitiers, ne parlant qu'une seule langue et scolarisés normalement, et pour lesquels apparemment l'hémisphère droit est « muet », seul le gauche étant chargé du langage, on constate l'importance du droit pour tout ce qui concerne les phénomènes de compréhension. Les modèles dits de *split-brain* sont alors féconds pour mieux spécifier cette contribution respective des deux hémisphères. On découvre qu'en vérité l'hémisphère droit est précieux pour assurer à chacun la compréhension du langage aussi bien oral qu'écrit, mais de façon complémentaire à l'hémisphère gauche (Danchin, 1987 ; Mecacci, 1987).

Les développements spécifiques du langage

Tout ce qui précède demeure cependant dans une perspective anatomiste et fonctionnaliste. Il est essentiel de comprendre et de spécifier les correspondances entre structures corticales et grandes formes du traitement linguistique. Mais le langage en tant que *système symbolique* est aussi intriqué aux processus de pensée : il est, de fait, *une fonction cognitive à part entière, développant sa propre autonomie*, de telle façon que l'étudient la psycholinguistique et la linguistique. La démonstration flagrante en est cette facilité avec laquelle tout enfant apprend très vite à parler, de par la simple imprégnation de son entourage naturel. Il dispose donc bien d'un « équipement naturel » d'origine génétique, mais cela ne constitue que des *potentialités*, lesquelles vont prendre ainsi forme dans l'expression symbolique au travers de processus continus de sélection et d'adaptation.

L'hypothèse de J.-P. Changeux, on l'a vu, est celle, au niveau neurologique, d'une stabilisation active des synapses. Cela veut dire que, sur l'ensemble potentiel des connexions neuronales initialement présentes, seules émergeraient les synapses statistiquement les plus actives. Cela semble être confirmé par l'étude de nombreux cas d'aphasie infantile : les enfants en bas âge ont une moindre focalisation intracérébrale des fonctions langagières, et c'est la localisation de plus en plus poussée dans des régions spécifiques du cerveau qui va conduire à la maturation, sous forme de ce qu'on appelle des « routinisations ». On sait aujourd'hui qu'un nouveau-né peut, dès le quatrième jour de sa vie, discriminer entre des syllabes et des objets sonores non linguistiques ou encore peut percevoir des contrastes phonémiques entre différentes langues naturelles. Avec la maturation, cette capacité va diminuer progressivement et régulièrement : il y a une sorte d'*involution* des potentialités du cerveau, et toute maturation signifie, de ce fait, une réduction de nos capacités initiales en vue d'optimiser certaines routines, certaines performances mieux adaptatives au milieu. De même les psychologues parlent-ils d'apprentissage « par la perte » (Otto, 1988 ; Mehler, 1990).

La question est alors celle de savoir s'il est vraiment indispensable de connaître totalement le fonctionnement de la « machinerie cérébrale » pour comprendre les processus de langage et si l'une suffit à expliquer l'autre. Rien ne prouve que des transformations connectives entre régions du cerveau influent directement sur des performances. Il y a manifestement tout *un jeu de plasticité des connexions cérébrales qui valorise l'importance du niveau des opérations mentales en tant qu'équilibre interactif entre cerveau et intelligence*, ou, pour emprunter à la vulgate moderne, entre *hardware* et *software*.

En d'autres termes, aucun niveau n'exclut l'autre, et tous demeurent nécessaires pour avancer dans la compréhension de *cette interaction complexe qui relie nos activités corticales à nos conduites symboliques les plus élaborées*. Tels sont les enjeux et l'ambition raisonnable des neurosciences en regard des problématiques de la cognition.

L'apport fondamental des neurosciences aux sciences cognitives

Du système nerveux aux conduites naturelles

Si donc, par « sciences cognitives », il convient d'entendre l'étude de l'intelligence depuis ses manifestations les plus élaborées et hautement symboliques jusqu'au *substratum* biologique de cette intelligence, il est évident qu'une part fondamentale de cette compréhension de nos processus intellectuels incombe au système nerveux qui les sous-tend. La complexité des facteurs intervenant ici explique tout autant l'enjeu paradoxal des sciences cognitives que la richesse interdisciplinaire qu'elles tentent de construire en réponse. Ce décloisonnement des études sur le cerveau est bien cause des progrès considérables accomplis ces deux dernières décennies autant que des reconsidérations épistémologiques non moins spectaculaires ainsi permises (Imbert, 1987, 1991).

Un vieux débat, revisité de la sorte, est bien celui de cette dépendance des phénomènes cognitifs vis-à-vis des mécanismes du cerveau. En vérité, c'est un faux débat : les premiers sont autant tributaires des seconds que ne l'est l'information fournie par un ordinateur des circuits électroniques qui le composent. L'objet des neurosciences demeure celui de décrire, d'expliquer et de modéliser les mécanismes neuroniques élémentaires sous-tendant tout acte cognitif, *a fortiori* perceptif ou moteur. Il y a donc une nécessaire « distance » entre modélisations cognitives et modélisations neurologiques : pour comprendre le cerveau, *il faut autant connaître les types d'opérations qu'il réalise que les performances qui sont les siennes.* Cela résume le rapport entre neurosciences et sciences cognitives.

Les neurosciences ont vocation d'analyser les contraintes anatomiques et neurophysiologiques qui viennent à encadrer nos conduites. Les sciences cognitives doivent aujourd'hui intégrer ce qu'on sait du système nerveux et de ses fonctionnements avec ce que l'observation de nombreuses conduites naturelles nous a permis de comprendre quant à la nature des comportements dits intelligents. L'éclairage des phénomènes du cerveau est condition nécessaire pour une meilleure compréhension des interactions entre cerveau et conduites intelligentes.

On pourrait arguer alors d'une diversité confinant à la confusion : il existe des millions d'espèces animales dotées d'un cerveau comme il existe des millions d'êtres humains. Cependant en dépit de l'extraordinaire variété des formes et des comportements, depuis l'organisme le plus primitif jusqu'à l'homme, ce qu'on observe c'est la permanence de régularités anatomiques et fonctionnelles d'une espèce à l'autre. L'objet des neurosciences est bien d'extraire et de spécifier les principes généraux sous-tendant ces régularités du système nerveux chez les êtres vivants ; d'où la nécessaire collaboration avec de multiples disciplines : chimie, biologie, physique, psychologie, etc. (Imbert, 1987, 1991).

Les développements accomplis sont considérables, on l'a vu. On sait identifier les molécules spécifiques nécessaires aux cellules nerveuses pour maintenir leur identité. Bientôt sans doute parviendra-t-on à construire des descriptions chimiques complètes du système nerveux. Conjointement, les avancées du génie génétique contribuent à caractériser les protéines spécifiques de neurones déterminés, celles en particulier qui interviennent dans la transmission synaptique. Dès la fin des années soixante-dix, on a réussi à mettre au point des techniques qui vont décomposer le fonctionnement de la membrane cellulaire en ses unités fonctionnelles, sous forme notamment d'une détection du courant élémentaire signalant l'ouverture ou la fermeture d'un seul récepteur ou d'un seul canal ionique. La compréhension de la biologie des cellules nerveuses et précisément des bases moléculaires qui permettent leur « communication » fait ainsi d'extraordinaires progrès et, par là, nous sommes de mieux en mieux à même de « typologiser des circuits neuroniques ». Nous approchons de la connaissance des significations de la communication interneuronale.

Aux divers plans comportementaux, on est capable maintenant d'enregistrer l'activité d'un simple neurone dans une structure cérébrale définie. Chez l'animal, cet enregistrement s'opère au travers de tâches définies comme, par exemple, percevoir la différence entre deux stimuli voisins du type forme ou intensité lumineuse. De même peut-on encore combiner de telles observations comportementales avec des enregistrements électriques et neurobiologiques fondés sur l'association stimulus-réponse. Ces corrélations entre mécanismes neuronaux et processus perceptifs sont complexes. Il y a ainsi des régions du cortex cérébral, dites primaires, dans lesquelles les neurones réagissent de façon *stéréotypée* à toute stimulation sensorielle, par exemple une tape sur la main. Qu'il n'y ait pas ainsi de corrélation flexible entre ces neurones et la perception a, peu à peu, amené à étudier un autre cortex que le primaire. Ce cortex est dit *associatif*, et V. Mountcastle est parvenu à établir qu'il existait au niveau de ce cortex, et notamment à celui des lobes pariétaux, un mécanisme organisant l'attention sélective que tout animal porte à son environnement immédiat, c'est-à-dire celui dans lequel il sait coordonner des mouvements de l'œil et de la main (Imbert, 1987, 1991 ; Mazoyer et Tzourio, 1991).

L'hypothèse admise à ce propos, comme on l'a vu, est qu'un appareil nerveux spécifique se serait construit progressivement au cours de l'évolution, responsable dès lors de ces opérations de coordination-manipulation quotidiennes. Pour la commande de ces mouvements, une image interne du corps et de son environnement est nécessaire. On peut dès lors supposer qu'il existe chez l'homme un certain nombre de processus de représentation mentale analogues à ceux observés chez un animal comme le singe, mais à un degré supérieur, attesté par des régions pariétales qu'il est seul à posséder, telles que le gyrus angulaire et supra-marginal. Pour le comprendre, il n'est pas indispensable d'insérer dans le cerveau de l'homme des microélectrodes ainsi qu'on le fait chez l'animal : depuis près de cinquante ans, on sait enregistrer des variations rythmiques de potentiel électrique — ce qu'on nomme l'électroencéphalogramme. La même technique permet d'enregistrer des variations électriques pertinentes dites « potentiels évoqués par des événements » *(event related potentials)*, associées à des activités neurophysiologiques diverses (perception, résolution de problèmes, motricité, etc.).

Ces activités cérébrales évoquées par un stimulus expriment la réponse obligée du cerveau à l'activation de l'appareil sensoriel. D'autres, en revanche, expriment une activité endogène, qui traduit le travail psychologique de traitement de l'information. L'attente d'un stimulus acoustique ou visuel, ainsi, entraîne une amplification de potentiel qui se produit environ cent millisecondes après la stimulation. Et deux cents millisecondes après la venue d'un événement inattendu, on voit se développer une onde négative (N 200) ; en revanche, lorsqu'un sujet doit détecter et prendre une décision à propos d'une cible occasionnelle, il développera une onde positive, culminant à près de trois cents millisecondes (P 300).

Le recueil de ces types d'indices électrophysiologiques permet de reconsidérer de façon tout à fait nouvelle la question des localisations cérébrales des fonctions cognitives (Imbert, 1987, 1991). Lorsqu'on enregistrait directement par microélectrodes, les informations obtenues concernaient seulement la cellule individuelle localisée au voisinage de l'électrode, en ignorant tout le reste. Avec les potentiels évoqués, en revanche, on obtient des indications globales et impliquant un nombre extrêmement élevé de neurones, dont la localisation demeure alors incertaine du fait de leur éloignement de l'électrode d'enregistrement. On sait par ailleurs « regarder » dans le cerveau au travail, notamment en mesurant le débit sanguin et le métabolisme local, significatifs de variations d'activités cérébrales régionales. Cette visualisation s'opère grâce à la tomographie par émission de positons ou encore par magnéto-encéphalographie, qui sont ces nouvelles techniques d'imagerie cérébrale, développées dans les années 75, suite aux travaux de G. N. Hounsfield et A. M. Cormack. Ces méthodes combinent l'utilisation d'un rayonnement électromagnétique et celle d'un algorithme mathématique permettant de reconstruire des images de coupes de cerveau. La tomographie par émission de positons (TEP) est actuellement la plus employée. On injecte au sujet une molécule connue comme le glucose ou une substance qui se lie à une protéine particulière comme beaucoup de médicaments du système nerveux. On introduit dans chacune de ces molécules un isotope radioactif tel que le carbone 11 qui va prendre la place du carbone 12 naturel. La désintrégation radioactive de cet isotope, émetteur de positons, aboutit à l'émission de rayons gamma détectables et quantifiables à l'intérieur de l'organisme. L'algorithme mathématique permet ensuite de reconstruire des images tomographiques du cerveau. Quant à la technique de magnéto-encéphalographie (MEG) — moins répandue —, elle consiste à enregistrer le champ magnétique engendré à l'extérieur du crâne suite aux courants intracellulaires déclenchés lors de l'excitation de neurones à travers leurs synapses. Un premier avantage de la MEG est alors de révéler les réponses corticales de zones enfouies dans les scissures du cortex ; un deuxième avantage provient du fait que le champ magnétique se propage sans déformation à travers les tissus alors que le champ électrique en électro-encéphalographie classique (EEG) est très déformé par l'inhomogénéité du milieu, ce qui confère à la MEG un pouvoir localisateur remarquable. Grâce à ces nouvelles techniques donc, peuvent être cartographiées de façon de plus en plus précise, les distributions spatiales et temporelles des activités corticales. Ces connaissances de plus en plus fines bouleversent nécessairement nos considérations quant à la nature et aux fonctionnements de nos activités cognitives. Nous sommes bien entrés dans *une révolution de nos épistémés du vivant et de la connaissance* (Mazoyer et Tzourio, 1991).

Le cas exemplaire de la vision

M. Imbert en donne l'exemple, s'agissant des transformations récemment opérées dans nos représentations de ce que peut être cet acte d'apparence banale : la vision.

Il y a une première définition fonctionnelle de la perception visuelle : voir, c'est découvrir des objets et des situations du monde à partir d'images formées sur le fond de nos yeux ; le système visuel construirait donc des représentations internes ne retenant des images rétiniennes que ce qui nous est utile pour vivre et agir. Le neurobiologiste ne peut se contenter de cela. Il lui faut spécifier les événements biochimiques et cellulaires qui vont coder l'image sous forme de potentiels d'action acheminés par le nerf optique, et comprendre les « codes nerveux » que vont emprunter ces représentations pour communiquer dans diverses régions cérébrales. Il lui faut encore cartographier ces activités nerveuses au cours de leurs transformations dans des micro-structures locales avant qu'elles soient distribuées puis confrontées à des représentations installées dans un répertoire cérébral que l'expérience construit en chacun de nous, compte tenu bien sûr des contraintes de la sélection naturelle. Cette comparaison va jusqu'à la coalescence avec des schémas latents, ce qui provoquera et exprimera la prise de conscience, l'affectivité ou la planification de l'action (Imbert, 1987).

On connaît la plupart des mécanismes moléculaires de transduction dans la rétine. On sait ce que sont les principes dirigeant les transformations successives de l'image oculaire jusqu'en une représentation numérique conduite au cerveau par des trains d'impulsions électriques acheminées au travers d'un million de fibres optiques. Ces fibres sont les axones des cellules ganglionnaires, neurones de sortie de la rétine et qui aboutissent dans différentes structures du cerveau. On peut suivre ainsi en détail, par enregistrement intracellulaire des cellules rétiniennes, le cheminement et le traitement des signaux visuels jusqu'à leur élaboration sous forme de messages transmis par les cellules ganglionnaires.

Ces cellules nous servent à mesurer les différences de distribution spatiale et temporelle dans l'illumination de ce qu'on appelle le « champ récepteur » et qui est une petite région de la rétine. Ce champ est partagé en deux zones à peu près concentriques : une région centrale et un pourtour. Ces deux zones contrôlent sur un mode antagoniste l'activité émise par la cellule ganglionnaire et on a de la sorte détecté deux classes de cellules ganglionnaires : les « centre-*on* » où l'illumination du champ récepteur est excitatrice et celle du pourtour inhibitrice ; les « centre-*off* » pour lesquelles, en revanche, l'illumination du centre inhibe et celle du pourtour excite. Ces deux classes de cellules mesurent donc le contraste local dans le champ récepteur. Cette description a été faite par S. Kuffler en 1953. Depuis, d'autres classes de cellules ganglionnaires ont été découvertes et spécifiées en regard de ce même type d'interaction combinatoire entre centre et pourtour, et on peut maintenant assigner à ces classes de cellules des fonctions différentes selon les types de traitement des facteurs spatio-temporels de l'environnement qu'elles opèrent.

L'idée est que l'image oculaire passerait à travers *un ensemble de filtres superposés* travaillant en parallèle et dotés de résolutions spatiales différentes. Certaines ne retiendraient que des « paquets » d'une scène, d'autres seulement les détails spatiaux. L'important ici, ce sont les points de variation d'intensité qui vont déterminer les « bords » des objets. D'autres opérations vont donc intervenir en vue de détecter ces bords et de transformer l'image perçue en esquisse apte à être traitée par le cortex visuel. Une des fonctions essentielles du cortex visuel primaire serait ainsi de représenter topographiquement les changements d'intensité de l'image, cela par l'intermédiaire de mécanismes neuronaux d'interactions entre neurones voisins. Un modèle de ces processus complexes a été développé dans les années soixante-dix par D. Marr et perfectionné par T. Poggio (MIT). Ce modèle formel s'appuie entièrement sur les données physiologiques et rend compte de ce travail de « localisation des bords » d'images par les cellules ganglionnaires et notamment les neurones du cortex V1. Le système visuel humain semble bien ainsi constitué de canaux séparés, chacun de ces canaux étant accordé à une gamme de fréquence spatiale déterminée (Imbert, 1987).

L'autre idée est que chacun des aspects de l'information (forme, couleur, profondeur, mouvement) dépend de l'analyse d'un « module spécialisé ». Cette idée est déjà ancienne : en 1917, Riddoh montre, le premier, qu'une lésion occipitale peut entraîner une dissociation entre la reconnaissance d'un objet et l'appréciation de son mouvement ; Holmes, examinant des blessés de la Grande Guerre, établit à son tour que des lésions pariétales postérieures peuvent perturber gravement l'orientation et l'appréciation des relations spatiales et font que le sujet est incapable d'estimer des longueurs, des distances ou des épaisseurs. Chez le singe macaque ayant un système visuel proche de celui de l'homme, on a découvert plus tard qu'il existe près d'une douzaine d'aires visuelles corticales individualisées, qui vont différer par leurs morphologies (nombre et distribution de neurones) et par les connexions qu'elles entretiennent avec d'autres régions du cerveau. D'où le schéma possible suivant : les images transmises par les yeux seraient traduites topographiquement dans le cortex V1. Là, les différents paramètres de ces images seraient traités par des neurones spécialisés, certains étant activés par une combinaison déterminée de deux images rétiniennes, d'autres réagissant à des bords ou à des orientations dans le champ récepteur, d'autres enfin à des spectres. Les analyses ont montré que les neurones chargés de traiter un même attribut de l'image étaient regroupés dans de petits « modules » du cortex V1, d'où les informations étaient ensuite acheminées vers des aires associatives voisines et selon un ordre de connexion rigoureux. Suite à quoi, on admet l'idée que les différentes aires corticales sont chacune spécialisée dans le traitement d'un certain attribut.

Cette idée doit cependant être reçue avec précaution. On observe en effet que la précision topographique de la représentation de l'image, si elle est remarquable en V1, ne fait que s'estomper lorsqu'on s'en éloigne, et on parle alors de « codage topographique ». Cette observation implique peut-être un retour à cette propriété d'*invariance perceptive* que les psychologues appliquaient à la perception visuelle. Pour prendre un exemple, on sait que la lumière réfléchie par un objet variera au cours de la journée, mais perceptivement cet objet continuera à nous paraître « de la même couleur ». Cette propriété est essentielle : grâce à elle, nous pouvons continuer d'identifier des objets par la couleur. Comment une telle constance perceptive se fabrique-t-elle ? On a découvert qu'il existait dans le cortex visuel V4 des neurones dotés de champs récepteurs de grande taille et différant au plan de l'organisation spatiale des cellules de V1. Les champs récepteurs de ces neurones sont constitués d'une région centrale qui analyse la composition spectrale de la lumière réfléchie par une petite surface d'un objet, et d'un pourtour très vaste qui mesure la lumière réfléchie par les surfaces alentour. L'activité de ces neurones consiste à comparer ces deux mesures, et lorsque la lumière change, la différence entre celle réfléchie par le centre et celle réfléchie par l'alentour reste cependant constante. Dans ce cortex V4, les neurones ne sont pas sélectifs à une certaine longueur d'onde du stimulus visuel ; ils « répondent » à la couleur des objets qui s'avère être une propriété indépendante de la composition spectrale de la lumière réfléchie. Des lésions du cortex V4 chez le singe macaque ont aussi montré des altérations de cette perception invariante de la couleur tandis qu'était préservée la discrimination des longueurs d'onde.

Mishkin et son équipe ont réussi à montrer que depuis le cortex V1 partaient deux « routes » principales : une dorsale acheminant les messages vers des zones pariétales postérieures et jouant un rôle dans la perception des relations spatiales et du mouvement ; une ventrale vers les zones temporales inférieures chargées de la reconnaissance des formes. Par exemple, un animal lésé dans les zones inférotemporales devient incapable d'identifier les formes des objets, mais conserve la perception des distances entre ces objets.

Cette dissociation entre reconnaissance des formes et localisation plaide en faveur de l'idée d'une spécialisation cérébrale des différents traitements de l'information visuelle. Cette idée conforte celle, évoquée précédemment, d'une organisation modulaire du système visuel : toute perception visuelle recouvrirait un *ensemble complexe d'opérations* qu'on pourrait donc décomposer en opérations élémentaires successives, identifiables à des microcircuits neuronaux.

Mais voir et reconnaître un objet ne requiert que quelques centaines de millisecondes et cette extrême rapidité infirme l'idée d'un traitement séquentiel. On a proposé alors cette autre idée d'un fonctionnement « en parallèle » des divers types d'opérateurs visuels. Parallélisme double : les opérations sont effectuées en même temps et sur la même région de l'espace dans la rétine, des cellules ganglionnaires voisines mesurent *simultanément* des caractéristiques spatiales, temporelles et des contrastes *au même endroit* de l'espace ; et, conjointement, ces opérations vont être réalisées en *différents endroits* du système visuel (Imbert, 1987).

Néanmoins, il ne s'agit là que d'une schématisation susceptible d'être révisée : les aires visuelles du cortex ne sont pas uniquement constituées de routes séparées ; toutes ces routes sont reliées par des connexions ; il y a de surcroît des connexions en retour qui vont renvoyer d'un niveau au niveau inférieur. En vérité, les diverses aires visuelles vont se trouver constamment en relations de réciprocités extrêmement complexes. Ce qu'on voit, ce qu'on perçoit résulte dès lors davantage d'une *construction active et globale de notre cerveau au prix d'interactions fines avec l'environnement*, que d'une simple impression donnée par l'objet à chaque fois considéré, et selon des mécanismes qui s'organiseraient en séquences.

Toute explication neurobiologique de nos processus du vivant, de la perception et de la connaissance ne peut donc se borner à la mise en évidence de mécanismes neuronaux opérant sous forme de calculs obéissant à des règles telles que les imagine la pensée formelle. Elle doit prendre en compte les multiples interactions entre ces processus mêmes, mais sans doute aussi la relation de ces processus aux types de comportements qu'ils viennent à fonder et qu'ils permettent d'exprimer et de réaliser. L'apport des neurosciences, en ce sens, est fondamental.

Cet apport demeure cependant à réinterpréter vers une approche de plus en plus holistique des sciences cognitives. *Une telle approche impliquerait que le sens de nos conduites humaines ne puisse être spécifié autrement que dans une intégration poussée des « causes » et des « conséquences »*, autrement dit dans l'intégration fine entre, d'un côté, nos systèmes de régulations et de plasticités neuronales et, de l'autre, leurs effets sur l'ajustement à l'environnement avec « retour » de celui-ci, eu égard aux spécificités des différents dispositifs symboliques — tel le langage — qu'empruntent nos conduites.

États transitoires, modèles neuronaux et fonctions cognitives

Dès lors, la question essentielle est bien celle des modes de spécification de la relation entre nos différentes fonctions cognitives et les organisations à chaque fois données d'un équipement naturel, tel le cerveau, ou d'un dispositif élaboré comme le langage. On pourrait, à ce propos, s'inspirer de conceptions qui voient dans le système nerveux un seul niveau à partir duquel va émerger un niveau fonctionnel et algorithmique assurant le développement d'un niveau plus supérieur, identifié aux règles d'une grammaire abstraite (Marr, 1982). De même pourrait-on admettre une vision « classique » distinguant un niveau physique, un niveau syntaxique et un niveau sémantique dit des connaissances (Fodor et Pylyshyn, 1987). De telles conceptions demeurent tributaires d'une vision mécaniste du système nerveux assimilé au *hardware* d'une machine dont nous aurions le « programme » sous formes syntaxiques et sémantiques.

Or on sait, et on l'a vu précédemment, qu'il existe dans le système nerveux différents niveaux d'organisation et qu'à ces niveaux vont s'élaborer et s'établir des fonctions cognitives distinctes. Ainsi peut-on différencier successivement le niveau cellulaire puis le système nerveux des invertébrés où chaque cellule possède une « connectivité » et une fonction bien définies dans l'organisme, enfin les différents niveaux des architectures neuronales. A ce point précis, la question méthodologique revient bien à savoir et analyser dans quelle mesure, d'un côté, des structures biologiques, par suite comportementales, vont demeurer vestigiales sinon directement présentes dans des activités cognitives supérieures, et, d'un autre côté, comment elles seront « pénétrables » par ces activités de connaissance, sous forme de régulations symboliques fonctionnelles (Changeux, 1989).

Les observations montrent qu'à quelque niveau que ce soit du système nerveux de nombreuses boucles de rétroaction contribuent à la création de mécanismes « ré-entrants », lesquels vont générer des régulations d'ordre supérieur (Edelman, 1978). Ainsi, la plupart des transitions neuronales effectuées d'un niveau à l'autre peuvent être schématisées selon un point de vue effectivement évolutionniste : chaque règle de stabilisation, ou de « survie » au sens darwinien, sera gouvernée par la fonction associée à la nouvelle forme établie, celle-ci créant en conséquence une stabilisation rétroactive de la fonction sur la cellule. La transition d'un niveau donné au niveau suivant requiert de la sorte deux composants fondamentaux : *un générateur de diversité et un système de sélection.*

Autrement dit, à un niveau donné, des éléments se recombinent entre eux et élaborent des formes transitoires correspondant au niveau d'organisation supérieur ; un mécanisme de sélection stabilise alors certains de ces états transitoires et engendre ainsi un niveau d'organisation plus élevé. De la sorte, on peut dire que la fonction agit de manière rétroactive sur la transition « matière-forme ». « Le critère de sélection est donc lié à la fonction "nouvelle" déterminée par une forme transitoire produite par le générateur de diversité. Si cette nouvelle fonction correspond à une action sur le monde extérieur qui favorise la survie de l'organisme, elle est sélectionnée » (Changeux, 1989). C'est ainsi que se réalise l'épigenèse de réseaux neuronaux par sélection active de synapses et qu'on peut avancer que nos activités n'ont pas pour résultat de créer de nouvelles connexions neuronales, mais bien de supprimer certaines connexions préexistantes : « Apprendre, c'est éliminer » (Changeux, 1983).

L'architecturation de nos fonctions cognitives s'opère ainsi par *rétroaction de représentations et de fonctions nouvelles* sur des représentations antérieures, et selon des convergences continues prenant forme, en définitive, de *programmes conceptuels et symboliques* rétroagissant à leur tour sur nos conduites et nos adaptations. Nos « représentations mentales » ne peuvent donc être en aucun cas des états cérébraux statiques ; elles sont produites et enchaînées selon un système d'interaction dynamique constante entre le monde extérieur et nous-même. Elles participent de ce système en évolution permanente sous la forme de successivités temporelles psychologiques (Changeux, 1989). En résumé, que ce soit au quotidien ou sur de longs cycles évolutifs, la régulation de nos adaptations et de nos actions sur l'environnement va s'opérer à l'intérieur de « cadres » fondés sur des contraintes sémantiques tributaires, à chaque fois, des finalités de ces actions et des types de processus qu'elles mobilisent.

En conclusion, et pour reprendre cette préoccupation holistique évoquée précédemment, on peut avancer l'idée que nos architecturations neurales puis cognitives semblent déterminées en permanence par des cycles de rétroaction-adaptation, assurant l'émergence de nouvelles fonctions travaillant en retour des structurations antérieures. Toute représentation cognitive et fonctionnelle n'intervient alors qu'en regard d'une « pré-représentation » générant cette émergence en vue du test d'adéquation à des conditions nouvelles. Il y a ainsi à l'œuvre, dans l'élaboration de nos dispositifs neuronaux et symboliques, *une sorte de formatage récurrent* qui atteste bien du double statut fonctionnel inhérent à nos systèmes cognitifs : celui d'être *générateurs de diversité et de variation* et celui d'être *porteurs de mécanismes de contrôle* assurant le test de l'adaptabilité et, par suite, de l'adéquation aux conditions rencontrées.

3

PSYCHOLOGIE COGNITIVE ET PSYCHOLOGIE SOCIALE DES DISCIPLINES EN MOUVEMENT

La perception visuelle

La psychologie cognitive a connu ces dernières années de profonds changements dans ses perspectives et ses méthodes, notamment au contact des neurosciences et, bien sûr, de l'intelligence artificielle. Ainsi les problèmes classiques de la perception, de l'action ou de l'activité langagière se sont-ils orientés vers des problématiques de « traitement de l'information ». Cela traduit un profond bouleversement épistémologique, sans doute motivé par plusieurs types de présupposés (Bonnet, 1989).

Le premier de ces présupposés revient à considérer nos capacités intellectuelles et nos grandes fonctions perceptives ou adaptatives comme des systèmes dont le rôle est justement de « traiter », autrement dit de filtrer et d'organiser les messages ou « informations » que nous recevons de l'environnement.

Un deuxième présupposé est celui qui consiste à admettre que ces capacités et modes de traitement de l'information sont toujours contraints par les structurations et caractéristiques biologiques de notre organisme.

En conséquence, et c'est le troisième présupposé, les traitements de nos informations perceptives et « intelligentes » vont s'organiser selon des niveaux diversement hiérarchisés, voire fonctionner localement « en parallèle ».

Enfin, quatrième présupposé, on peut imaginer — du moins pour les commodités de l'observation et de l'analyse — qu'à telle ou telle grande fonction va correspondre un « module de traitement » spécialisé dont on pourra « dimensionner » les caractéristiques spécifiques à divers plans de réalisations et de compétences.

Ce dernier présupposé est le plus difficilement défendable, mais demeure compréhensible quand on sait que bon nombre de ces « traitements » dont sont capables nos dispositifs perceptifs ou intellectuels se font à un niveau fortement inconscient sinon automatique. Et que, de surcroît, ils vont dépendre des types de stimulus ou des formes de rencontres avec l'environnement, et que les uns seront « ascendants » *(bottom-up)* à partir du premier niveau — le plus automatique, c'est-à-dire neurosensoriel ou neuroperceptif —, et les autres davantage contrôlés consciemment *(top-down)*, au sens où ils vont résulter en grande partie de nos schèmes mentaux, de nos besoins conscients ou de nos désirs.

En vérité, la plupart de nos dispositifs sensoriels échappent au contrôle cognitif et cette évidence rend délicate la tâche de la psychologie cognitive, laquelle ne peut que s'attacher à modéliser finement les processus de type plutôt « descendant » tout en considérant que l'essentiel de l'explication se situe plutôt du côté d'une analyse des processus ascendants, ceux-ci étant neurophysiologiquement mieux connus. Ainsi des études sur la perception visuelle des formes ou le contrôle du mouvement.

La perception visuelle des formes

Ce champ d'études est le plus éclairant des problématiques actuellement développées en psychologie cognitive. Que signifient en effet ici des termes comme ceux de « perception », d'« information » ou de « traitement de l'information » ? Dans le premier cas, on admettra que le mot perception va recouvrir la mise en œuvre d'un ensemble de processus hétérogènes au sein desquels le sensoriel pur n'est pas *a priori* le plus déterminant quand on sait que les mécanismes perceptifs — c'est-à-dire l'ensemble des fonctions par lesquelles l'organisme attribue signification aux données des sens — sont plus largement tributaires d'interprétations motivées par des connaissances antérieures, des motivations ou des schémas cognitifs préexistants que du sensoriel *stricto sensu*. Il est donc difficile d'imaginer que ce que nous fournissent nos manières d'appréhender le monde soit du perceptif à l'état brut. Nous ne saurons jamais ce qu'est le « réel » de la perception, encore moins son « pourquoi ». Au mieux peut-on observer et étudier le « comment » de nos processus perceptifs, et c'est le rôle de la psychologie cognitive.

Encore faut-il s'entendre sur le sens du terme « information » ici largement employé. Quantitativement, il peut s'agir d'information mesurée en bits (Bonnet, 1986). Mais cela ne rendra jamais compte de deux nécessités essentielles : celle de devoir « comprendre » le contenu sémantique des messages transmis et celle, en conséquence, de savoir « traiter » les transformations que vont subir ces messages dans leur passage au travers de différents types de « systèmes » dans l'organisme. Que ces « systèmes » aient l'allure de « modules » (Fodor, 1983) ou se comportent comme tels, c'est une hypothèse discutable que nombre de psychologues continuent de faire, mais il faut bien voir qu'il s'agit là d'un choix de représentation commode car il permet de rendre compte de traitements en parallèle notamment au niveau neurosensoriel.

D'où ce dernier présupposé que « quel que soit le nombre de niveaux envisagés entre l'entrée du signal dans l'organisme et la réponse manifeste, une information élaborée à un niveau primitif devra "transiter" par des niveaux plus élevés avant qu'une réponse soit élaborée [... mais] que cette information n'est pas fondamentalement modifiée aux niveaux ultérieurs » (Bonnet, 1989). Présupposé qui peut se révéler lourd de conséquences quant aux représentations des processus perceptifs et de leurs statuts fonctionnels ou sémantiques et qui implique en tout cas de *supposer que ces processus vont s'organiser de manière hiérarchique* bien que cette hiérarchisation d'étape en étape ne soit pas créditée d'induire des transformations profondes dans les messages et leurs formes selon les niveaux de traitement.

La perception visuelle : le niveau sensoriel

Le niveau sensoriel est censé être responsable des mécanismes de codage des paramètres élémentaires de la stimulation visuelle. C'est à ce niveau encore qu'une représentation

« modulaire » des fonctionnements biologiques de la perception semble le mieux attestée. Il y a bien dans l'œil humain apparemment des fonctions séparées de même que cet œil humain semble bien se comporter comme une sorte de « capteur » des informations visuelles que vont traiter les structures rétiniennes. Que l'œil soit un « capteur », cela signifie qu'effectivement il va agir comme une sorte d'instrument d'optique permettant la formation d'une image sur la rétine : les rayons lumineux, pour ce faire, doivent traverser la cornée, la chambre antérieure, la pupille, le cristallin et l'humeur vitrée.

La rétine est constituée de trois couches de cellules : les récepteurs, les cellules bipolaires et les cellules ganglionnaires. Les récepteurs — cônes et bâtonnets — sont situés au fond de la rétine et leur rôle est de réagir à la lumière en donnant naissance à des différences de potentiels électriques dans les cellules nerveuses, qui vont constituer alors les « messages » nerveux. On peut compter dans l'œil environ 130 millions de récepteurs et un million à peine de cellules ganglionnaires. Cela signifie que les cônes sont concentrés dans la partie centrale — la fovéa — et que chaque cône de la fovéa est relié à une cellule ganglionnaire, mais que plus on s'éloigne du centre, plus le nombre de récepteurs connectés à une seule cellule ganglionnaire augmente.

Il y a donc bien *réduction* de l'information dans l'image rétinienne et chaque cellule ganglionnaire va réagir aux stimulations lumineuses à partir d'une surface et non d'un point rétinien déterminé. Cette surface est nommée « champ récepteur » (Buser et Imbert, 1986), mais ce n'est qu'une notion fonctionnelle : le champ récepteur d'un neurone visuel est la région de la rétine et de l'espace visuel correspondant dont la stimulation lumineuse modifie la réponse du neurone. Un champ récepteur sera donc identifiable à partir des réponses du neurone correspondant lors d'une stimulation visuelle. La taille moyenne de ces champs récepteurs augmente régulièrement en fonction de leur excentricité rétinienne et cela correspond à l'augmentation de convergence des récepteurs vers les cellules ganglionnaires. Ce comportement des champs récepteurs permet l'exploration de nombreux phénomènes perceptifs de type contrastif, mais il favorise aussi la distinction de deux grandes classes de neurones en fonction des caractéristiques de leurs champs : les cellules simples et les cellules complexes. Les deux présentent des réponses antagonistes, mais les premières dans des régions séparées de leur champ récepteur alors que les secondes manifestent ces réponses antagonistes en toute région du champ. Il y a donc bien spécialisation des projections corticales. D'où le fait encore qu'on peut différencier les stimulations rétiniennes selon les types de traitements nerveux dont elles font l'objet dans des régions séparées : le mouvement, la forme et la couleur. Là encore, il ne s'agit que de séparations fonctionnelles.

L'information visuelle et son traitement neurosensoriel

De nombreuses recherches se consacrent à l'étude des sensibilités élémentaires du système visuel à des stimulations variant en intensité lumineuse, en longueur d'onde, en étendue ou en durée (Hood et Finkelstein, 1986). On distingue de la sorte différents types de sensibilités à la lumière ou plus spécifiques encore en fonction de la durée et de la surface des stimuli. Ainsi, par exemple, de la *loi de Rocco* qui spécifie qu'en dessous d'une surface critique, le seuil est déterminé par un produit constant de l'intensité lumineuse et de la surface du stimulus (Graham, 1965). De même, encore, nombre de travaux s'attachent à la détermination de sensibilités fréquentielles : sensibilité temporelle, spatiale ou spatio-temporelle à la lumière. Par là sont explicitées différentes *fonctions de sensibilité au contraste* temporel (FSCt) ou spatial (FSCs).

Les analyses de ces sensibilités visuelles ont pour conséquence d'aider de plus en plus à la différenciation de plusieurs niveaux de représentation dans le fonctionnement du système visuel notamment avec l'approfondissement de nos connaissances quant au niveau sensoriel où seraient codées certaines caractéristiques locales de la stimulation (Bonnet, 1988a). Ce niveau est directement tributaire de régions spécifiques du cortex où des neurones vont répondre sélectivement à des dimensions précises de la stimulation : certains chercheurs les ont baptisés « détecteurs de propriétés » (Barlow, 1972), d'autres préfèrent parler de « filtres accordés » *(tuned)* au maximum de leur activation lorsque leur champ récepteur est stimulé selon des dimensions précises dans la distribution spatio-temporelle de luminance. Ces dimensions sont aussi qualifiées de « primitives » visuelles.

Pour déterminer la nature et le statut de ces primitives visuelles, plusieurs types de problématiques sont en concours. Une perspective « neuro-réductionniste » (Uttal, 1981) tente de déterminer, au moyen de méthodes psychophysiques, des corrélats comportementaux associés à des sélectivités physiologiques observées dans les neurones. Le plus souvent alors, on qualifie de primitive ce qui n'est généralement qu'une dimension de la stimulation rétinienne et la preuve d'existence d'une telle primitive sera avancée dans l'existence de neurones répondant sélectivement à cette dimension ou optimalement à différentes orientations (modalités). Ainsi du paradigme d'*adaptation sélective*, à savoir que l'observation prolongée d'un stimulus visuel entraînera en conséquence une dimension de sensibilité pour certaines dimensions de ce stimulus. Si l'on observe pendant plusieurs dizaines de seconde le défilement d'une texture de la gauche vers la droite, lorsqu'on présente ensuite une texture stationnaire, on observe en retour un mouvement apparent et consécutif de sens antagoniste, de la droite vers la gauche, pendant quelques secondes (Bonnet, 1989).

Ainsi encore du *masquage*, qui est une procédure par laquelle un stimulus *(masque)* va diminuer la sensibilité à un autre stimulus *(test)*. Présenter par exemple de façon simultanée deux modalités d'une dimension, ou deux niveaux d'une dimension et cela en connexité spatiale, peut entraîner un déplacement *(shift)* de leurs valeurs perçues. Il s'agit là encore de cette classe de phénomènes qu'on range sous l'étiquette de « contrastes simultanés ». De même, enfin, des sélectivités observées à la fréquence spatiale et qui montrent le jeu d'interactions simultanées ou successives : Blakemore, Nachmias et Sutton (1970) ont montré, de la sorte, que l'adaptation préalable à une fréquence spatiale donnée entraîne une élévation apparente d'une fréquence spatiale test plus élevée et une diminution apparente d'une fréquence spatiale plus basse.

Les traitements neurosensoriels de l'information visuelle semblent donc procéder en termes de codages séparés de la distribution spatiale de luminance que va constituer l'image rétinienne. Pour certains, il y a là preuve directe de modules localisés dans le cortex visuel (Bonnet, 1989). Rien n'est moins sûr, bien que certaines données neurophysiologiques semblent converger en ce sens : Linvingstone et Hubel (1984) ont différencié trois types de voies analysant de façon séparée les caractéristiques de la forme, de la couleur et du mouvement. Pour nombre d'auteurs, ces primitives seraient traitées à un niveau pré-attentif (Neisser, 1967 ; Treisman et Gormican, 1988), sous forme de codages séparés et en parallèle des propriétés locales de l'image rétinienne. De nombreuses études ont cependant montré l'importance décisive des structurations mêmes du stimulus visuel.

Le niveau perceptif et la structuration des stimuli visuels : groupements, surfaces et contours

On peut différencier les formes bidimensionnelles *(shapes)* des stimuli visuels selon les modalités de leurs structurations et de leurs compositions, c'est-à-dire que des éléments peuvent être isolés, dont on étudiera ensuite les modes d'intégration dans des ensembles plus larges : « motifs » *(patterns)* désignant des configurations, ou « textures » selon les caractéristiques visibles. Déjà, autrefois, les gestaltistes (Köhler, 1929 ; Koffka, 1935 ; Guillaume, 1937) avaient établi des « lois structurales » en vue de traduire la formation des configurations perceptives en relation directe avec les modes de structuration des éléments stimuli.

Ces principes gestaltistes demeurent pertinents : ainsi des principes qui vont décrire les conditions d'apparition des groupements selon la proximité des éléments, leur continuation, leur similarité ou leur connexité (Pomerantz et Kubovy, 1986). Tout un courant de recherches s'attache à l'étude de ces *processus de groupement* selon la visibilité et la proximité entre eux des éléments d'une figure géométrique, et de la sorte peut-on déterminer la visibilité relative des intervalles spatiaux en regard de la fonction de sensibilité au contraste. De même des statuts perceptifs différents entre informations locales et informations globales (Bonnet, 1988b) ou du jeu encore des groupements par proximité ou par similarité (Treisman, 1986).

D'autres recherches s'attachent à la discrimination perceptive des surfaces et des contours ; ceux-ci désignant toute limite qui permet la ségrégation d'une forme par rapport aux limites d'autres formes. Ont été étudiés abondamment ainsi des phénomènes comme celui de la *bande de Mach* — l'accroissement des contrastes de luminosité aux limites séparant les surfaces —, les rapports entre informations et variations de luminance, l'impact perceptif des « variétés » de contours ou encore les phénomènes de *contours virtuels*, dits aussi cognitifs, et qui sont des pictogrammes — tel le triangle de Kanizsa (1979) constitué de trois disques noirs échancrés *(pacmen)* disposés de telle façon que les côtés des échancrures soient alignés deux par deux, donnant lieu alors à la perception d'une surface triangulaire apparaissant comme posée sur trois disques noirs et se distinguant du fond par sa luminosité plus élevée.

Certains auteurs (Rock, 1986) suggèrent que la vision de ces contours provient d'un processus de résolution de problème fondé sur des règles d'interprétation des parties « réelles » de la figure. Mais on sait aujourd'hui que les contours virtuels possèdent au moins l'une des propriétés neurosensorielles des contours réels, à savoir le phénomène de rehaussement, et qu'on pourrait attribuer leur mécanisme de formation à une diffusion d'activité dans un contour réel ; sans doute cela est-il encore lié à la stimulation de champs récepteurs allongés comme une barre continue dans le cortex visuel (Bonnet, 1989).

Enfin, de nombreuses recherches se portent à nouveau vers le problème des *illusions optico-géométriques*. On parle d'« illusion » lorsqu'il y a non-concordance entre ce qu'on perçoit et ce qu'on se représente d'un même stimulus. Demeure cependant la difficulté d'interpréter correctement tous ces phénomènes : le plus souvent certaines illusions s'expliquent par des mécanismes conduisant à des assimilations (différences faibles d'orientation) ou à des inhibitions (différences fortes d'orientation), de même qu'on peut encore détecter des mécanismes spécifiques liés aux illusions de grandeur ou de fréquence spatiale. La séparation des niveaux sensoriels et proprement perceptifs est ici malaisée : d'un côté, certains types de phénomènes semblent pouvoir se relier directement au niveau sensoriel ; de l'autre, certains mécanismes ne peuvent s'expliquer qu'au niveau perceptif. « Les informations acquises aux niveaux sensoriels de traitement ont donc le plus souvent besoin d'être organisées spatialement pour que l'organisme parvienne à une structuration relativement univoque des formes » (Bonnet, 1989).

Perception des formes et perception des objets

Il est manifeste, en effet, qu'au plan cognitif nous avons davantage propension à percevoir des objets que des « formes ». Qu'appelle-t-on « objet » en l'occurrence ? C'est tout d'abord une « entité » inscrite dans un espace tridimensionnel, correspondant à une fonction, dénommée linguistiquement, et définie ensuite par les relations physiques que l'objet entretient avec son environnement. « La forme est le résultat de l'intégration des informations sensorielles sur l'apparence instantanée de l'objet. Elle a une représentation perceptive séparable des représentations cognitives de l'objet » (Bonnet, 1989).

Pour certains (Anderson, 1985), il existerait une double représentation cognitive de l'objet : l'une imagée, l'autre propositionnelle. Dans le premier cas, on peut penser notamment aux images mentales, celles-ci correspondant à l'actualisation phénoménale de représentations imagées (Denis, 1979, 1989). Dans le second cas — celui des représentations propositionnelles —, il s'agira de descriptions des propriétés des objets, en référence en particulier aux processus de catégorisation. Disons que la problématique générale des études sur ces questions se centre de plus en plus sur les traitements cognitifs imbriqués ou issus de ces appréhensions perceptives, et que si « représentation cognitive » il y a, cette représentation apparaît de plus en plus tributaire des caractéristiques structurales et morphologiques des objets perçus.

D'où, d'une part, les recherches classiques sur la relation entre forme et contexte dans la spécification par exemple d'un élément pictural (Weisstein et Harris, 1974) et, d'autre part, le courant moderne de travaux portant sur le rôle des *prototypes* dans la reconnaissance et l'identification d'objets. Ces travaux supposent généralement que pour « reconnaître » un objet, l'organisme humain soit détenteur préalablement d'une représentation de cet objet. La question qui demeure non résolue est celle de savoir si cette représentation est de type pictographique ou procédurale (Biederman, 1987). Pour Neisser (1967), précurseur de la problématique, toute représentation interne d'un objet correspondrait à une sorte de « gabarit » *(template)* et le processus de reconnaissance consisterait à comparer forme perçue et forme du gabarit ou du « moule » interne. Peu à peu, on a compris la rigidité d'une telle conception, notamment en observant que la reconnaissance pouvait s'effectuer nonobstant de grandes variétés des formes présentées. D'où la conception moderne de « prototypes ».

L'idée de prototype signifie que nous serions détenteurs en mémoire de représentations abstraites de formes (ou schémas d'objets), que nous nous serions construites par synthèse personnelle de tous les « patrons » *(patterns)* individuels des formes d'une catégorie d'objets déterminée. Cette notion de prototype est associée à celles de *catégorisation* (Dubois, 1991), de *schèmes, schémas*, de *cadres* ou de *scripts* (Hoc, 1986). Référant à l'idée de catégorisation des formes, cette notion requiert encore que toutes les formes perceptives et perçues puissent être dénommées : ce qui n'est pas sans convoquer de multiples problèmes. En effet, autant il y a de distinctions entre formes picturales et verbales, autant il y a de distances entre représentations lexicales et représentations sémantiques d'une forme ou d'un objet.

Représentations des objets et catégorisation

On peut ainsi distinguer un premier type de représentation, laquelle serait structurale et perceptive, se différenciant du niveau proprement cognitif. Pour nombre d'auteurs (Marr, 1982 ; Biederman, 1987), la représentation cognitive impliquerait une fragmentation des informations morphologiques en composantes proprement géométriques tridimensionnelles, que Biederman nomme « géons » *(geometric ions)*. Les géons pourraient être modélisés sous forme de « cônes » dérivés de cinq propriétés des contours d'une image — courbure, colinéarité, symétrie, parallélisme, coterminaison —, et qui joueraient en quelque sorte le rôle de primitives dans la perception cognitive.

Toute identification d'un objet s'opérerait alors par appariement entre les composants repérés dans la forme et ceux issus de la représentation pictographique de l'objet. Ce qui s'approche de l'idée de représentation prototypique, tenant compte cependant des effets de contexte sémantique ou d'amorçage *(priming)*. De la sorte, on peut imaginer qu'« un prototype donné pourrait être préalablement activé par la représentation antérieure d'images d'un même objet ou d'un objet appartenant à la même classe sémantique, ce qui rendrait son accès plus rapide » (Bonnet, 1989).

Néanmoins demeure la question des modes et de l'impact de la représentation sémantique des objets, à savoir des contraintes et facilitations perceptives issues de la signification dont sont porteurs pour nous les objets, d'une part en tant qu'entités physiques du monde, et d'autre part en tant que porteurs de relations avec d'autres objets ou « intégrés » dans des scènes du monde quotidien. Question d'autant plus délicate que les études réalisées par Hécaen et Lantéri-Laura (1983) ont montré que des patients peuvent se montrer impuissants à dénommer un objet tout en étant capables de décrire ses usages et fonctions, et même de l'utiliser normalement. Il y a donc une distinction importante, et mal connue, entre le niveau purement verbal et celui profondément sémantique.

Cette même interrogation surgit à propos des recherches effectuées dans le domaine de la catégorisation, suite aux travaux d'E. Rosch (1976, 1978) et dont D. Dubois a résumé les ambiguïtés (1991). Ces études prennent historiquement origine à partir des travaux des anthropologues, lesquels avaient dégagé l'existence de régularités interculturelles dans les structurations de catégories d'objets universellement présents dans l'environnement : couleurs, animaux ou plantes (Berlin, 1978). Ces observations inspirèrent les psychologues, qui, à leur tour, s'efforcèrent de vérifier l'existence de tels principes universels appliqués à nos catégorisations d'objets simples ou familiers. Leurs analyses ont effectivement montré que nos processus de catégorisation d'objets témoignaient de la mise en œuvre de « principes » d'organisation des connaissances, motivés par la nécessité usuelle de réduire les complexités de l'environnement.

Deux principes furent ainsi dégagés : le premier faisant l'hypothèse que nous sommes capables de percevoir et de mémoriser des régularités sinon des invariances au travers des discontinuités entre éléments du monde ; le second postulant que cette organisation des connaissances en mémoire témoigne de l'existence d'une structure propre au monde. Ainsi nos processus de catégorisation traduiraient-ils à la fois l'existence d'attributs constitutifs des objets et les formes d'organisation de nos « catégories mentales » (Berlin, 1978). Concrètement, cela signifierait que le niveau de généralité des catégories mémorisées refléterait le niveau de perception des similitudes et des discontinuités entre objets de l'environnement ; les catégories seraient des « éléments primitifs » de la constitution et des fonctionnements de notre système cognitif et, de ce point de vue « mentaliste », il y aurait stabilité du système à l'intérieur de chaque sujet et entre individus.

A un premier niveau, dit d'*économie cognitive*, il y aurait une sorte de « découpage de base » de la réalité, plus proche du concret que de l'abstrait, et qui fonderait l'organisation de nos connaissances. Puis interviendraient différents niveaux d'abstractisation croissante, allant du plus générique au plus spécifique. Ainsi Berlin (1978), à propos d'espèces végétales, distingue-t-il cinq niveaux d'organisation : le règne (animal, végétal) ; la forme de vie (arbre ou fleur) ; le genre (chêne ou pin) ; l'espèce (chêne vert, pin parasol) ; la variété (chêne vert méditerranéen). Ces différents niveaux ne seraient pas de même importance cognitive, mais s'organiseraient de « façon optimale » à un niveau intermédiaire dit « niveau de base », correspondant au mieux à l'adaptation humaine à l'environnement selon le même principe initial d'économie cognitive.

A ce niveau de base, la discrimination des objets du monde en catégories se ferait effectivement en fonction des usages et des activités humaines. La définition du niveau de base dans la hiérarchie catégorielle se modulerait ainsi selon les connaissances et les pratiques des individus ou, en d'autres termes, leur *expertise* (Dubois, 1988). Ce niveau de base correspondrait encore à « la meilleure » coordination entre similitudes de formes et communautés d'attributs entre objets. Ces communautés d'attributs étant supposées s'organiser hiérarchiquement sous forme « conceptuelle » et, par suite, arborescente — les propriétés attachées aux concepts d'objets inscrites alors « harmonieusement » aux différents niveaux de la hiérarchie —, on comprend que ce modèle et ses dérivés aient connu un fort succès en intelligence artificielle (Quillian, 1968). Succès d'autant renforcé qu'on avançait encore que c'était à ce niveau de base que convergeait la communication verbale rassemblant les traitements cognitifs antérieurs. A la suite de ces propositions, de nombreux travaux (Tversky, Hemenway, 1983) allaient tenter de mettre en évidence que le découpage catégoriel s'opérait sur des configurations de « parties » à tout, en fonction d'« exemplaires » se distribuant selon un gradient allant du moins bon au meilleur, celui-ci étant supposé « typique » de la catégorie en question, et dès lors considéré comme *principe organisateur* du rangement catégoriel considéré.

Toutes ces approches impliquent d'adhérer à quelques postulats dont rien ne prouve la véracité : *1)* le monde physique objectif serait d'emblée porteur d'une organisation perceptible, et le sujet humain, ce faisant, ne ferait que redécouvrir des « lois du monde » ; *2)* ces lois s'organiseraient de façon analogue à ce que l'histoire de nos connaissances nous a accoutumés de ranger en « espèces » — il n'est pas innocent qu'autant d'expérimentations portent sur des classifications empruntées à la systématique botanique ou animale ; *3)* le système cognitif humain serait supposé comprendre et opérer de façon volontariste sur le monde, bien qu'étant reconnu en interaction avec son environnement. Rajoutons que le rôle du « verbal » dans toutes ces approches est majoritairement cantonné au domaine lexical ; ce qui tendrait à faire conclure que le langage ne serait que traducteur d'« états de pensée » réduits à des « dénominations », et que le système cognitif — « la pensée » — serait directement organisateur de nos expressions symboliques du monde.

En vérité, d'une part, l'organisation de nos catégorisations du monde est toujours tributaire de nos régulations pour l'action, et d'autre part, *nous sommes toujours en situation d'argumenter à la fois pratiquement et contextuellement*, pour réordonner ces catégorisations qui n'ont d'autre fondement que téléonomique, et les ajuster discursivement aux contraintes de chaque situation. Pour reprendre ici un exemple de Le Ny (1989), entre Jean qui vit à Grenoble et Marie qui vit à Rennes, sans doute existe-t-il une représentation, pour chacun de ces enfants, de ce qu'est « un chien » à partir de ce qu'il perçoit et de ce dont on lui parle, mais « il n'existe, en principe, aucune intersection entre l'ensemble fini des chiens particuliers réellement vus par Jean et celui des chiens vus par Marie ».

Cela se construit, comme toute catégorisation, entre effectivement des perceptions plus ou moins « abstractisées », mais toujours révisables, et des discours rapportés, des « jeux de langage », contribuant à cette révision même, et témoignant à chaque fois de la condition du discours comme lieu où un exemple viendra à expliciter puis affirmer « un exemplaire », lequel prendra statut du typique, au gré des circonstances, des moyens et des objectifs.

Que cela vienne ensuite comme fondation de « catégories du monde », cela effectivement s'opère selon des mécanismes où l'*abduction*, le plus souvent, s'offre comme condition favorable à la déduction et à l'inférence ; la notion d'abduction étant prise ici au sens peircien (Peirce, 2, 619-644), c'est-à-dire ce raisonnement « ordinaire » qui, s'appuyant sur un cas observé et y ajoutant une règle, en infère une déduction : « Ces haricots que je vois ici épars sont blancs ; or tous les haricots de ce sac sont blancs ; donc ces haricots proviennent (probablement) du sac. » Processus de *parcours* inférentiel, mais surtout de *schématisation organisant une catégorisation* — circonstancielle ici, mais il en va de même pour les plus générales ou abstraites — où, à chaque fois, tout schéma va se présenter comme « une structure d'information composée d'information constante et d'information variable » (Le Ny, 1989), jouant d'attributs repérés et de valeurs affectées à ces attributs.

L'espace visuel

Dans la plupart des travaux examinés jusqu'ici, il est présupposé que toute identification perceptive d'un objet traduit la capacité chez le sujet d'une représentation spatiale en trois dimensions (3D) en même temps que la conservation de propriétés d'invariance au-delà des modifications apparentes de l'objet. La construction d'un espace visuel 3D implique nécessairement la notion de *profondeur*, qui compose d'une part la distance absolue qu'il y a entre le sujet et l'objet, et d'autre part les distances relatives entre dimensions de l'objet ou entre objets séparés. L'hypothèse générale est que nous aurions représentation du relief des objets à partir de l'intégration de ces différentes distances relatives.

La profondeur : indices sensoriels et picturaux, invariants spatiaux

Les informations sensorielles sur les profondeurs relatives des objets nous sont données à partir du déplacement des objets, bien sûr, mais aussi en fonction de nos propres déplacements dans l'environnement. On a constaté ainsi que la majorité des espèces animales manifestent des réactions d'évitement lors de l'approche *(booming)* rapide d'un objet. La même réaction s'observe chez le nouveau-né humain très précocement, sous forme d'un retrait de la tête, lorsqu'on approche un objet ou qu'augmente la taille de son image dans le déplacement. Il y a donc bien des mécanismes neurosensoriels spécialisés dans le traitement de ces informations et tributaires des mouvements d'approche ou d'éloignement (Regan et *al.*, 1986). Par ailleurs, on sait que lorsqu'on translate un objet face à un observateur, les vitesses relatives des images rétiniennes gauche et droite vont être différentes. Cette disparité de vitesses est un indice stéréoscopique précis de la direction du mouvement en profondeur. Regan et *al.* ont encore montré que la stéréoscopie statique et la stéréoscopie dynamique correspondaient à deux mécanismes séparés en profondeur, le premier signalant les différences de *position*, le second, les différences de mouvement (Bonnet, 1989).

Les indices statiques de la profondeur nous sont donnés par les caractéristiques géométriques de la stimulation au niveau de sa projection rétinienne et par les différences de propriétés du stimulus lumineux. En première approximation, ainsi, la taille angulaire d'une forme apparaît proportionnelle à son étendue et la taille angulaire des objets familiers peut s'avérer constituer un indice de profondeur absolue. Cela d'autant que les surfaces d'objets constituant notre environnement sont porteuses de textures visibles et que ces textures vont se constituer comme gradients de distances entre ces surfaces et celui qui observe (Gibson, 1950). D'autre indices géométriques vont intervenir avec l'interposition — les objets de premier plan peuvent masquer d'autres objets plus éloignés — ou encore les variations des flux lumineux atteignant l'œil. Ces variations proviennent de l'éparpillement des rayons lumineux dû à la suspension dans l'air de particules de poussière et d'eau. En conséquence, l'efficacité des indices picturaux dans nos représentations de la profondeur va dépendre fortement de nos familiarisations individuelles ou collectives vis-à-vis de *scènes* visuelles quotidiennes : familiarisations directement intégrées à nos schémas de l'espace perceptif. De la sorte, il nous est possible d'assurer une certaine stabilité à nos représentations perceptives au-delà des variations permanentes de nos informations sensorielles. Cette stabilité, nommée encore *invariance*, n'est que relative : lorsque le regard se déplace, l'image de la forme perçue se modifie en même temps et d'une saccade à l'autre. En conséquence, l'identification des objets sera perturbée et il vaudra mieux parler d'*invariance relative* à la translation dans le plan fronto-parallèle. De même, tout changement de l'orientation en profondeur viendra transformer la forme rétinienne d'un objet. La constance de la forme se traduit sous forme d'un équilibre plus instable qu'il n'y paraît, en tout cas relativement à la constance des grandeurs.

Toute perception apparaît donc, d'une part, *construite par l'organisme* à partir d'un certain traitement des informations fournies par l'environnement, et d'autre part *tributaire ou contrainte* par les caractéristiques mêmes de notre système perceptif. Parler de « traitement des informations » a cependant une vertu méthodologique, qui est celle d'amener à différencier plusieurs niveaux de fonctionnement de ce traitement, et de processus associés à ces traitements. Pour autant les difficultés ne sont pas aplanies car encore faut-il savoir distinguer entre *facteurs sémantiques* et *facteurs structuraux*, ces derniers autant liés à la forme des objets perçus qu'à la disposition même de nos appareils perceptifs. Tel est le cas du problème des « contours subjectifs » évoqué précédemment. La psychologie cognitive sur ces divers points demeure à la recherche de méthodes appropriées. Le partage en sous-disciplines — perception, mouvement, perception du langage, etc. — fait encore obstacle à toute synthèse « holistique » des systèmes de nos adaptations et appréhensions du monde.

La motricité : programmation et contrôle

Comme le remarque Pailhous, si l'étude du mouvement semble être un indicateur privilégié de nos fonctionnements, l'intérêt des psychologues pour ce domaine de recherche continue à demeurer paradoxalement faible. Sans doute parce qu'il semble difficile d'associer directement motricité et fonctionnement cognitif, et que, « dans cette optique, le mouvement semble alors présenter moins de puissance que la production verbale par exemple, qui est considérée comme harmonieusement liée à la pensée, au raisonnement, etc. » (Pailhous, Bonnard, 1989). Cela traduit une vision limitée du comportement moteur comme simple expression des processus cognitifs.

En vérité : *1)* les manifestations motrices sont à elles-mêmes des processus cognitifs à part entière ; *2)* les activités sensori-motrices sont intriquées aux activités intellectuelles — les travaux de psychologie génétique sur le développement du jeune enfant l'ont suffisamment montré (Piaget, 1936 ; Wallon, 1959) ; *3)* le mouvement n'est pas seulement expression d'autres activités : il en est manifestement le lieu d'intégration entre processus automatiques, sensoriels, adaptatifs ou cognitifs : comprendre cette intégration peut un jour se révéler primordial pour l'explicitation de nos processus cognitifs fondamentaux.

D'où une série d'interrogations essentielles : quels principes organisateurs viennent sous-tendre nos productions motrices et l'extrême variété de nos gestes ? Qu'y a-t-il entre des comportements moteurs simples et des activités élaborées telle l'écriture ? Comment tous ces « gestes » peuvent-ils se déclencher et se contrôler ?

Deux perspectives sont dominantes : l'une conçoit le mouvement comme réaction aux impulsions du monde externe ; l'autre considère la motricité comme production autonome de nos visées à transformer l'environnement ou à s'y adapter. Ces deux courants longtemps en opposition sont aujourd'hui à la rencontre l'un de l'autre dans la perspective intégrative évoquée précédemment.

C'est pourquoi on s'intéresse de plus en plus à l'intrication entre motricité et processus cognitifs dans les mécanismes de planification ou de contrôle du mouvement (Magill, 1983). Les processus en question apparaissent simples ; en réalité, ils diffèrent toujours selon la tâche ou les types ou niveaux d'apprentissage. La question est ici, en vérité, centrale : toute notre existence cognitive semble bien fortement imbriquée à nos différentes expériences et capacités sensorimotrices selon les « entrées » ou « sorties » de nos adaptations au monde. En conséquence, il importe : d'analyser le rôle de nos informations sensorielles dans le traitement des informations extérieures ; de comprendre l'impact de nos systèmes moteurs dans ces processus d'adaptation et de contrôle cognitifs du monde. Ainsi de « la notion de schéma corporel, où la représentation qu'a le sujet de son corps ne peut être indépendante des propriétés objectives du corps lui-même » (Pailhous, Bonnard, 1989).

La motricité : préliminaires généraux

Tout geste « efficace » présuppose un certain nombre de conditions. Il y a d'abord la *fonction tonique*, qui est cette disponibilité de l'appareil moteur à répondre aux excitations — celles des muscles par exemple. Il y a ensuite les *postures* sur lesquelles le mouvement va se greffer, et dont on peut distinguer deux grandes formes : *antigravitaire*, du type de la station érigée qui permet la lutte contre la pesanteur (rôles de la surface d'appui, du poids du corps et repérage de la verticale) ; *directionnelle*, au sens de la « capture » des stimuli sensoriels : immobilisation attentive, orientation spécifique de la tête, positionnements des organes sensoriels, projection du mouvement dans l'espace (Paillard, 1976).

Naturellement, l'environnement physique joue un grand rôle, tant aux plans des anticipations de mouvement qu'il implique qu'à celui des contraintes qu'il impose à l'exercice de ces mêmes motricités. De même qu'importent le but et les dimensions du mouvement selon qu'il s'agira de *morphocinèses* (mouvements tributaires d'un modèle interne) ou de *topocinèses* (mouvements orientés vers un but dans l'espace), et qui, dans les deux cas, vont manifester la relation indissociable entre l'espace et la motricité (Paillard, 1974).

Quatre classes de mouvements retiennent l'attention des

chercheurs : la saccade oculaire, la saisie manuelle, la locomotion et l'écriture.

La *saccade oculaire* peut être considérée comme une activité topocinétique au sens précédent : son rôle est d'inscrire dans la zone fovéale de l'œil à chaque fois différents types de configurations de l'espace environnant. Elle fonctionne à la manière d'un mouvement balistique : automaticité, enchaînement, pauses et fixations. Parler de processus cognitifs à ce niveau ne peut s'entendre que sous l'angle de la répétitivité : « On apprend à “voir”, ce qui se manifeste par des enchaînements différents de saccades pour le même stimulus selon l'âge, l'apprentissage » (Pailhous, 1989).

De même de la *saisie manuelle* dont l'objectif est aussi spatial, bien qu'à la différence de la saccade oculaire elle demande longtemps à s'établir chez le nourrisson et le jeune enfant (Trevarthen, 1975 ; Hay, 1987). Quant à l'*écriture*, elle est, comme la danse ou d'autres gestes expressifs, une activité morphocinétique manifestant une grande variété d'adaptations à différents types de contraintes spatiales (pages, lignes, etc.). Enfin, la *locomotion* manifeste un certain nombre de points communs autant avec l'exploration visuelle qu'avec l'écriture. Comme pour l'œil dans ses mouvements de saccade, le pied peut être conduit à des mouvements brutaux et chaque avancée est séparée par une pause, mais comme dans le cas de l'écriture, il est toujours possible de moduler la longueur ou la vitesse de ses pas, leur cadence et surtout de s'adapter aux différents obstacles.

On est ainsi en mesure aujourd'hui de distinguer quelques grandes familles de gestes, tels ceux qui consistent, lorsqu'on veut saisir un objet, à projeter d'abord le bras vers cet objet puis à ouvrir la main durant la trajectoire. Cela correspond à ce qu'on nomme depuis Piaget un *schème*, autrement dit à une structure commune à tous les gestes de préhension. De même à propos de la marche où l'on observe que la structure temporelle du geste locomoteur — phase d'appui du pied au sol et phase de transport de la jambe dans l'avancement — se conserve quelle que soit la rapidité de la marche. La plupart des auteurs avancent l'hypothèse de l'existence d'une *mémoire du geste* au sein du système nerveux central, laquelle correspondrait à une sorte de « programme moteur généralisé »

(Schmidt, 1982) ou d'abstraction d'une famille de gestes, dite encore « schéma moteur » (Stelmach et *al.*, 1982).

Mémoire centrale et messages sensoriels

Cette mémoire centrale n'est assurément pas suffisante : encore faut-il au sujet à chaque fois actualiser un certain programme moteur en fonction de ce qu'il entend réaliser et des contextes dans lesquels son mouvement va intervenir. Un certain nombre de recherches ont ainsi porté sur le rôle des informations données au préalable au sujet, en observant ensuite les temps de réaction de façon à contrôler cette étape préliminaire de spécification pour l'action *(precuing)* avant l'ordre donné d'agir (Rosenbaum, 1983). Les résultats témoignent d'une actualisation du programme moteur au travers de séries de contractions musculaires organisées, comme une sorte de déroulement d'une « mémoire du mouvement ». A partir de là, ont été explorées les *propriétés invariantes de la performance*, c'est-à-dire celles qui se manifestent comme indépendantes des conditions d'exécution (locomotion, parole, pointage, etc.).

Les invariances du mouvement s'avèrent témoigner de l'existence de lois générales structurant l'organisation spatio-temporelle de la motricité. Cela ne signifie pas pour autant qu'il soit aisé de dégager de telles lois générales. En témoigne le débat vivace sur le contrôle de l'amplitude du mouvement de pointage à propos duquel on peut au moins faire trois hypothèses : *1)* celle d'un contrôle spatial direct de l'amplitude qui supposerait une représentation centrale des commandes motrices et donc l'intervention d'un système de transformation des coordonnées spatiales en coordonnées articulaires du coude et de l'épaule (Pellionicz et Llinas, 1980) ; *2)* celle encore d'un « codage » de la force et de sa durée d'application (Schmidt et *al.*, 1979) ; *3)* celle, enfin, selon laquelle le point final du mouvement jouerait le rôle de point d'équilibre entre muscles agonistes et antagonistes sous l'angle de la longueur et de la tension du muscle (Kelso et *al.*, 1980).

La question est alors de savoir si les différents types d'informations sensorielles qui nous parviennent participent, et sous quelles formes, à ce contrôle du mouvement en vue de l'adapter aux finalités de l'action. On peut distinguer deux grandes classes d'informations sensorielles : celles qui nous viennent de l'environnement (extéroceptives) et celles que notre corps lui-même nous fournit (proprioceptives). Les premières contribuent à la détermination des buts et moyens de nos actions : Gibson (1958) a proposé le concept d'*affordance* pour rendre compte de cette relation intriquée qu'il y a entre perception et motricité, au sens des « valeurs utiles » que l'environnement peut offrir à l'individu en fonction des propriétés de son corps. Le second type d'informations, les proprioceptives, sont tributaires des niveaux successifs de récepteurs physiologiques et intégrateurs de notre corps : les récepteurs neurosensoriels des muscles ; ceux des tendons (organes tendineux de Golgi) ; les récepteurs articulaires (articulations), etc.

En conséquence : les différents messages que vont envoyer ces récepteurs seront intégrés à plusieurs « étages » et en particulier à celui du cortex somesthésique pour se projeter ensuite de façon ordonnée aux différents plans de commande de la gestualité afin d'organiser la régulation sensorimotrice jusqu'à l'émergence de sensations conscientes.

Au niveau cortical, cette intégration perceptive des messages sensoriels contribue à notre prise de conscience des mouvements variés de nos « segments » corporels, et cela même lorsque nous ne les voyons pas, sous la forme effective d'une sorte de *schéma corporel* dont nous sommes constamment porteurs. Au plan des dispositifs corporels concernés, il faut citer en premier lieu la tête, qui joue un rôle très important puisqu'elle informe directement le système nerveux central grâce à l'œil — qui assure la référenciation permanente de l'environnement (référentiel extérieur) —, et aux vestibules qui jouent le même rôle par rapport aux forces de gravité (référentiel géocentré). « La tête est de ce fait située en permanence en position relative par rapport au reste du corps et en position absolue dans l'espace » (Pailhous, 1989). Du point de vue physiologique, cela signifie :

— qu'au niveau de l'œil deux grands systèmes fonctionnels de perception du mouvement vont concourir : *a)* un système rétino-tectal de détection des mouvements d'objets dans le champ visuel ; *b)* un système (voie optique accessoire) informant des glissements rétiniens de la scène visuelle en fonction de nos mouvements propres (Frost, 1982) ;

— qu'au niveau de l'appareil vestibulaire — situé à l'intérieur de l'oreille et constitué d'une série de renflements tapissés de récepteurs sensoriels ciliés et de trois canaux semi-circulaires orthogonaux remplis d'un liquide gélatineux et situés dans les trois plans de l'espace —, lorsque la tête va se déplacer, le liquide gélatineux va suivre ce mouvement et les cils se courber en sens inverse : cette courbure va faire décharger les récepteurs situés à leur base. De là un message nerveux qui sera envoyé en différents endroits du cerveau.

Ces messages visuels et vestibulaires vont être intégrés au travers de ce que Gibson nomme un *flux optique* traité notamment par la voie optique accessoire (Lee, 1980). Ce flux optique est produit par les mouvements de la tête et va dépendre de la vitesse et de la direction de ce mouvement. Par exemple, lorsque nous tournons la tête à droite, le champ visuel se déplace en sens inverse vers la gauche et d'autant plus vite que la tête tourne rapidement. La question est de savoir comment s'opère effectivement cette intégration entre perception et motricité aux niveaux centraux et périphériques.

Les différents niveaux d'intégration sensorimotrice

Les observations de lésions étagées du système nerveux chez l'animal ont permis de spécifier trois niveaux d'intégration sensorimotrice.

• La *réponse réflexe* implique l'intervention de la moelle épinière, laquelle s'avère responsable de la génération des mouvements élémentaires dits « réflexes », transitant au travers de circuits simples des cellules nerveuses.

• La *réponse automatique* traduit l'intégration des messages sensoriels par le tronc cérébral. Un animal dont on sépare la moelle épinière et le tronc cérébral du reste du système nerveux, peut conserver l'équilibre, déplacer sa tête et les yeux et même marcher, mais il se révèle incapable d'éviter les obstacles et, même, témoigne de périodes de « progression obstinée », au sens qu'il continue à marcher contre un objet alors qu'il n'avance plus. Il en va de même chez des nouveau-nés anencéphales, c'est-à-dire privés de structures cérébrales supérieures au tronc cérébral, mais capables cependant de téter, de porter leurs mains à la bouche ou de suivre de la tête et des yeux un objet en déplacement (Ajuriaguerra, 1978). Il est manifeste qu'un certain nombre de fonctions motrices rudimentaires sont intégrées à ce niveau.

• La *réponse volontaire* ou l'intégration au niveau du cortex : ce dernier niveau est mobilisé dans tous les cas de motricité volontaire et fait intervenir plusieurs types de structures corticales — aires préfontales, frontales, etc. — et non corticales : système limbique. Il semble que le cortex pariétal associe les messages sensoriels provenant de différentes modalités (visuelle, somesthésique) ayant pour rôle de construire le cadre de référence spatial nécessaire au déroulement de l'action (Pailhous, 1989).

1) En premier lieu ainsi, c'est le *cortex moteur* qui va être associé à la commande motrice volontaire. Il est constitué de deux parties :

— Le cortex moteur dit *primaire* puisqu'on peut y localiser une véritable « cartographie » des zones de commande des différents segments corporels. Par exemple, lorsqu'on y applique une stimulation électrique de faible intensité, on déclenchera un mouvement localisé sur l'hémicorps controlatéral, tel qu'une flexion du doigt. A chaque région corporelle correspond dans le cortex moteur, une région plus ou moins étendue selon la précision des mouvements requis. Ce cortex moteur primaire donne naissance à plusieurs voies motrices descendantes qui vont intervenir sur les motoneurones de la moelle soit directement (voie cortico-spinale ou pyramidale) soit indirectement par l'établissement de relais traversant différents noyaux (voies cortico-rubrique, cortico-striée, cortico-bulbaire, etc.).

— Le cortex moteur dit *non primaire* parce qu'il est difficile en revanche d'y déclencher par stimulation des mouvements et que, lorsque c'est le cas, ces mouvements se révèlent extrêmement complexes : motricité des yeux, vocalisation, mastication, etc. Ce cortex non primaire est constitué du cortex prémoteur et de l'aire motrice supplémentaire : le premier apparaît responsable de tous les processus de préparation motrice ; le rôle de la seconde est moins connu : l'hypothèse est qu'elle interviendrait dans la préparation de gestes volontaires complexes impliquant des enchaînements d'actions motrices.

2) Les *ganglions de la base* recouvrent différentes structures anatomiques porteuses de fonctions très différenciées : le *noyau caudé* servirait à intégrer des informations et le *putamen* aurait une fonction plus spécifiquement motrice. Pour certains, ces ganglions de la base contribueraient à la planification de l'action en ayant pour fonction d'adapter les plans moteurs, élaborés dans les aires corticales, aux nécessités de la situation. Pour d'autres (Moll et Kuipers, 1977), leur rôle serait d'inhiber le mouvement immédiat afin de favoriser un traitement plus adéquat et complet de la situation. On peut donc les considérer comme une « structure intégrative de haut niveau » dans la mesure où ils assureraient l'extraction d'informations pertinentes en provenance de diverses sources (système limbique, aires corticales, etc.) et la mise en relation de ces informations.

3) Le *cervelet*, apparemment, n'intervient pas dans les processus de planification de l'action, mais à l'observation de patients cérébelleux dont les gestes sont extrêmement décomposés dès qu'ils doivent accomplir une action motrice, il apparaît bien jouer un rôle en facilitant notamment l'enchaînement des différentes actions élémentaires constitutives de la motricité. On peut donc supposer qu'il est une sorte de système d'optimisation des commandes motrices organisées par d'autres centres nerveux, soit à partir de représentations précédant le mouvement, soit, en retour, sur la base des informations sensorielles issues de l'exécution (Pailhous, 1989).

Le contrôle moteur et les théories

Autant le rôle des facteurs cognitifs lors des séquences de planification et de programmation a-t-il été bien reconnu, autant ce rôle est moins évident dans les processus d'exécution du mouvement, dans la mesure où ces processus apparaissent se situer à un niveau élémentaire, voire non conscient, échappant de ce fait au contrôle cognitif. C'est sur ce point que les principales théories en vigueur divergent, notamment celles d'Adams (1971) et de Schmidt (1975). Le premier fait l'hypothèse d'une « mémoire » chargée de contrôler la direction du geste, de le déclencher et de lui donner une poussée initiale vers la cible : ce qu'il nomme un *programme moteur modeste*. La *théorie des schémas* de Schmidt insiste en revanche sur la notion de programmation du geste et de schéma moteur, donc sur le caractère proactif du comportement.

L'idée de schéma est ancienne en psychologie cognitive : un « schème moteur » serait une règle s'appliquant aux propriétés de l'organisme et, en ce sens, le schéma se définirait comme « un espace de problèmes dans lequel il est pertinent (d'où la nécessité d'élément déclencheur, condition initiale du schéma) et par sa puissance (son caractère algorithmique par exemple) » (Pailhous, Bonnard, 1989). On retrouve l'idée de « modeste programme moteur » d'Adams, et même, comme le font remarquer Pailhous et Bonnard, la notion de « réflexe d'orientation » vers la stimulation, déjà décrite par Pavlov (1927). D'où une série de remarques propositionnelles opérées encore par Pailhous : *a)* à la base de tout geste, il y a un schéma ; *b)* le rôle du schéma dans la production du geste est plus ou moins important ; *c)* ce schéma doit être spécifié dans ses paramètres ; *d)* cette spécification produit non pas le geste mais la structure du geste ; par exemple, lorsqu'on fait exécuter un geste de très nombreuses fois, dans des conditions initiales identifiques, ce geste peut devenir complètement programmé ; *e)* cette spécification « non schématique » nécessite l'utilisation de réafférences ; *f)* ces réafférences associées à tout geste ne sont pas nécessairement réutilisables dans le contrôle du geste et cela est vrai autant pour les gestes brefs que pour les gestes durables, impliquant de fréquents changements d'exécution (piano, écriture) ; *g)* ces réafférences interviendraient non dans le contrôle du geste, mais dans le contrôle du déroulement du programme et, dans ce cas, ce ne serait pas les réafférences du geste lui-même qui seraient utilisées, mais celles de ses propriétés structurales correspondant à son schéma et nécessitant dès lors un traitement central au niveau cognitif.

Dès lors, « la partie schématique du geste est, par définition, adéquate à la classe de questions auxquelles ces gestes répondent, aussi ce contrôle du programme est-il généralement silencieux » ; en revanche, lors d'incidents de programmation du geste, il y a recours général à des processus cognitifs souvent conscients, portant non sur le projet mais sur le schéma. Cela implique que soient liés en mémoire le schéma moteur et les réafférences qui lui correspondent. Pailhous et Bonnard soulignent à ce propos qu'un résultat intrigue Schmidt : comment se fait-il que la « pratique mentale du geste (en son absence donc) ait un effet sur la performance pour les hauts niveaux d'habileté alors que les éléments cognitifs sont présumés être déjà appris » ? Selon eux « c'est que l'évocation du schéma moteur induit celle du schéma des réafférences » en tant que structure générale du geste.

Il y a donc bien *contribution des processus cognitifs au contrôle du geste*, sous forme successivement : de contrôle de l'adéquation du projet moteur ; de vérification de l'exécution du geste projeté ; de mise en correspondance des réafférences du geste avec les attentes ; de comparaison entre la structure des réafférences et celle du programme (les invariants du geste sont-ils présents dans le geste exécuté ? Si oui, le programme se déroule, sinon, il y a retour au projet moteur) ; de corrélation entre programme et spécification du geste : plus le geste est programmé, moins il est à spécifier, et réciproquement ; de réitération des gestes spécifiés, laquelle réitération est à la base de l'extraction de leurs invariants et donc leur programmation ; de la « pratique mentale » qui est l'évocation des réafférences et non de la commande et qui intervient même dans les gestes fortement programmés.

« Le "programme" n'est donc pas "derrière" l'infinité des gestes qu'il engendre, mais "dans" la fraction programmée de chacun d'entre eux et donc parfaitement observable » (Pailhous, 1987). On peut alors avancer l'hypothèse qu'il y a, sous-tendant tous nos gestes même les plus familiers — et par là hautement schématisés —, une liaison nécessaire entre le proprioceptif musculaire et des classes de processus cognitifs élémentaires du type « surveillance du bon fonctionnement ». Cette liaison entre proprioception et cognition dans le contrôle et la programmation du mouvement est un enjeu important des recherches, notamment au plan évolutif.

L'évolution des modes de contrôle

Les travaux de ces dix dernières années ont ainsi permis de progresser considérablement dans la connaissance du développement sensorimoteur. On sait aujourd'hui beaucoup de choses à propos de ce développement chez le nouveau-né, tant aux divers plans des capacités perceptives visuelles (Bower, 1966 ;

de Schonen, 1991), olfactives (Engen et Lipsitt, 1965), imitatives (Vinter, 1985), qu'à celui de mécanismes élémentaires comme la reconnaissance du visage de la mère (de Schonen et Mathivet, 1989) ou de sa voix (Mehler et *al.*, 1976).

De toutes ces recherches, on peut extraire à titre exemplaire les observations recueillies à propos de deux types de motricités significatives : la locomotion et la saisie manuelle.

Le comportement locomoteur s'opère sur une base génétiquement déterminée et se développera à partir de conditions toniques et posturales favorables : le tout jeune enfant va ainsi successivement contrôler les mouvements et positions de sa tête, puis acquérir la position assise, ensuite la station debout et, enfin, progressivement maîtriser la marche en se tenant d'abord, en se tirant ensuite, jusqu'à pouvoir enfin marcher seul. La saisie manuelle requiert pour son développement des processus plus complexes. On peut distinguer deux « sources » d'amélioration de l'efficacité de ce comportement : d'un côté, l'amélioration du programme de transport du bras conduisant celui-ci de manière de plus en plus précise vers l'objet ; de l'autre, l'apparition de la « pince digitale » qui va permettre de pouvoir saisir et manipuler les objets (Pailhous et Bonnard, 1989).

Ces comportements sensorimoteurs vont connaître différents niveaux d'intégration au long des étapes du développement : à la naissance, le comportement sensorimoteur est essentiellement réactif et réflexe, d'origine sous-corticale ; vers deux mois, une première transition importante conduit l'enfant vers le début du contrôle intentionnel (Vurpillot et Bullinger, 1983) ; la maturation du système nerveux central va s'étaler sur une dizaine d'années, avec l'augmentation de la taille des cellules nerveuses et du nombre de connexions de différenciations biochimiques entre elles ; mais les racines motrices et sensorielles de la moelle épinière, qui vont assurer l'intégration réflexe, sont matures dès la naissance pour les premières, et dès l'âge de quatre à six mois, pour les secondes.

La question qui émerge alors est celle des liens entre motricité réflexe et motricité volontaire. Deux types d'hypothèses ont été avancés : *1)* le mouvement volontaire dériverait du mouvement réflexe à partir d'une réorganisation des éléments constituant différentes sortes de réflexes (Thelen, 1983) ; *2)* la motricité volontaire se développerait en contradiction avec la motricité réflexe (Bower, 1977 ; Von Hofsten, 1979), mais pour Bruner et Bruner (1968), cette réorganisation des éléments constitutifs de la motricité réflexe s'opérerait au travers de l'intentionnalité.

Les recherches effectuées pour tenter de trancher entre ces deux hypothèses portent majoritairement sur le nourrisson et le bébé. On observe qu'entre quatre et dix-huit mois le bébé puis le tout jeune enfant va contrôler de plus en plus à la fois les buts qu'il se choisit et les conduites nécessaires à leur atteinte sous forme de *programmations* : globale des activités élémentaires juxtaposées ; d'ensemble de l'activité composée de préhension avec contrôle proactif ; d'ensemble de l'activité de préhension et de programmation locale de ses différentes composantes ; conjuguée de l'activité de préhension avec contrôle proactif et rétroactif couplés. Entre quatorze et dix-huit mois, l'enfant associe de mieux en mieux les deux modalités proactive et rétroactive de contrôle ; il tire profit des informations visuelles sur le mouvement et cela lui favorise des gestes de plus en plus efficaces. A sept ans, les mouvements sont encore discontinus, mais l'information visuelle joue un rôle grandissant dans le contrôle et ce calibrage du geste va s'accroître entre neuf et onze ans. L'enfant évolue lentement vers un contrôle du mouvement analogue à celui de l'adulte.

Tout apprentissage sensorimoteur peut donc être considéré comme constitué d'un « ensemble de processus associés à l'exercice ou à l'expérience conduisant à des modifications relativement permanentes du comportement habile » (Schmidt, 1982). Sans doute le rôle des processus cognitifs est-il bien connu lors de l'étape initiale d'apprentissage ; il l'est moins lors des étapes suivantes notamment celles d'automatisation. C'est qu'en effet les interactions entre processus cognitifs et motricité se révèlent multiples et complexes. Au mieux peut-on les éclairer, comme le soulignent Pailhous et Bonnard (1989), en portant l'attention sur les processus « ascendants » plutôt que « descendants ». Dès lors, on comprend mieux le caractère adaptatif de nombreux traitements non cognitifs, ce qui, par voie de conséquence, permet de dégager la part réelle des processus cognitifs, on l'a vu précédemment.

Conjointement, il est vrai que les processus descendants n'interviennent que peu dans le champ des activités sensorimotrices. Leur rôle est de constituer des *représentations efficaces* pour agir sur l'environnement. C'est aussi qu'il y a danger à concevoir un « tout cognitif » en matière de psychologie, ce qui supposerait que notre appareil psychique soit toujours et directement en contact avec le monde. On sait que ce « contact direct » n'est jamais qu'imaginaire : en témoigne cet incontournable des *représentations et traitements* que nous nous faisons du monde ou lui appliquons pour s'y adapter et agir sur lui.

Informations symboliques, connaissances, représentations et raisonnements

Les différents niveaux du traitement cognitif

On a coutume en effet d'attribuer au « cognitif » la forme de « représentations » et de « traitements de l'information ». Cela sous-entend que les représentations sont des connaissances avec les interprétations qui leur sont associées, et que les traitements prennent l'allure d'inférences et de jugements orientés vers la compréhension et l'action. Cela signifie encore qu'il est d'usage de distinguer dans le cognitif au moins trois niveaux (Richard, 1990) :

— un *niveau infra-sémantique*, qui est celui de l'analyse du signal, tel qu'on l'a vu précédemment en perception visuelle ou en motricité, et sous la forme de l'existence de systèmes spécialisés dans l'extraction et l'analyse des informations issues de nos activités sensorimotrices ;

— un *niveau sémantique d'identification des objets physiques ou symboliques* comme, par exemple, les mots de la langue ou les représentations figurées : programmation du mouvement, perception des objets physiques ou imagés, perception des mots ou des phonèmes. A ce niveau encore, les processus demeurent tributaires de mécanismes intégrateurs d'informations en provenance des codes sensoriels et partiellement d'informations sémantiques et symboliques ;

— un *niveau sémantique du traitement des significations en vue d'élaborer des décisions d'action* : ce niveau est celui de l'interprétation et de l'intégration des significations que notre système cognitif opère à partir de l'environnement en identifiant des objets et, par voie de conséquence, en sélectionnant et en élaborant des significations en vue de choisir et de planifier des actions. C'est pourquoi il est essentiel, à ce niveau, d'étudier les contraintes structurales et fonctionnelles de nos systèmes de traitement de l'information.

Le fonctionnement cognitif et le traitement de l'information symbolique

Tout fonctionnement cognitif appliqué à traiter l'information dépend directement à la fois de nos mécanismes de stockage et de récupération pour ce faire — nos structures mnésiques —, et des conditions ou modalités des informations selon lesquelles vont s'exécuter ces opérations de traitement.

On peut distinguer ainsi dans les processus et fonctionnements de la mémoire : les problèmes structurels : mémoire à court ou à long terme ; les spécificités du fonctionnement : modes de stockage et de récupération des informations. En ce qui concerne les opérations de traitement des informations, il s'agira de l'étude de ces contraintes qui viennent peser sur la disponibilité des informations en « mémoire de travail » : capacité en mémoire, vitesse des opérations, coût d'exécution ou « charge mentale ». Il y a encore à considérer ce qui sépare les processus contrôlés de tous les autres, souvent rapides, qualifiés d'automatiques.

Les structures mnésiques et la cognition

On peut considérer usuellement la mémoire humaine comme « connaissance du passé » (Piaget, 1970), mais elle est aussi ce qui détermine notre présent et nos perceptions. « La mémoire produit, de façon permanente, des schémas hiérarchisés et emboîtés qui façonnent nos anticipations et sont porteurs de surprise potentielle » (Tiberghien, 1989). De la sorte, la mémoire n'a pas seulement pour fonction de rappeler ou réactiver le passé ; elle est aussi ce qui permet constamment l'apprentissage. Pour que notre mémoire sous-tende réellement cette fonction d'apprentissage, il faut que le système humain soit doté de ce qu'on nomme des *boucles de rétroaction* qui vont s'emboîter récursivement. Cela s'explicite à l'examen des méthodes d'étude de la mémoire.

Les études sur la mémoire

La plupart des recherches expérimentales pratiquées sur la mémoire adoptent généralement le même paradigme articulé en trois phases : l'*encodage* et le *stockage* qui supposent que nos informations perceptives sont transformées en *représentations mentales* associées à d'autres ; la *rétention* qui a fonction d'emmagasiner ces représentations ; la *réactivation* de ces représentations mentales.

A partir de là, trois grandes familles de méthodes d'études ont été générées.

1) Les *méthodes directes* consistent à placer le sujet dans une situation expérimentale où il s'agit de se souvenir intentionnellement d'un épisode antérieur de son existence, bien localisé dans l'espace et dans le temps (Tiberghien et Lecocq, 1983). Ces méthodes sont anciennes ; la plus classique est le *rappel indicé* où l'on observe, selon plusieurs indices perceptifs, la capacité d'évocation d'une cible apprise auparavant.

2) La *reconnaissance* est une autre méthode directe qui consiste à faire se remémorer un épisode produit antérieurement et dans un contexte bien défini. Cette reconnaissance d'occurrence n'est pas la reconnaissance catégorielle, laquelle implique de demander aux sujets la reconnaissance de l'appartenance d'un objet à une catégorie.

3) Les *méthodes indirectes* ne visent pas à questionner la mémoire du sujet : on lui demande d'effectuer une tâche cognitive ou cognitivo-motrice spécificiée, et cette activité peut être « facilitée » si elle a déjà été réalisée auparavant. La mesure de cet effet de facilitation apparaît bien comme un indicateur indirect d'une influence mnémonique sur la tâche concernée (Richardson-Klavehn et Bjork, 1988). La plupart de ces mesures indirectes ont pour objet d'étudier les processus de nature sémantique ou conceptuelle, qu'il s'agisse d'informations lexicales (reconstitution d'un mot à partir de fragments) ou perceptives (reconnaissance des visages).

Enfin, on peut étudier encore les fonctionnements de la mémoire au moyen de méthodes de simulation (Tiberghien,

1989) et selon deux types de procédures. Dans le premier cas, on établit un modèle psychologique dont les composantes structurelles et fonctionnelles vont prendre la forme d'un système d'équations paramétrées. La simulation consistera à déterminer expérimentalement la valeur de ces paramètres : ce sont toutes les recherches sur les modèles stochastiques de la mémoire et de l'apprentissage. Le second cas concerne ces méthodes qui visent à tester des modèles psychologiques de la mémoire en « transportant » leurs propriétés architecturales et fonctionnelles sur des systèmes artificiels de traitement de l'information (Tiberghien, 1990). Ce sont des simulations « physiques » et non pas seulement mathématiques ; le meilleur exemple en est le développement récent des différents modèles connexionnistes (McClelland et Rumelhart, 1986).

Ces vingt dernières années, ainsi, des avancées considérables ont été accomplies dans la connaissance des fonctionnements et des lois empiriques de la mémoire en vue de stabiliser un certain nombre de modèles théoriques appliqués aux processus et traitements de l'information. Nous savons aujourd'hui beaucoup de choses quant aux fonctions transitoires et permanentes de la mémoire.

Les mémoires transitoires

Dissocier le transitoire du permanent dans le fonctionnement de la mémoire est une vieille préoccupation de la psychologie (James, 1890 ; Hebb, 1949). C'est dans cette continuité de recherches qu'ont été distinguées successivement des notions telles que celles de *registres sensoriels* (RS), de *mémoire à court terme* (MCT) et de *mémoire à long terme* (MLT). Ainsi ont été analysés aussi bien les processus de mémoire immédiate de séries de chiffres (Miller, 1956) que la répétition mentale et l'oubli induit par une tâche distractive (Peterson et Peterson, 1959), ou encore ont été observés des patients cérébrolésés et montrant des troubles soit de la MLT soit de la MCT (Shallice et Warrington, 1970).

Cette longue série de travaux semble attester la pertinence du modèle de Broadbent (1958), complété par Atkinson et Shiffrin (1968). Selon ce modèle « modal », l'information serait d'abord stockée sans être analysée dans un registre sensoriel de capacité illimitée (RS) ; une partie en serait codée puis transmise à un registre permanent (MLT) prenant la forme d'un réseau de concepts, constitutif de la « base de connaissances » du sujet. Atkinson et Shiffrin ont perfectionné ce modèle à multiples registres *(multistore model)* en insistant sur les processus de contrôle volontaire dans le transfert des informations d'un registre à l'autre : sélection, attention, maintien d'information par répétition et recherche d'information en MLT. Mais ce modèle ne rend qu'imparfaitement compte de questions cependant essentielles : quel peut être l'ordre de stockage des informations ? Quelle est la nature exacte de la MCT ? Comment distinguer MCT et MLT ? (Tiberghien et *al.,* 1990)

La conception classique de la mémoire à court terme comme « lieu passif » de stockage des informations semble ainsi de plus en plus mise en cause. Baddeley et Hitch (1974) avaient déjà montré qu'un sujet peut maintenir un certain nombre d'unités de traitement en MCT tout en accomplissant des opérations cognitives complexes d'apprentissage, de compréhension ou de raisonnement. Suite à quoi, un modèle alternatif fut proposé, qui est celui d'une sorte de mémoire intermédiaire : la mémoire de travail (MT) ou *working memory,* laquelle serait constituée de deux sous-systèmes spécialisés l'un dans le traitement verbal, l'autre dans le traitement visuo-spatial, complétés par une sorte d'exécutif central. Chaque composante aurait ses propres disponibilités et une certaine autonomie de fonctionnement tout en pouvant faire appel aux composantes voisines. Par la suite, Case (1985) a avancé l'hypothèse que la mémoire à court terme serait plutôt un système de stockage passif alors que la mémoire à long terme serait un centre de traitement et de transformation de l'information. De même Brainerd et Kigma (1985) ont soutenu l'idée que MCT et MLT correspondraient à deux systèmes distincts.

Aujourd'hui, cependant, la plupart des auteurs admettent que la mémoire à court terme ne serait qu'une partie de la mémoire à long terme, distinguable dans la mesure où, à des instants donnés, elle se trouvera dans des états d'activation particuliers. Demeure néanmoins le problème des états de conscience : sont-ils identiques aux contenus de la MCT ? On ne sait toujours pas y répondre.

La position prudente est celle de Cowan (1988) qui suggère de considérer la MCT comme la somme des informations activées à un moment précis, sans que pour autant toutes ces informations parviennent nécessairement à la conscience. Le même auteur avance encore l'hypothèse qu'une partie de ce qui relève classiquement des registres sensoriels (RS) appartiendrait en fait à la MCT, et pour ce faire, il propose d'examiner deux phases de stockage sensoriel : une phase très courte qui produirait une sensation et une seconde phase, plus longue, qui retiendrait des informations sensorielles traitées en profondeur pendant quelques secondes et de manière automatique. Les informations sensorielles seraient en conséquence spécifiées selon différentes modalités dont, par exemple, la couleur ou l'aspect informatif concret. Se pose alors la question du sujet et de son action sur certaines opérations de traitement, d'où le concept d'*exécutif central* (EC) qui pourrait désigner l'ensemble des traitements et transferts d'informations effectués sous son contrôle.

Cette perspective, comme le soulignent Tiberghien et *al.* (1990), prend l'allure d'une sorte de conglomérat de processus à défaut d'être caractérisable sous forme d'une seule instance. Les processus en question seraient successivement : la sélection des canaux d'information de la MCT ; la sélection par la MCT des informations récentes ; le maintien actif d'informations en MCT ; la recherche en MLT afin de conduire un stockage plus élaboré de ce que fournit la MCT ; les activités de raisonnement ou de résolution de problème impliquant la recherche en MLT et, par suite, la recombinaison d'éléments de la MCT, etc.

En résumé, il est manifeste que nos divers dispositifs de mémoire témoignent de différences fonctionnelles importantes, lesquelles sont inévitables dès le moment où l'on veut relier ce qui, d'un côté — le système de mémoire —, a pour rôle de stocker des informations facilement évocables dans des temps déterminés et le plus souvent limités, et d'un autre côté, un « système de gestion » de cette mémoire, qui aurait pour but d'organiser ces informations en vue de les traiter ultérieurement, et qui serait la *mémoire permanente*.

La mémoire permanente

Le terme désigne une mémoire dont la disponibilité ne serait pas contrainte par la durée de l'intervalle de rétention. Cette disponibilité interroge immédiatement la nature des processus d'encodage qui vont y contribuer lors de la constitution du souvenir : y a-t-il une ou plusieurs formes d'encodage spécifiques ? Comment vont se structurer les représentations mnésiques permanentes ? La controverse classique a porté ici sur la question de la nature des représentations en mémoire : ces représentations sont-elles tributaires de propriétés syntaxiques et sémantiques, et ces propriétés sont-elles déterminées par les *inputs* sensoriels ? Ce débat s'est notamment cristallisé autour des questions de l'*imagerie mentale* (Denis, 1989).

Première question : peut-on imaginer des représentations mentales de même nature que les informations imagées ou verbales ? En 1971, Paivio avançait l'hypothèse d'un double codage des informations en mémoire permanente, les unes sous forme verbale, les autres sous forme imagée, et certaines sous ces deux formats. Mais, plus tard, Anderson (1978) et Pylyshyn (1973) suggéraient de leur côté que toutes les informations stockées en mémoire l'étaient sous un format unique et de nature *propositionnelle* (codage sémantique, abstrait, amodal). Cette opposition a conduit certains à préférer une hypothèse mixte selon laquelle il y aurait différents niveaux de représentation mnésique : un niveau profond où toutes les informations seraient codées sous forme propositionnelle et un niveau de surface où le format pourrait être aussi bien verbal qu'imagé (Kosslyn, 1975).

Deuxième question : y a-t-il une diversité des « codes » correspondant à la diversité des traitements d'informations ? On peut imaginer que les propriétés des représentations en mémoire vont dépendre aussi bien des caractéristiques de l'activité d'encodage que de la diversité des formats d'information encodée. Craik et Lockhart (1972) font l'hypothèse que la profondeur de traitement d'un stimulus peut varier sur un continuum d'opérations d'encodage, lequel continuum irait de la simple analyse physique et structurale du stimulus jusqu'aux analyses sémantiques et conceptuelles les plus élaborées. La performance mnésique serait alors d'autant plus importante que ce niveau d'encodage aurait été profond. Cette théorie des niveaux de profondeur de l'encodage est venue opportunément atténuer la rigidité des conceptions classiques de la mémoire humaine en tant que système passif de traitement de l'information. Néanmoins, cela ne résout pas des problèmes tels que ceux de savoir s'il existerait réellement des « niveaux » de traitement plutôt que des « domaines », ce que confirmerait l'idée d'un continuum organisant de façon qualitative les différents processus d'encodage (Tiberghien et *al.* 1990 ; Craik et Tulving, 1975).

Que penser alors de la mémoire permanente, sinon qu'elle est probablement un espace dans lequel sont classées les représentations mnésiques. Il est manifeste que certaines de ces représentations ont l'allure de connaissances générales, voire de concepts, et qu'elles peuvent être regroupées sous l'acception de *mémoire sémantique*. D'autres représentations, en revanche, apparaissent beaucoup plus labiles et sensibles aux variations contextuelles sous forme d'événements que l'on peut ranger sous le terme de *mémoire épisodique*.

Cette distinction entre mémoire sémantique et mémoire épisodique a été opérée par Tulving (1983) : la mémoire épisodique jouerait le rôle de système de stockage des informations datées ou des épisodes personnellement vécus. Quant à la mémoire sémantique, elle serait une sorte de « thésaurus mental » enfermant les mots, les symboles verbaux, les significations, les référents, les concepts et les lois de manipulation des symboles. La distinction est séduisante, mais la polémique n'est pas close. De surcroît, l'arrivée des modèles connexionnistes amène à suggérer que le statut épisodique ou sémantique de certains états de mémoire résulte davantage de différences dans la variabilité et la spécificité contextuelles des encodages et récupérations successives (Tiberghien et *al.*,1990).

Une observation intéressante est le fait que les représentations épisodiques et sémantiques possèdent au moins une propriété commune et importante : elles sont *verbalisables*, même lorsqu'il s'agit d'épisodes intimes ou d'images mentales. Elles présentent, de surcroît, un caractère statique au sens qu'elles décrivent des « états du monde » ou du sujet. Ce sont donc des *connaissances déclaratives* en opposition aux *connaissances procédurales*, lesquelles renvoient à des capacités dynamiques perceptivo-cognitives et cognitivo-motrices. En conséquence, le contrôle intentionnel de même que l'apprentissage interviendront nécessairement dans la manipulation des connaissances déclaratives tandis que les connaissances procédurales seront plutôt automatisées. De même seront différentes les lois d'apprentissage : en mémoire procédurale, il s'agira plutôt de réglage *(tuning)* ou de restructuration et, en revanche, d'accumulation en mémoire épisodique. La question est alors de savoir comment tester ces conceptions et notamment sous la forme d'une spécification des *processus de récupération de l'information en mémoire*.

Les mécanismes d'accès à l'information en mémoire sont tributaires, suppose-t-on, des règles d'organisation de la mémoire permanente. Si l'on imagine la mémoire organisée sous forme d'une sorte de réseau sémantique, l'accès à cette information impliquera l'activation d'un des nœuds de cette mémoire et, par suite, la propagation de cette *activation* aux *nœuds* voisins. Pour définir les modes et processus de récupération, il sera nécessaire alors de spécifier la dynamique de ce processus d'activation : convergence de l'activation vers un nœud déterminé (facilitation) ou dispersion de l'activation entre plusieurs nœuds (effet d'éventail). J. R. Anderson (1983) a ainsi proposé un modèle descriptif de ces règles d'activation, baptisé ECT, qui permet de prédire les effets d'amorçage *(priming)*, d'interférence et de contexte. Autant la variabilité contextuelle est un des déterminants importants de la récupération de l'information en mémoire permanente, autant les effets de contexte affectent profondément la mémoire épisodique, et l'observation de ces phénomènes amène nécessairement à s'interroger sur les processus psychologiques « qui permettent d'assurer une balance adaptative entre la performance nécessaire de nos représentations mnésiques et l'indispensable flexibilité des processus d'accès à l'information mnésique dans des conditions contextuelles en perpétuelle transformation » (Tiberghien, 1990, 1986 ; Bruce, 1988).

C'est toute la conception classique de l'oubli qui est ici revisitée. De là, trois types de modèles ont été à nouveau proposés :

— les modèles de *consolidation* pour lesquels la défaillance des processus psychologiques d'attention ou de révision mentale bloque la construction de représentations mnésiques résistantes ;

— les modèles de l'*interférence* qui motivent l'oubli par l'augmentation du nombre et de la similitude des représentations mnésiques et par l'accroissement de leurs relations ;

— les modèles *contextualistes* qui choisissent d'expliquer

l'oubli par l'incompatibilité entre conditions d'encodage et conditions de récupération, et qui permettent apparemment le mieux d'intégrer données expérimentales et observations cliniques (Tulving, 1983).

Ces modèles supposent tous une certaine architecture des processus mnésiques. Là encore, il y a opposition entre deux classes de modèles : ceux qui se réfèrent à la mémoire informatique du type von Neumann — les *modèles computo-symboliques* —, et ceux qui la refusent, comme les *modèles connexionnistes*.

Les modèles computo-symboliques de la mémoire humaine

Ces modèles font l'hypothèse qu'il y aurait plus ou moins isomorphisme entre la mémoire humaine en tant que « système » et les systèmes de mémoire artificielle dont nous disposons techniquement aujourd'hui. Ces systèmes sont, on le sait, composés de modules de traitement reliés fonctionnellement au sein d'architectures (séquentielle, parallèle, en cascade, etc.) où s'intègre un mécanisme de contrôle qui gère les flux d'informations circulant dans le système. Les informations ont le statut d'unités discrètes, stockées en des endroits précis de la mémoire. Leur organisation est donc spatiale et c'est une des contraintes lourdes de ces systèmes, tous tributaires de ce que certains ont ainsi nommé la *métaphore spatiale* (Rœdiger, 1980).

Parmi les réalisations typiques de tels systèmes de mémoire permanente, il faut citer le modèle d'Atkinson et Shiffrin (1968) ou encore l'ACT d'Anderson (1983).

Le premier de ces modèles articule une mémoire à court terme — proche du *buffer* des machines von Neumann — à une mémoire à long terme analogue à une mémoire centrale d'ordinateur et à un processus de contrôle lui aussi similaire à ceux des machines. Une version plus élaborée de ce modèle permet la reconnaissance mnésique en associant un mécanisme d'estimation de la familiarité à un processus de recherche sérielle dans une mémoire constituée comme stock de connaissances (Atkinson et Juola, 1974).

Le modèle ACT (Adaptative Control of Thought) d'Anderson est de constitution comparable : une mémoire de travail, où sont représentés la situation courante en même temps que les résultats des traitements, est en relation avec une mémoire permanente déclarative et une mémoire permanente procédurale. La première stocke et organise en réseau sémantique des informations concrètes ou conceptuelles, lesquelles vont se présenter sous des formats variables (images, séquences, propositions). La seconde emmagasine des procédures prenant l'allure de règles de production dont l'application permet d'engendrer de nouvelles connaissances déclaratives, d'autres règles de production, ou de transformer d'anciennes règles déjà stockées. Ce système est donc organisé selon quatre processus de fonctionnement qui peuvent se décrire comme suit : le *stockage* : créer des représentations déclaratives en mémoire permanente ; la *récupération* : retrouver une information en mémoire déclarative ; l'*appariement (matching)* : comparer le contenu de la mémoire de travail aux conditions des règles de production en mémoire procédurale ; l'*exécution* : transférer en mémoire de travail la partie action d'une règle de production à propos de laquelle un appariement a été réussi.

Il est évident qu'un tel système de mémoire est profondément inspiré des systèmes experts classiques. Sans doute ainsi peut-on imaginer approcher d'une description rigoureuse de certains mécanismes « psychologiques » qui caractériseraient apparemment les fonctionnements de la mémoire humaine. En vérité, on ne fait que déplacer vers une technicité rassurante plusieurs types de problèmes : *1)* de tels mécanismes ne peuvent en aucun cas expliquer les façons dont viennent à se constituer en mémoire nos représentations symboliques ; *2)* ils sont impuissants à rendre compte de ces articulations qui contribuent probablement à fonder en mémoire l'intrication entre structures neurophysiologiques et niveau cognitif ; *3)* on ne fait ainsi que maladroitement décrire les processus de contrôle régulant « la dynamique auto-adaptative du système à mémoire » (Pailhous et *al.,* 1990). Ce sont ces questions — insurmontables par les modèles computo-symboliques — qu'affrontent aujourd'hui les modèles connexionnistes.

Les modèles connexionnistes de la mémoire humaine

Dans les modèles connexionnistes (voir aussi chapitre 2, « L'essor des neurosciences »), les unités de traitement sont supposées représenter des cellules nerveuses extrêmement simplifiées, les connexions entre ces unités étant elles-mêmes censées simuler les synapses : on parle ainsi de *réseaux* ou d'*architectures neuromimétiques*. Les lois de fonctionnement de ces réseaux sont simples, fondées sur les types d'entrées-sorties des unités et les transformations des forces de liaison (excitatrices ou inhibitrices) et des interconnexions (plasticité synaptique).

Pour modéliser un problème particulier, on choisira une loi locale qui ordonnera l'évolution structurelle d'un apprentissage et qui, concrètement, fera que des « assemblées de cellules » vont modifier leurs connectivités avec d'autres cellules, en fonction soit de leur activité interne soit de circonstances extérieures. Par là, seront produits d'autres états d'organisation, de nouveaux « attracteurs » générant en conséquence des propriétés collectives nouvelles traduisant l'émergence de *macro-règles* fonctionnelles restructurant à chaque fois le réseau concerné.

Un exemple de ces modèles est ce qu'on nomme les *mémoires associatives* distribuées. Soit un réseau cellulaire dans lequel un événement sera représenté par une configuration d'unités actives (pattern d'activation) ; supposons encore qu'un événement E puisse être dissocié en deux parties X et Y représentées par deux configurations disjointes d'unités actives au même moment dans le réseau. Ces patterns X et Y peuvent traduire deux modalités sensorielles spécifiques ou représenter une activité sensorielle et l'activité motrice conjointe. Lorsqu'il y a occurrence de la paire E = (X,Y), les forces de liaison entre unités vont se transformer selon la règle de plasticité synaptique adoptée, et ainsi de suite, pour autant de présentations de couples d'événements. On est donc en présence d'une mémoire associative où ce qui est emmagasiné, ce ne sont pas les configurations d'événements ou de faits, mais les relations qui viennent à exister entre elles, et cela par le moyen des forces de liaison entre unités constitutives des configurations ; ce qui permet à celles-ci d'être constamment recréées (Pailhous et *al.*, 1990).

Ces modèles de mémoires emploient un mode de stockage dit *distribué* : les traces laissées par les événements successifs se superposent sur l'ensemble des jonctions synaptiques. Le savoir étant ainsi réparti, de telles structures permettent de développer des propriétés intéressantes de généralisation. Par exemple, lorsque le réseau découvre une stabilité inférentielle dans les relations stockées entre les configurations X et Y, il aura tendance, lors de la phase de rappel, à appliquer cette inférence découverte à d'anciens items X déformés ou même à des nouveaux. En même temps, une mémoire distribuée sera relativement résistante aux transformations subies par certaines de ses parties.

Dans la construction d'un modèle connexionniste de mémoire, le choix du type de règle de transformation des connexions est donc capital. Les règles les plus classiques (Hebb, 1949) imposaient que les items soient porteurs de propriétés structurelles très déterminées et contraignantes. Un grand nombre de travaux se sont efforcés de réduire au minimum ces contraintes. Par ailleurs, l'implémentation de certaines associations ou relations arbitraires (par exemple : visages-noms) a conduit à construire des réseaux multicouches où plusieurs couches d'unités supplémentaires devaient être intercalées entre celles recevant directement les activations. L'apport de ces couches internes a permis d'effectuer d'intéressantes expérimentations de recodage de l'information sous des formes bien mieux traitables par la couche de réponse visée (Rumelhart et *al.*, 1986 ; Ans, 1990). Les modèles connexionnistes apparaissent ainsi de plus en plus adaptés à rendre compte de façon satisfaisante des plasticités récursives de la mémoire humaine.

En résumé, en quelques décennies, la psychologie cognitive a su progresser des simples expérimentations sur la mémoire de syllabes sans signification à la modélisation des facteurs de mémorisation des visages ou des récits. On ne peut aujourd'hui aborder les traitements cognitifs de l'information sans prendre en compte les spécificités et les modélisations en cours des processus mnésiques. Car la mémoire n'est plus considérée comme auxiliaire de la connaissance ; elle est *partie intégrante* de cette connaissance même, et peut-être *la forme de toute connaissance*. Cela ne signifie pas que tout soit compris, voire « éclairci » à ce propos. Nous continuons à nous interroger sur les formes d'architecture que peuvent prendre ou adopter ces processus de mémoire. Deux orientations s'opposent aujourd'hui, dont l'avenir seul dira laquelle l'emportera : une orientation *cybernétique* (computo-symbolique) qui s'inspire des propriétés structurelles et fonctionnelles de ces artefacts que sont les machines de traitement de l'information ; une orientation *bionique* qui s'inspire au plus près des propriétés psychologiques (modèles psychomimétiques) et neurologiques (modèles neuromimétiques) de la mémoire humaine.

Ce dernier modèle semble le plus prometteur. Encore faut-il mieux connaître comment s'organisent et fonctionnent nos connaissances et nos représentations, compte tenu de cette part active qu'y jouent les processus mnésiques.

Connaissances et représentations

Ce que nous appelons « connaissances » peut être ainsi défini comme prenant la forme de structures stabilisées dans la mémoire à long terme. Ce sont en vérité tous nos savoirs de base servant à la reconnaissance, à la compréhension des situations et à l'action. Ces savoirs vont se manifester comme « représentations », c'est-à-dire des états provisoires de connaissance, résultant de nos activités de construction de sens et d'interprétation des situations ou des événements. Certaines de ces représentations vont être stockées en mémoire puisque pertinentes ou correspondant à des savoirs réutilisables ; elles prendront, de ce fait, le statut de « connaissances », et on parlera à ce propos d'acquisition ou de construction des connaissances. C'est dire que l'analyse des formes d'apprentissage ou de stabilisation de nos connaissances implique de s'interroger sur : leurs types de structurations ; les activités d'interprétation et de compréhension qui vont permettre de les acquérir et construire ; les formes d'apprentissage concourantes.

Types et formes de représentations

La notion de représentation joue donc un grand rôle en psychologie cognitive — et pas seulement là, on l'a vu. Cette notion en général recouvre deux significations : d'un côté, il s'agira des structures de connaissances stabilisées dans la mémoire à long terme d'un sujet, lesquelles n'ont pas alors le statut de connaissances « scientifiques » ; de l'autre côté, il sera question de ces constructions circonstancielles que nous nous faisons mentalement afin de répondre aux nécessités d'une situation ou d'une action. Dans ce cas, les représentations élaborées s'estompent sitôt la tâche exécutée ou les contraintes situationnelles disparues. Elles seront remplacées par d'autres représentations au gré des circonstances ou des nécessités, comme si leur seule pertinence était d'être élaborées au fur et à mesure par une mémoire de travail, une *mémoire opérationnelle* (Richard, 1990). D'où la distinction communément pratiquée entre « connaissances », qui seraient au premier sens des représentations-types stabilisées en mémoire, et « représentations » au second sens, c'est-à-dire transitoires ou opérationnelles (Le Ny, 1985).

Cette distinction a sa pertinence cognitive : les connaissances nécessitent d'être activées pour être efficientes, tandis que les représentations peuvent l'être immédiatement. Cela provient de ce que ces dernières participent à la mémoire opérationnelle, d'emblée disponibles donc pour nos actions et les traitements conséquents que requiert l'appréhension quotidienne du monde.

On distingue usuellement trois types de représentations, qui seraient censées correspondre aux trois formes classiques de cette appréhension de la réalité :

— les *représentations propositionnelles* prenant l'allure des structures prédicatives du langage, et particulièrement adaptées de ce fait aux diverses formes de la communication ;

— les *représentations imagées* conformes aux structures spatiales propres à la perception visuelle ;

— les *représentations associées à l'exécution des actions* et tributaires, donc, de la sensorimotricité sous forme d'enchaînements d'états liés à des activités structurées dans le temps.

Les formes de représentations les plus étudiées sont celles intriquées au langage, à savoir les représentations propositionnelles. Néanmoins, les représentations imagées font l'objet d'un regain de travaux non négligeable. Enfin, les représentations liées à l'action, bien que longtemps négligées, se révèlent précieuses dans les divers courants des études ergonomiques.

• Les *représentations propositionnelles* s'inspirent du modèle prédicatif en vigueur dans les études linguistiques, modèle selon lequel la structure de base en langue serait la structure « prédicat-argument » à laquelle on pourrait faire correspondre en logique les valeurs « vrai » ou « faux ». Ce modèle a inspiré nombre d'études portant sur la mémoire et la compréhension de textes (Denhière, 1984). De ces études s'est dégagée une perspective dominante selon laquelle « comprendre un texte, c'est commencer par construire des propositions à partir du texte ; raisonner, c'est inférer des propositions nouvelles à partir d'autres propositions » (Richard, 1990). A partir de là, la variété des formes sémantiques et leurs compositions ont pu être rattachées à deux grands types généraux d'organisation conceptuelle : les réseaux relationnels et les schémas.

Un *réseau relationnel* est généralement l'analogue d'un réseau sémantique fondé sur des relations d'inclusion entre concepts, organisées selon des « nœuds » — les concepts —, et des « arcs » significatifs — les relations entre concepts. Les modèles classiques, organisés selon cette structure d'inclusion primitive, sont ainsi ceux dont les relations ne sont guère autres que : *is a*, autrement dit : « x est partie de » ou « est une sorte de ». A chaque nœud sont stockées des propriétés spécifiques du concept choisi et celles qu'il possède en commun avec d'autres se situeront au nœud supérieur. L'exemple classique est celui du modèle de Collins et Quillian (1969) où, de la sorte, les propriétés « a des ailes », « a des plumes », « peut voler » seront stockées au nœud supérieur correspondant au concept « oiseau » ; de même les propriétés « respire », « mange », « se déplace », « a une peau » s'organiseront sous le concept « animal ».

Ce rangement en forme de hiérarchisation est aussi nommé l'« héritage de propriétés ». L'idée est qu'il ne serait pas nécessaire à tout individu de stocker en mémoire, associées à chaque concept, toutes ses propriétés : il suffirait de se souvenir de celles qui lui sont propres, les autres pouvant être alors immédiatement inférées, sous forme d'une procédure analogue à la remontée de cet « arbre conceptuel ». Par là serait préservée l'économie cognitive nécessaire au stockage en mémoire.

L'idée de *schéma* renvoie en revanche à une notion beaucoup plus dynamique : il s'agit de représenter l'organisation des connaissances en mémoire et surtout de rendre compte de la façon dont ces connaissances sont opérantes dans les processus mnésiques de rappel, de compréhension ou encore inférentiels. La formule remonte à Minsky (1975), qui le premier parla de *frame*, idée reprise par Schank et Abelson, en 1977, pour modéliser des organisations d'événements et de situations, telles ces « scènes » d'actions ou comportementales qu'il nous arrive de vivre lorsque nous allons au restaurant, au supermarché ou en réception.

Les schémas sont conçus comme : des *blocs de connaissances*, à savoir des unités groupées en mémoire et récupérables comme telles, autonomes de ce fait vis-à-vis d'autres connaissances (Corson, 1987) ; des *objets complexes*, c'est-à-dire regroupant des objets élémentaires tels que des concepts, des actions ou des relations ou d'autres schémas, qui seraient des sortes de *Memory Organization Packets* (Schank, 1982) ; des *structures générales et abstraites applicables à des variétés de situations concrètes*, lesquelles seraient censées s'y insérer directement. Il s'agit donc de savoirs déclaratifs sur des situations, ou de savoirs procéduraux ou encore de savoirs spécialisés liés à des domaines de compétences ou d'activités spécifiques.

• Les *représentations imagées* ne sont l'objet de travaux que depuis peu (Denis, 1979, 1989). La plupart des données sur le sujet proviennent à l'origine des études sur la rotation mentale des objets ou l'exploration de parcours ou encore la comparaison mentale d'objets ou de déplacements. Peu à peu a ainsi émergé l'idée d'une spécificité des « codes imagés », qui ferait que ceux-ci conserveraient des propriétés spatiales incompatibles avec les représentations de caractère propositionnel. On peut résumer ces propriétés spécifiques de la manière suivante : *1)* ils conservent à la fois les formes, les positions et les propriétés topologiques des objets ; *2)* ils sont indépendants de telle ou telle modalité perceptive ; *3)* à la différence d'une image physique, ils ne sont pas décomposables en parties ; *4)* ils permettent, grâce à leurs propriétés spatiales, d'organiser des informations qui n'ont pas en elles-mêmes des propriétés spatiales. Ce sont donc « des représentations beaucoup plus abstraites que les images physiques dont elles conservent les formes, les propriétés topologiques et, sous certaines conditions, les distances » (Richard, 1990).

• Les représentations liées à l'action sont celles que Bruner (1966) nomme « énactives » : elles précéderaient génétiquement les deux types de représentations précédentes (Bresson, 1987). Ces représentations sont associées à l'exécution et au contrôle des procédures : activités motrices et aussi habiletés cognitives à caractère symbolique, qui font intervenir précocement le langage bien qu'elles soient automatisées. C'est le cas dans des jeux du type pétanque ou bataille navale dont ces représentations vont contrôler l'exercice sans pour autant être détachables de l'action proprement dite, ni qu'on puisse exhaustivement expliquer les règles sinon en les jouant effectivement. Ces représentations présentent nombre d'analogies fonctionnelles avec certaines activités motrices telle la réalisation de nœuds (Bresson, 1987), comme s'il y avait toujours passage ou « traduction » d'un plan de représentation dans un autre (passage du visuel au moteur) à l'intérieur de conditions spécifiques. Ces représentations cependant constituent la base du contrôle de nos activités au sens qu'elles visent à assurer à chaque fois qu'une exécution a été correcte ou non.

Connaissances et catégories naturelles

Les études sur la catégorisation se sont longtemps bornées aux problèmes de catégorisation conceptuelle, tels les modèles néo-associationnistes en mémoire sémantique, empruntant classiquement à la conception aristotélicienne des catégories dans la mesure où toute sous-catégorie était considérée comme membre d'une catégorie immédiatement supérieure au nom de propriétés définies constituant l'« essence du concept ».

Il n'en va pas de même en *catégorisation naturelle* : les recherches en cours font ici l'hypothèse de représentations types, comme on l'a vu plus haut, construisant des différences à l'intérieur des catégories. Cela signifie considérer que certaines représentations sémantiques vont avoir un statut privilégié : celui de constituer en quelque sorte des « points de référence » à partir desquels vont s'ordonner d'autres représentations, voire des familles de représentations. Ces représentations « privilégiées » le seront en regard de deux types de propriétés : le degré de typicalité et le niveau d'abstraction des catégories concernées.

Le *degré de typicalité* peut s'approcher au travers d'expérimentations simples : lorsqu'on demande à des sujets de citer un type de chien comme illustrant exactement la catégorie canine, les réponses sont généralement peu variées, et de préférence : le berger allemand. Cet exemple peut être qualifié de « plus typique » de la catégorie « chien » ; la typicalité étant conçue comme propriété inhérente aux représentations catégorielles.

Le *niveau d'abstraction* renvoie au fait que lorsqu'on demande à des sujets de nommer hors contexte une entité, ils choisiront volontiers des termes situés à un certain niveau d'abstraction — « c'est une vache », « c'est un poisson » —, et qui n'est pas forcément le niveau scientifique classificatoire communément enseigné : vache = animal = ruminant = mammifère. C'est ce niveau d'abstraction intermédiaire qu'on nomme communément le « niveau de base » (Rosch, 1973 ; Cordier et Dubois, 1981 ; Dubois, 1991), et qui exprimerait l'existence de sous-catégories opératoirement plus représentatives de la catégorie ou que la catégorie elle-même, impliquant donc qu'il suffit, pour évoquer ou résumer une catégorie, de mentionner ses sous-catégories les plus typiques.

Cependant, l'observation de variations dans les degrés de typicalité des sous-catégories amène à s'interroger sur l'existence de *normes*, qui viendraient éventuellement situer et hiérarchiser ces sous-catégories sur un gradient (échelle ordinale) allant du plus typique au moins typique. Une méthode usuelle pour tester ces normes consiste, pour les sujets, à porter des jugements de représentativité sur des sous-catégories relevant d'une catégorie donnée. Trois procédures sont alors possibles : *1)* on demande aux sujets, pour une catégorie donnée, de produire une liste ordonnée de sous-catégories ; *2)* on demande encore de situer des sous-catégories sur une échelle en fonction de leur représentativité ; *3)* on demande enfin d'ordonner des sous-catégories en fonction de leur représentativité (Cordier, Denhière, 1990).

Une fois ces normes recueillies, on peut les mettre en relation avec les effets comportementaux observés quant au degré de typicalité des sous-catégories. Les plus typiques de celles-ci sont effectivement rapidement catégorisées et précocement dénommées (Cordier, 1981), et plus vite apprises (Hupp et Mervis, 1982). En revanche, il apparaît que cette typicalité admise des sous-catégories peut être à la source de « biais cognitifs » conduisant à de nombreuses erreurs (Cordier, 1989). Pour comprendre ces effets pervers, il importe d'analyser en compréhension ce que recouvre le terme « catégorie », notamment au plan des propriétés. On constate un recouvrement plus important de ces propriétés entre les sous-catégories les plus typiques d'une catégorie que celui existant entre les sous-catégories de la même catégorie. Cela ne suffit pas cependant à légitimer la répartition des sous-catégories en regard de la typicalité. Une hypothèse intéressante serait celle d'une répartition des sous-catégories en fonction d'un « relief » différencié des propriétés : la présence d'une catégorie à fort relief de propriétés suffirait ainsi à rejeter une sous-catégorie hors du cœur de la catégorie (Le Ny, 1979).

Demeure cependant la question de la véracité de cette existence d'un niveau de base reliant les sous-catégories. Les recherches sont peu nombreuses à ce sujet, compte tenu de l'ambiguïté du concept. Les travaux classiques tendent à montrer que les catégories du niveau de base seraient les premières nommées dans la taxonomie (Rosch et *al.*, 1978) ; elles seraient aussi les premières nommées par les enfants et auraient des effets facilitateurs sur l'apprentissage et la mémorisation (Hupp et Mervis, 1982). L'explication de ces effets requiert une analyse en compréhension des catégories sous la forme d'une liste de propriétés. Ainsi, « le nombre de propriétés augmente très nettement lorsqu'on passe d'une sur-ordonnée à une catégorie du niveau de base, alors qu'il n'augmente que très peu lorsqu'on passe d'une catégorie du niveau de base à une catégorie sous-ordonnée à celle-ci. De plus, les propriétés attribuées préférentiellement aux catégories du niveau de base sont des propriétés de type "partie de", qui ont elles-mêmes une forte valeur d'imagerie » (Cordier, Denhière, 1990).

En résumé, toutes ces approches en termes de représentations privilégiées (représentations typiques, niveau de base, etc.) n'ont d'autre pertinence qu'en regard de classements hiérarchisés généraux de ce qui serait des types, ordonnant à leur tour des représentations locales. Cette hiérarchisation est supposée, par pure pétition, rendre compte d'une stabilité de l'organisation psychologique des informations sémantiques. La séduction de l'idée provient de ce qu'après tout elle ne fait que retrouver des conceptions anciennes et même aristotéliciennes des fonctionnements catégoriels — au sens conceptuels — de notre esprit, en supposant, pour ce faire, des entités stables de référence sans trop se préoccuper, en dépit des nombreux biais cognitifs observés, des procédures mêmes qui quotidiennement vont travailler ces entités dans l'échange psychologique entre humains.

Connaissances et procédures

L'étude des constructions procédurales de connaissances s'est considérablement développée ces dernières années. Cela s'est opéré dans la mouvance des modèles de traitement de l'information (Newell et Simon, 1972). La propagation de l'informatique est venue aussi fortement influer, suscitant tout un courant de travaux didactiques consacrés à l'explicitation des savoir-faire dans différentes disciplines, dans la perspective, entre autres, de l'enseignement programmé. Conjointement, psychologues du travail et ergonomes étaient de plus en plus requis pour concevoir des plans et procédures d'aide à la conception ou à la réalisation de tâches (Leplat et Bisseret, 1965).

A l'époque, il s'agissait d'opposer « savoirs » et « savoir-faire ». De nos jours, cette opposition a pris la forme, on l'a vu, de la distinction entre *connaissances déclaratives* et *connaissances procédurales* (Winograd, 1975 ; George, 1988). Les premières sont censées porter sur des propriétés et des relations non concrètes bien qu'orientant et fondant l'action concrète. Par exemple : on peut bien connaître les propriétés du plus grand commun diviseur (PGCD) sans être pour autant capable de le calculer (Hoc, 1990). En revanche, les connaissances procédurales sont celles situées au plus près de l'action concrète : elles interviennent dans la spécification des structures de contrôles directement appliquées aux réalisations de nos activités. La conséquence de cette proximité aux actes est que, fréquemment exécutées, ces connaissances procédurales peuvent même « se dissoudre » au sein d'automatismes (Anderson, 1983). Tel est le cas de la marche dont on sait qu'il nous a fallu l'apprendre tout jeune enfant, mais qu'adulte nous sommes incapables de nous représenter l'ordre selon lequel bras et jambes se lancent et se coordonnent dans l'espace.

En résumé, une procédure peut être définie comme « un système d'opérations exécutables pour réaliser une tâche (atteindre un but donné dans des conditions définies) » (Hoc, 1990). Trois types d'opérations peuvent être distinguées alors : des transformations, des identifications et des sélections d'opérations.

Les *transformations* sont les opérations exécutées pour transformer un état dans un autre, en général pour se rapprocher du but de l'action. Les *identifications* consistent à retenir des propriétés pertinentes de l'environnement aux fins de choisir l'opération adaptée à une situation locale. Enfin, les *sélections* d'opérations indiquent, après une opération, l'opération suivante à exécuter. Entre les opérations d'identification et de sélection et les transformations, interviennent un certain nombre de relations qui vont constituer la *structure de contrôle* de la procédure. Cette structure de contrôle sera tributaire de la représentation qu'on se fait à chaque fois de la structure des données à traiter et, par là, des phénomènes de typicalité dans la catégorisation de ces données peuvent fortement affecter la structure de contrôle (Hoc, 1982). De même que dans des activités professionnelles, l'automatisation, conduisant à la disparition progressive du contrôle d'exécution sur des représentations symboliques, peut aussi estomper certaines identifications nécessaires au détriment de la fiabilité (Leplat, 1985).

C'est pourquoi les modèles algorithmiques autrefois utilisés pour rendre compte d'étapes procédurales, mais inaptes à traduire des heuristiques fines de comportement, sont aujourd'hui délaissés au profit de modèles formels des systèmes de production (Nguyen-Xuan, 1982). De ce point de vue, les recherches sur ces systèmes producteurs et les procédures adéquates des sujets se rapprochent des études classiques sur les stratégies de résolution de problèmes (Hoc, 1987).

De facto, décrire les opérations élémentaires qui vont constituer une procédure et, pour ce faire, les propriétés retenues dans les identifications conduit souvent à considérer ces opérations comme parties descriptives d'un domaine de tâches. On se construit donc un *système de représentation et de traitement* (SRT) propre au domaine, lequel système aura statut de « réservoir » des connaissances que le sujet peut évoquer pour mettre en œuvre telle ou telle opération (Hoc, 1987). Cette considération des choses a été abondamment utilisée pour décrire, en particulier, la formation à l'utilisation de logiciels ou de langages de programmation, conçus alors comme des apprentissages de dispositifs nouveaux, en correspondance analogique avec des dispositifs déjà connus ou familiers. On peut même perfectionner la chose et, à partir de la description de mécanismes connus et de l'exploration de différentes procédures adaptatives, construire des modèles de dispositifs sous-jacents aux apprentissages ou à la conception de systèmes complexes (Nguyen-Xuan et Hoc, 1987). Formalisés, ces modèles prennent statut de « grammaires pour l'action » favorisant la mesure prédictive des écarts entre dispositifs ou des relations et « distances » entre systèmes, en vue de mener des évaluations ergonomiques. En même temps, il s'agit de décrire des connaissances procédurales adaptées à l'utilisateur de telle sorte qu'elles puissent s'exprimer en termes de spécifications propres à des environnements techniques déterminés.

Les conceptions de l'environnement technique

Afin de mieux décrire ici les rapports entre opérateur humain et machine, la notion de *modèle mental* a été introduite il y a peu (Carroll, 1984 ; Rouse et Morris, 1986). Les sens attribués à cette notion varient selon les auteurs, et selon qu'il s'agit de construire des modèles descriptifs ou des modèles prescriptifs.

Certains s'efforcent de construire prescriptivement des modèles mentaux de machines afin d'aider le débutant à utiliser ces machines, en offrant de la sorte des représentations schématiques des fonctionnements de ces machines. D'où la floraison de moyens iconiques ou métaphoriques dans les logiciels de bureautique (Carroll et Mack, 1985). Quant aux modèles descriptifs, il s'agit, comme le terme l'indique, de décrire au plus près et exhaustivement des fonctionnements. Cette description est bien sûr toujours simplifiée, proche de ce qu'on suppose de l'apprentissage inductif et par la découverte (Holland et *al.*, 1986). On avance à ce propos l'idée d'*image opérative* (Ochanine, 1978), qui traduirait cette simplification opérationnelle des connaissances qu'un opérateur va mettre en place progressivement et par rapport aux connaissances exhaustives ou livresque d'un système. Encore faut-il savoir distinguer entre modèles de l'opérateur et modèles du fonctionnement d'une machine — les glissements et confusions peuvent être fréquents. Sans compter qu'interviennent à tout moment, susceptibles de « parasiter » l'interprétation des opérations en cause, les problèmes contextuels et d'environnement.

En résumé, les problèmes cognitifs du traitement des informations ou de l'acquisition des connaissances en vue de l'action dans un environnement technicisé se révèlent complexes : tantôt tributaires des dispositifs techniques concernés et de leurs fonctionnements internes — requérant une certaine « image mentale » de la machine ; tantôt spécifiques à des étapes opératoires requérant chez l'opérateur humain l'élaboration d'images opératives ou de schémas simplificateurs. Ces images ou ces schémas introduisent dès lors des dynamiques faisant recours à une hétérogénéité de facteurs notamment sociaux, et dont il importe dans ce dernier cas de mesurer l'intégration cognitive.

La cognition sociale

Les problématiques précédentes du traitement des informations ont, d'une certaine façon, introduit une rupture à l'intérieur du vieux débat entre béhaviorisme et mentalisme qui marquait la psychologie des années cinquante. Il y a eu de ce fait réunification de problématiques sinon de champs, et surtout passage des anciennes conceptions en termes de « facultés » ou de « fonctions » à de nouveaux paradigmes tels ceux des processus de traitement et des effets de tâches, de contextes et de situations. En même temps s'opéraient des coopérations interdisciplinaires motivées par l'émergence de concepts qui ne pouvaient qu'interférer entre sous-disciplines autrefois séparées. Tel est le cas du concept de *représentation*, central — on l'a vu — en psychologie cognitive, mais essentiel depuis longtemps en psychologie sociale. Le terme de représentation, aujourd'hui, ne désigne plus seulement le contenu cognitif auquel va s'appliquer un traitement : *c'est aussi le lieu et le support de congruences où le psychologique s'intrique au social*, et si par là s'opère l'amélioration de nos conceptions de la cognition, c'est en ayant souci d'y intégrer de plus en plus ces facteurs sociaux qui vont peser sur nos existences et nos performances de sujets humains et pensants.

C'est en ce sens d'ailleurs que la psychologie sociale elle-même a historiquement évolué. A l'origine, définie comme « étude scientifique des attitudes » par Thomas et Znaniecki (1918), puis consacrée, selon Allport (1920) à l'analyse des effets de la présence d'autrui sur les performances, le concept d'attitude devait, selon ce même Allport, aider à comprendre comment un individu définit les situations qu'il rencontre et par là contribue à élaborer une « réalité sociale ». Peu à peu, on s'est orienté vers l'analyse des modes de construction par les sujets de ce qu'ils tiennent pour leur réalité sociale : les propriétés physiques et objectives des stimuli ont cédé la place à leurs équivalents subjectifs et symboliques jugés plus essentiels pour la compréhension des comportements sociaux (Zajonc, 1968). Est venu renforcer ce courant cognitiviste, le paradigme du traitement de l'information dont on a vu précédemment l'essor.

Ce parcours historique fut nourri de débats célèbres. Un premier débat opposait les théories pour lesquelles la connaissance est d'abord celle des ensembles, aux théories considérant la connaissance, y compris sociale, comme fondée sur des éléments, des composants. « Pour les premières, largement inspirées par la tradition gestaltiste, la connaissance va du tout aux parties, pour les secondes, des parties au tout » (Beauvois et Deschamps, 1990). En 1946, une expérience fameuse d'Asch portait ainsi sur la formation des impressions chez des sujets auxquels on demandait de se faire une perception globale d'une personne dont l'expérimentateur avait auparavant communiqué quelques traits de personnalité et de comportement ; certains sujets étaient en outre informés qu'il s'agissait de quelqu'un de « chaleureux » et de « froid » pour d'autres. Asch, étant de position gestaltiste, interpréta les résultats, notamment l'opposition chaleureux/froid distribuant les réponses des sujets, comme signifiant l'existence de variations globales de l'impression, à chaque fois tributaires de contextes fournis par les autres. Mais, en 1974, Anderson avancera l'hypothèse inverse : selon son modèle dit d'« intégration de l'information », l'impression résultante n'est jamais que fonction de ce qu'apportent les informations fournies aux sujets. De ces deux conceptions, la première est aujourd'hui plus largement partagée — du fait, pense-t-on, que le trait « chaleureux » inciterait le sujet à adopter une autre structure cognitive ou schéma, et que cette structure cognitive fournirait l'impression finale ; la seconde conception consiste à défendre que toute information isolément évaluée participe de l'impression finale. En vérité, « le problème est de savoir comment chaque information est évaluée et quelle est la *loi d'intégration* de ces informations évaluées (s'agit-il d'une simple addition ? d'une moyenne ? etc.), l'impression finale résultant bien sûr de cette loi d'intégration » (Beauvois et Deschamps, 1990).

Un autre débat portait sur le poids et l'importance des données « brutes » de l'environnement dans nos processus de connaissance, compte tenu des préconceptions ou schémas dont nous sommes déjà porteurs lorsque cette information arrive. Une conséquence non négligeable de la contribution d'Asch est ainsi que nous savons au moins que chacun de nous dispose toujours de savoirs préalables sur des situations ou des personnalités de gens comme une sorte de *doxa* appliquée, une vulgate de la caractérologie sous la forme de « théories implicites de la personnalité » (Beauvois, 1984a). Ces savoirs préalables, ces « préconstruits » du monde nous permettent en permanence de donner cohérence et donc sécurité aux informations multiples qui nous parviennent quotidiennement. Ces savoirs résultent-ils de nos expériences ? C'est le point de vue des partisans des théories implicites de la personnalité (Bruner et Tagiuri, 1954). D'autres ont avancé l'idée que ces savoirs étaient surtout de nature sémantique, contenus dans la signification des mots, et que cela influait sur ce que nous croyons évoquer avec les mots que nous disons (Schweder, 1981).

Un troisième débat continue de porter sur les types de connaissance que produisent les processus de cognition sociale : s'agit-il de connaissances descriptives des objets ou, au contraire, de connaissances évaluatives portant sur les *valeurs* des objets ? Si l'on fait retour aux expériences d'Asch, les traits centraux organisant les réponses des sujets apparaissent bien à caractère évaluatif, au sens qu'ils visent bien à énoncer à chaque fois, qu'une personne est respectable et une autre l'est beaucoup moins (Labourin et Lecourvoisier, 1986). D'autres expériences ont confirmé cette mise en doute de la rationalité descriptive de nos savoirs sociaux (Beauvois, 1984a). Sans doute nombre de psychologues sociaux sont-ils encore tributaires d'une croyance en l'unicité de la connaissance et en la « logique » des savoirs, mais ce dont ces observations récentes témoignent, c'est bien d'une dimension autre — celle des sujets toujours à distance évaluative et « négociée » vis-à-vis du savoir —, et qu'il importera d'explorer dans l'avenir pour mieux comprendre les différents paramètres humains et sociaux de la cognition.

C'est à ce prix-là que la cognition sociale en tant que discipline viendra à s'affranchir des points de vue dogmatiques selon lesquels la cognition sociale n'aurait rien de différent des modèles classiques cognitifs fondés sur une abstraction de nos processus cérébraux, et dès lors applicables à toute situation (Simon, 1976). Zajonc est un de ceux qui se sont le plus vigoureusement élevés contre cet *a priori* des cognitivistes classiques, en soutenant même que l'étude de la cognition sociale était probablement plus pertinente à l'analyse des processus cognitifs que ne l'étaient bien des schémas en vigueur et fondés sur quelques expériences limitées (Zajonc, 1980). La plupart des études cognitivistes actuelles continuent en effet d'ignorer l'apport capital des pré-savoirs ou de nos pesanteurs affectives, l'importance encore de nos interactions avec autrui et les objets dans ce qui va se constituer ensuite comme cognitions humaines (Forgas, 1981). De ce point de vue, les échanges interdisciplinaires connaissent encore de sérieuses limites sinon d'infranchissables incompréhensions (Beauvois et Deschamps, 1990). C'est pourquoi il importe de considérer la façon dont les psychologues sociaux ont abordé ces deux grands concepts traversant depuis peu, on l'a vu, les études cognitivistes, à savoir : la catégorisation et la consistance cognitive.

La catégorisation sociale

Les travaux sur la catégorisation sociale ont porté sur l'analyse des modes de systématisation de l'environnement, à savoir ces processus qui tendent à nous faire concevoir cet environnement comme davantage structuré, explicable et simplifié qu'il n'est. Par là, dans tout processus de catégorisation, les objets seront nécessairement affectés de propriétés subjectives et associés en corollaire aux objets d'une même catégorie. La conséquence majeure en sera régulièrement une augmentation des différences intercatégorielles et des similitudes intracatégorielles (Tajfel et *al.*, 1964). Par suite, l'effet de contraste (accentuation des différences perçues entre objets classés dans des catégories distinctes) débouchera sur un phénomène de discrimination, alors que l'effet d'assimilation (accentuation des ressemblances perçues entre objets classés dans une même catégorie) conduira à la stéréotypie. Dès 1971, Rabbie et Wilkens avaient montré que des sujets qui s'attendaient à travailler ensemble montraient une attitude plus favorable vis-à-vis de leur groupe et de ses membres que les sujets qui ne s'y attendaient pas.

Cela n'est pas sans conséquence dans le rapport entre catégorisation sociale et identité : des séries d'expériences ont montré les corrélations fortes qui existent entre comportements intergroupes ou discrimination entre groupes et les mécanismes d'identité sociale ou d'identité personnelle (Tajfel et Turner, 1979 ; Turner, 1981). « Lorsque l'identification à un groupe augmente, on a passage du pôle interpersonnel au pôle intergroupe. Or, les individus n'agiraient en établissant une discrimination entre groupes que lorsque celle-ci représente pour eux le seul moyen d'avoir une auto-évaluation positive, d'accéder à une identité positive. [...] Autrement dit, la catégorisation, *per se*, ne serait pas suffisante pour qu'on observe une différenciation entre groupes et ce qui serait sous-jacent au processus de la catégorisation sociale serait la tendance à établir une différenciation positive entre soi et autrui » (Beauvois et Deschamps, 1990).

En résumé, lorsqu'on parcourt la littérature psychosociologique consacrée au problème, trois types de niveaux peuvent être distingués dans les relations entre groupes : le niveau comportemental, celui des évaluations et celui des représentations. Ces niveaux sont en relation les uns aux autres : aux différenciations catégorielles correspondent les différenciations de représentations cognitives de même que les discriminations comportementales et évaluatives. Tout changement à un niveau induit des modifications aux autres niveaux. Ainsi a-t-on vu avec les travaux de Tajfel (1971) que l'induction d'une appartenance à deux catégories différentes pouvait mener à une discrimination comportementale et évaluative. De même l'introduction d'une divergence au niveau comportemental peut créer conflit en s'accompagnant d'une accentuation des différences au niveau des jugements évaluatifs. De même encore l'introduction d'une convergence au niveau comportemental affaiblira la discrimination au niveau des jugements (Sherif, 1966).

En conclusion, il apparaît bien que si, d'un côté, la catégorisation se manifeste comme processus cognitif organisant ou accompagnant les structurations de la perception du monde physique, *cette perception est toujours et d'emblée soumise à un processus conjoint de catégorisation sociale* : toute différenciation catégorielle est ainsi d'abord de nature psychosociologique. L'intrication fondamentale de ces deux processus — à la fois portant sur le perceptuel et le social — aide à mieux comprendre comment, en vérité, nos interactions humaines, nos relations avec autrui ou entre groupes vont façonner nos évaluations individuelles ou collectives, nos comportements et, par suite, nos représentations du monde, aux plans réciproques de la consistance ou de la dissonance.

Consistance et dissonance cognitives

Nos intuitions usuelles de « consistance » portent en effet sur trois plans :

— Celui de la *consistance comportementale*, c'est-à-dire de la co-occurrence entre certains comportements : nous attendons des gens qu'ils soient et nous sommes persuadés, du moins l'espérons-nous, qu'ils sont consistants dans leurs conduites et dans les comportements que nous attendons d'eux ;

— Celui des *relations* que nous faisons entre ce que nous

sommes et ce que nous faisons, et de même à l'égard d'autrui, sous forme de *liens entre traits de personnalité et attitudes et actions* ;

— Celui des *correspondances* que nous établissons encore quotidiennement entre appartenances, attitudes, croyances et opinions.

Rien d'étonnant, alors, à ce que les théories de la consistance cognitive constituent toujours un paradigme fondamental de la psychologie sociale, bien que ces théories se soient développées à un bref moment de l'histoire de la discipline, particulièrement dans les années 1955-1960. Leur propos peut être résumé de la façon suivante empruntant à Zajonc (1968) et à Beauvois et Joule (1981) :

1) Elles concernent l'*univers cognitif* des individus, c'est-à-dire la connaissance qu'ils ont de ce qu'ils savent, croient ou ressentent des objets et événements de leur monde ou d'eux-mêmes ou des autres. Ces savoirs ou ces croyances sont tantôt appelés des cognitions (Festinger, 1975), tantôt des représentations cognitives (Abelson et Rosenberg, 1958).

2) Elles traduisent et définissent une organisation des éléments d'univers cognitifs visant à l'organisation la plus harmonieuse pour le sujet, et qui sera nommée *consistance* ; laquelle consistance, en vérité, emprunte le plus souvent à l'univers du sens commun et aux propres intuitions qu'ont les sujets de leur « consistance mentale » (Beauvois et Joule, 1981).

3) Elles impliquent une hypothèse commune, qui est que *tout travail cognitif d'un sujet sera orienté vers le rétablissement ou la généralisation d'états harmonieux.*

Ces théories de la consistance ont donné naissance à deux phénomènes paradigmatiques en psychologie sociale : la théorie de la dissonance cognitive de Festinger et celle de l'équilibre de Heider.

La dissonance cognitive. — La théorie de la dissonance s'est développée suite à l'observation de situations expérimentales curieuses : on obtient d'abord du sujet un comportement dans lequel il doit choisir (paradigme de la décision) ou faire ou dire le contraire de ce qu'il ferait ou dirait spontanément (paradigme de la soumission forcée) ou encore il doit manifester un comportement « coûteux » pour pouvoir se trouver dans une situation attractive (attentes non confirmées). Et là on observe que la connaissance qu'a le sujet de ce comportement obtenu ne s'accorde qu'imparfaitement avec des évaluations ou des savoirs antérieurs. Par exemple (soumission forcée), le fait de savoir que je viens d'accepter sans contrepartie intéressante de tenir un discours raciste s'accorde mal avec la connaissance que je suis susceptible d'avoir de mes opinions antiracistes : je suis en état de dissonance et c'est mon propre comportement qui m'a mis dans cette situation. Pourquoi l'ai-je fait ? Cela peut être lié aux conséquences cognitives d'une décision que j'ai prise. Cela peut provenir aussi de ce que je me suis soumis aux demandes d'une autorité. « La théorie de la dissonance serait alors aussi la théorie des conséquences cognitives des actes qu'on nous extorque dans un contexte d'autorité ou de pouvoir. » L'intérêt de cette théorie est manifeste : *tout sujet est nécessairement inséré dans des relations sociales et c'est la découverte même de son comportement dans ces relations qui va initier l'état d'inconsistance* (Beauvois et Joule, 1981 ; Beauvois et Deschamps, 1990).

Festinger a encore apporté un élément important à sa théorie, qui est celui d'inscrire la dissonance dans une logique très précise, qui est celle de la « cognition la plus résistante au changement ». Ce sera d'ailleurs cette cognition qui aura initié l'état de dissonance, au sens de la traduction cognitive du comportement du sujet. Par exemple : « si je viens de choisir telle alternative » (paradigme de la décision), donc « je viens d'accepter de tenir tel type de discours » (soumission forcée), alors « j'ai dû faire ceci pour arriver à cela » (attentes non confirmées). On voit ainsi qu'en théorie de la dissonance, le comportement du sujet est conçu comme orientant son travail cognitif et, par là, il s'agit de rendre compte des conditions conduisant à la *rationalisation* de nos actions ou de nos conduites ; ce qui est un des objectifs essentiels de la psychologie sociale, et par suite des études sur la cognition.

La théorie de l'équilibre. — Cette préoccupation d'un certain équilibre cognitif chez les sujets dans la recherche d'une rationalisation de leurs comportements se retrouve dans la théorie de l'équilibre de Heider (1946, 1958). Pour lui, « les jugements ou attentes d'une personne concernant un aspect de son environnement ou de son champ social ne devraient pas être en contradiction avec les implications des jugements ou attentes relatives à d'autres aspects de ce champ social. Si une contradiction existe entre éléments de cognition, des forces tendant à résoudre cette contradiction surgissent et tentent de restaurer l'équilibre en modifiant les rapports entre les éléments de l'environnement ou, si cela est impossible, en modifiant la représentation que la personne s'en fait » (Beauvois et Deschamps, 1990).

L'idée générale de Heider était que l'individu tentait d'échapper à des situations peu agréables en les transformant de telle sorte qu'elles deviennent plus agréables. La question était alors de définir ce que sont les « situations agréables ». Cartwright et Harary (1956) ont tenté de modéliser les règles selon lesquelles les individus instaureraient entre eux ces « états d'équilibre ». Mais une double interrogation demeure : cela est-il dû à l'intervention d'une *logique sociale* et comment définir celle-ci ? L'hypothèse est trop vague pour être opérante. Ou est-ce encore l'œuvre à chaque fois de *représentations* que vont fonder les relations intragroupes ou intergroupes ? Telle est bien la conjoncture épistémologique qui apparaît fructueuse dans les études actuelles.

Les représentations sociales

C'est à Moscovici (1961) que l'on doit la reformulation, en effet, du concept de « représentation collective » élaboré par Durkheim, et cela dans le but de construire un outil mieux adapté à rendre compte de la multiplicité des représentations organisant ces rapports symboliques variés qui vont être constitutifs de notre vie sociale. Les représentations sociales ont donc le statut de « savoirs sociaux » et jouent, de ce fait, un rôle essentiel dans l'échange socialisé : tributaires de ces rapports qu'elles véhiculent, elles ont aussi le double statut de savoir et d'action sur ces rapports. Assurant cet échange social, il est clair encore qu'elles vont se manifester comme modes de régulation de cet échange, et que ces modes de régulation peuvent être alors considérés comme une sorte de « métasystème » intervenant en permanence sur nos organisations cognitives.

Ce sont en vérité des « formes de connaissances courantes », dites de sens commun, qui ont pour propriété d'être socialement construites et partagées. Elles ont une visée pratique d'organisation et d'adaptation et de maîtrise de l'environnement et donc d'orientation des conduites et des communications. Autrement dit : elles traduisent nos activités d'appropriation et d'élaboration socio-psychologique de la réalité extérieure. Elles vont donc se manifester à la fois comme *produits* et comme *processus* inhérents à nos activités mentales. Du côté des produits, il s'agit d'analyser tous ces agencements expressifs et symboliques, notamment langagiers, qui vont traverser une société et la « marquer » dans différents types de supports et de traces discursives, iconiques ou matérielles. Du côté des processus, il s'agit de tous « ces mécanismes psychologiques et sociaux qui, d'une part, régissent la formation, l'organisation et la transformation de ces agencements de contenus, d'autre part, rendent compte de leurs fonctions et efficacités sociales » (Jodelet, 1991).

Ces liens entre représentations et régulations sociales s'assurent notamment au travers de processus d'*ancrage* et d'*objectivation.* Toute représentation sociale que nous construisons et nous nous construisons revient effectivement à ancrer nos connaissances « dans un monde de valeurs sociales hiérarchisées résultant des positions asymétriques occupées par des groupes et individus dans un champ social. [...] Tout se passe comme si les représentations sociales devaient mieux jouer leur rôle dans le maintien des rapports sociaux en assurant la caractéristique d'évidence non fondée sur ces rapports » (Doise, 1990).

Concrètement :

« La représentation sociale est avec son objet dans un rapport de "symbolisation", elle en tient lieu, et d'"interprétation", elle lui confère des significations. Ces significations résultent d'une activité qui fait de la représentation une "construction" et une "expression" du sujet. Cette activité peut renvoyer soit à des processus cognitifs — le sujet est alors considéré d'un point de vue épistémique — soit à des mécanismes intrapsychiques (projections fantasmatiques, investissements pulsionnels, identitaires, motivations, etc.) — le sujet est alors considéré d'un point de vue psychologique. Mais la particularité de l'étude des représentations sociales est d'intégrer dans l'analyse de ces processus l'appartenance et la participation sociales ou culturelles du sujet.

« Forme de savoir, la représentation se présentera comme une "modélisation" de l'objet directement lisible dans, ou inférée de divers supports linguistiques, comportementaux ou matériels. Toute étude de représentation passera par une analyse des caractéristiques liées au fait qu'elle est une forme de connaissance (Jodelet, 1991).

Qu'on ne s'étonne pas alors que, suite à des travaux nombreux et qui ont fait date (Moscovici, 1961, 1972, 1984, 1986, 1988, Jodelet, 1989, 1991), une préoccupation importante, issue de l'analyse de ces représentations sociales, ait fait place aux problèmes linguistiques et d'analyse de discours ou d'argumentations *schématisant* des connaissances (Grize et *al.*, 1987 ; Vignaux, 1988).

4

LINGUISTIQUE ET COGNITION
LES SCIENCES DU LANGAGE, PIÈCE ESSENTIELLE ET CEPENDANT CONFLICTUELLE AU SEIN DES SCIENCES COGNITIVES

De par son histoire récente, la linguistique apparaît à certains comme une des disciplines les moins assurées de participer au « modernisme » des sciences cognitives. D'aucuns continuent de lui accorder crédit, mais seulement dans la mesure où elle nous fournirait « modèle » des applications modulaires de la fonction langage. D'autres, les plus nombreux, se rassurent en lui accordant quelque crédit opératoire sous forme de « discipline technique » au service de ces traitements informatiques dont on sait au moins les vertus économiques et industrielles. Tout se passe, en définitive, comme si, pour la plupart, le langage n'était pas un « problème » à l'exception des linguistes, parfois considérés comme d'ultimes taxidermistes. C'est de cette confusion qu'il convient de sortir en vue d'approcher d'une « grammaire cognitive » des activités de langage et de discours.

Genèse : de la grammaticalité à l'esprit et à la logique

Si l'on considère avec S. Auroux (1991) l'histoire de la pensée occidentale, on est frappé d'abord de ce constat d'unité que constituait le *Trivium* composant au Moyen Age et de manière intriquée ces trois disciplines fondamentales qu'étaient la logique (ou dialectique), la rhétorique (ou art du discours) et la grammaire (ou codification des normes de l'expression conformément aux institutions et aux échanges humains). Cela a fondé toutes nos théories de l'entendement et de la pensée, c'est-à-dire de la connaissance et de la représentation, pratiquement jusqu'à la fin du XIXe siècle, en articulant ainsi une théorie du raisonnement — de la « logique » — aux conceptions que l'on se faisait des rapports entre le langage et ses modes d'expression et de représentation du monde.

Au début, chez Aristote, l'important est de considérer le langage en lui-même, et par là nous parviendrions à unir perception, représentation et ontologie. L'essentiel, peut-on dire alors, consiste en la « grammaire », dans la considération même des constituants morphologiques de la langue. Puis, avec les grammairiens Apollonios et Priscien, grec pour le premier et latin pour le second, au IIe et au Ve siècle de notre ère, apparaît une sorte de révolution : « Le protocole d'analyse qui va dominer la grammaire occidentale peut se décrire de la façon suivante : les unités du langage naturel sont réparties en *catégories* (les fameuses *parties du discours)*, celles-ci décrites par un ensemble de traits et les possibilités de co-occurrence des unités définies par la compatibilité des traits des catégories auxquelles elles appartiennent. Comme le remarque Priscien, personne ne dit *ego facis* (pronom personnel à la 1re personne + verbe à la 2e personne). Cette découverte — qui interdit de voir dans le langage naturel un monoïde libre — est aussi solide, stable et fondamentale dans l'histoire de l'humanité que le théorème de Pythagore. Elle correspond à la notion de *grammaticalité (katallelotês* chez Apollonios ; *consequentia* chez Priscien ; au Moyen Age, on aura *convenentia* et *congruentia.* » (Auroux, 1991).

La question alors introduite — de nature autant ontologique que métaphysique — est celle de savoir, puisque toute séquence linguistique se constitue comme « événement », communicationnel et de pensée, engendré par un sujet, s'il existe quelque chose dans notre « machinerie intellectuelle » à même de produire et de motiver cette génération d'expressions ayant rapport au « penser ». Aristote, le premier, construira à ce propos la distinction entre catégories linguistiques et formes du jugement et du raisonnement ; de même les stoïciens développeront la théorie des *parties du discours*, en distinguant les noms propres, les noms communs et l'article ; et cela pour les nécessités de l'étude de l'argumentation dialectique.

L'interrogation qui prend naissance ainsi est celle des relations à même d'exister entre ce que nous percevons, la manière dont nous nous en faisons *idée* et surtout la pertinence qu'offre ou non le langage pour en donner à chaque fois *représentation* sous forme d'un certain contenu et surtout « communiquer » cette représentation : ces représentations que le langage « construit » ou « transmet » sont-elles stables dans leur rapport aux choses (ontologie) et au monde (métaphysique) et sont-elles « identiques » d'un humain à l'autre, d'un moment à l'autre ? Et comment encore s'associent-elles ou s'entraînent-elles de l'une à l'autre ? Une réponse en sera donnée par Descartes, d'abord, puis par les empiristes du XVIIIe siècle (Locke, Hume) avant les psychologues anglais du XIXe siècle, mais toujours dans le même sens : c'est la notion d'existence d'un certain « seuil » perceptif et communicatif, sous le nom d'habitude *(custom)*. « Cela revient à postuler l'auto-organisation des éléments de la représentation. Hume — qui veut décrire les lois de l'esprit comme Newton a décrit celles de l'univers — est pratiquement le seul à accorder à l'*association* une place primordiale dans le fonctionnement de l'entendement humain » (Auroux, 1991). Condillac à son tour, considérant la place centrale des processus d'apprentissage et d'habitude, insistera sur l'importance non pas de l'association, mais de la *liaison* entre idées sous-tendant tous nos raisonnements, sous forme de rapports d'inclusion ou d'analogie. Durant ce long laps de temps, on va accorder à la logique le statut de science des « lois de la pensée » : discipline positive qui doit viser à décrire ces lois plutôt que les normer. Mais déjà, avec le XIXe siècle, ce territoire de la logique, et par la suite de la science, se voit borné : il appartiendra à la première de formuler les « bons raisonnements » et à la seconde de nous approcher de la « vérité ». L'ambiguïté des rapports entre langage, ontologie et raisonnement prend dès ce moment-là l'ampleur qu'on lui connaît aujourd'hui. Ce parcours historique ne s'est pas constitué innocemment ; il importe de le redétailler.

Pour remonter aux Grecs, c'est d'abord la question du terme *logos*, dont notre mot « logique » provient, et dont on sait la polysémie : dérivé de *légein* (collecter, choisir, cueillir, compter, raconter), c'est à la fois le principe d'ordre régissant le monde et la raison qui pénètre l'homme, mais aussi, pour Aristote, le sens du mot que la définition va instaurer et stabiliser. Tout cela s'ordonne selon une architecture de correspondances soigneusement établies entre ontologie, perception et langage : *1)* le réel est constitué de substances, elles-mêmes composées de matière et de formes ; *2)* la perception est l'acte commun du sentant et du senti : c'est la forme même de l'être réel qui se transmet à l'esprit humain. Si je perçois un arbre, mon esprit reçoit la « forme » de l'arbre ; il y a quelque chose de commun entre l'arbre et lui ; *3)* le langage est fait d'unités linguistiques qui sont les signes conventionnels des affections de l'âme ; au Moyen Age, à partir du XIIIe siècle, les modes de l'être *(modi essendi)* seront conçus comme étant en correspondance directe avec les modes du comprendre *(modi intelligendi)* et ceux du signifier *(modi significandi)*.

Mais alors, faut-il — puisque la grammaire précède la logique — catégoriser les représentations que le langage nous permet pour construire la logique ? Et faut-il vraiment du langage pour qu'il y ait de la logique (Auroux, 1991) ? Pour les Grecs et jusqu'à l'époque moderne, *s'il y a langage, il y a catégorisation et règle de formation induite par cette catégorisation, et donc logique*. Mais il faut toujours distinguer entre deux modes de la catégorisation : ce dont on parle et ce qui sert à en parler : *onoma* et *pragma*, entre « les mots et les choses », dirions-nous. « Il y a la représentation de la chose dont je me représente quelque chose et la représentation de ce que je me représente de la chose que je me représente (la chose dont je dis quelque chose — *onoma* — et ce que je dis de la chose ou la manière dont j'en parle — *pragma)*. Ce sont ces deux positions qui correspondent aux notions de *sujet* et de *prédicat*, lesquelles sont donc congrues aux notions de *nom* et de *verbe* » (Auroux, 1991).

De là, la classification sémantique que va opérer Aristote sous la forme de dix *catégories* conçues en termes de places ; la catégorie de la *substance* correspondant aux représentations qui ne peuvent occuper que la première position. La théorie logique qui s'ensuit impose donc de figer les agencements de langage eux aussi en termes de places : celle du sujet, celle du prédicat, les deux étant reliées par la « copule », en général le verbe « être » (à la troisième personne : *esti)*, mais tout verbe doit pouvoir être transcriptible par « est + participe présent ».

Toute théorisation logique peut alors se construire en figeant certaines expressions du langage naturel, afin d'en déduire les *propositions* « vraies » ou « fausses » qui fondent ou expriment nos représentations. De là toute la théorie des propositions que va construire Aristote en vue de définir les contraintes de la « vérité » d'expression et dont l'architecturation progressive témoigne d'une cohérence dont on n'a peut-être pas encore aujourd'hui épuisé toutes les vertus suggestives.

A suivre ainsi l'*Organon*, c'est-à-dire l'ensemble de l'œuvre logique d'Aristote, on comprend mieux pourquoi une certaine représentation du « logique » s'est stabilisée et développée jusqu'à la fin du XIXe siècle. Le traité des *Catégories*, tout d'abord, est consacré aux termes, celui ensuite nommé *De l'interprétation* traite des propositions, et enfin les *Analytiques* sont consacrés à l'étude du raisonnement. En ce qui concerne les termes, il n'est bien sûr pas question de « vérité » : le problème de la logique n'est pas celui de la représentation en tant que dénomination ou perception, mais celui des relations que nous pouvons établir entre représentations des choses et des rapports des êtres aux choses ou aux situations. La logique se fondera donc sur l'analyse des propositions, et pour ce faire — selon Aristote et nous l'avons suivi depuis —, il est nécessaire d'introduire deux autres catégorisations syntaxiques : la quantification (tout, quelque) et la négation (non, ne pas) qui appartiennent à la même catégorie du *syncatégorème*. A partir de là, il s'agit de ranger les propositions en universelles ou particulières et, selon leur forme déclarative, en affirmatives ou négatives afin de mieux pouvoir les ranger en « carré » rendant compte des rapports de *contrariété* — une affirmative et une négative universelles ne peuvent être vraies ensemble —, ou de *contradiction* — une universelle affirmative s'oppose à une particulière négative ; une universelle négative s'oppose à une particulière affirmative. Dès lors, on peut travailler « en logique » en tant qu'étude du raisonnement naturel, c'est-à-dire du syllogisme : « Le *syllogisme* est un discours dans lequel, certaines choses étant posées, quelque chose d'autre que ces données en résulte nécessairement par le seul fait de ces données. *Par le seul fait de ces données* : je veux dire que c'est par elles que la conséquence est obtenue » (*Premiers Analytiques*, I,1, 25b).

Un syllogisme est « naturellement » composé de trois propositions — deux prémisses et une conclusion —, et de trois termes qui occupent les places « sujet » et « prédicat » dans ces propositions : le *mineur* est celui qui est sujet, le *majeur* est prédicat dans la conclusion et le *moyen terme*, l'autre qui relie. Tout le monde au moins se remémore quelque exemple classique de syllogisme à commencer par le plus canonique : « Tous les hommes sont mortels / *or* Socrate est un homme / *donc* Socrate est mortel. » Mais la syllogistique fondée par Aristote va bien au-delà de ce type d'exemple devenu trivial : il s'agissait alors de fonder — les logiciens médiévaux prolongeront l'entreprise — les différents modes de validité de tous nos raisonnements spécialisés ou ordinaires, à savoir quand et dans quelles conditions nos raisonnements sont valides.

Le fait qu'Aristote soit le seul dans l'histoire à avoir travaillé à ce point sur la validité ordinaire de nos raisonnements explique que son œuvre ait ainsi traversé les siècles. Cela est particulièrement évident à la lecture des *Topiques* où il va traiter des cinq universaux qui demeurent familiers à nos argumentations quotidiennes — le genre, l'espèce, la différence, le propre et l'accident —, mais qui ont cessé depuis longtemps d'occuper le travail du logicien. Par exemple, de la relation de genre à espèce, familière à nos activités quotidiennes de catégorisation, qui préoccupe de plus en plus les concepteurs de systèmes experts et qui, par voie de conséquence, fait retour en psychologie (Dubois, 1991). De même du « propre » qui serait ce qui caractérise une « substance » — un objet ou abusivement un être —, et de « l'accident » qui serait une des formes que cette substance peut prendre dans des conditions particulières. Cette démarche ontologique ne fait plus partie de ce que nous nommons « science » aujourd'hui.

La théorie des idées

En effet, avec la théorie logique de Port-Royal, va s'opérer, selon l'expression de S. Auroux, « un profond changement d'ontologie » : c'est la naissance de cette séparation que nous continuons de pratiquer entre l'Esprit et la Matière. Ce qui se passe dans l'esprit, à partir de là, ne sera plus considéré que comme indépendant de tout ce qui intervient dans la matière ou concourt à la composer. La logique, détachée de tout problème perceptif ou métaphysique, prend statut alors d'étude des lois et des « opérations » *stricto sensu* de la pensée. De là va-t-on inférer que ces opérations de pensée sont au fondement du langage humain et qu'une logique est ainsi à l'œuvre dans la grammaire, d'où le programme de constitution d'une *Grammaire générale* au centre de l'œuvre de Port-Royal.

Dans cette théorie logico-grammaticale de Port-Royal, si l'on maintient les termes de sujet et de prédicat, la nouveauté est l'introduction de la notion d'idée : « Le mot *idée* est du nombre de ceux qui sont si clairs qu'on ne peut les expliquer par d'autres parce qu'il n'y en a point de plus clairs et de plus simples » (Arnaud, Nicole, 1970, I,1, 65).

Si donc l'étude des opérations de pensée est l'objet de la logique, cette dernière n'a ni à trouver ni même à inventer ces opérations puisqu'elles nous sont « données » : le travail de la logique « ne consiste pas à trouver le moyen de faire ces opérations, puisque la nature seule nous le fournit en nous donnant la raison : mais à faire des réflexions sur ce que la nature nous fait faire » (1970, 60). La *Logique de Port-Royal* n'est donc pas un *organon*, elle n'ajoute rien aux opérations de la pensée ni aux connaissances auxquelles ces opérations s'appliquent.

Les opérations essentielles qui s'appliquent aux idées sont tout d'abord celles d'extension et de compréhension, lesquelles ne concernent que les idées générales. La compréhension d'une idée, c'est l'ensemble des « attributs qu'elle enferme en soi et qu'on ne peut lui ôter sans la détruire », et son extension est l'ensemble des « objets à qui cette idée convient, ce qu'on appelle aussi les inférieurs d'un terme général ». Vient ensuite le problème de l'abstraction dont la *Logique de Port-Royal* (chap. I, v) distingue trois types : décomposition d'un tout en parties, c'est-à-dire par fractionnement ; séparation d'un mode et de sa substance ; et surtout cette procédure qui permet « une même chose ayant divers attributs » ou de « penser à l'un sans penser à l'autre ». « Si l'on a une idée qui s'applique à un individu (exemple : l'idée que j'ai de moi qui pense), on peut passer de là à une idée plus générale (idée d'une personne qui pense), qui peut représenter une classe d'individus (toutes les personnes qui pensent) » (Auroux, 1991). Par « ces sortes d'abstractions, les idées, de singulières, deviennent communes, et de communes plus communes ». L'abstraction est donc un processus de généralisation qui consiste en la séparation progressive des constituants d'une idée. Mais S. Auroux fait encore remarquer qu'on peut aussi l'interpréter sur un mode génétique, comme schéma d'un engendrement des idées à partir de la sensation, « procédure à engendrer les idées générales », fonctionnant à la manière de l'*induction compréhensive* ; et c'est bien ainsi que l'empirisme classique l'a repris à son tour comme théorie commune de formation des idées.

La grande loi de Port-Royal est qu'extension et compréhension d'un concept varient en proportion inverse, ce qui n'est pas le cas de la logique moderne, où la compréhension d'un concept demeure nécessairement invariable. Mais cette loi est cohérente dans le contexte ici en question : la théorie des idées suppose composition (joindre et/ou ajouter) et hiérarchisation (du simple au complexe) des termes. Cette notion d'une hiérarchie des termes réemprunte au fameux arbre de Porphyre. Porphyre, élève de Plotin au IIIe siècle de notre ère, est l'auteur de l'*Isagogê*, traité sur les cinq voix ou dénominations (genre, espèce, propre, différence et accident) qui connut un succès à l'égal de l'œuvre d'Aristote. On retrouve ces mêmes distinctions chez les logiciens de Port-Royal qui, à coup sûr, connaissaient l'*Isagogê*. L'inspiration est d'autant plus plausible lorsqu'on constate que, de la même façon, Porphyre fonde son analyse des relations des termes entre eux à partir de leur nature et qu'il introduit encore hiérarchie entre genres et espèces en prenant lui aussi pour terme de départ la catégorie de la substance.

Mais, surtout, en introduisant l'idée d'une relation orientée du genre à l'espèce et réciproquement de l'espèce au genre, Porphyre permet de dépasser la simple arborescence dichotomique, et cela va se retrouver à Port-Royal : « La différence a deux respects ; l'un au genre qu'elle *divise* et partage ; l'autre à l'espèce qu'elle constitue et qu'elle forme, faisant la principale partie de ce qui est enfermé dans l'idée de l'espèce selon sa compréhension » (*Logique*, I, VII). Et si, comme dans Aristote, l'ontologie que constitue Porphyre va reposer sur les idées de genres, d'espèces, de différences, de propres et d'accidents, il va cependant introduire une relation nouvelle, qui est celle d'*attribution*, et dont on peut faire le rapprochement avec la loi de Port-Royal : « Les genres, dit-il, ont une supériorité parce qu'ils contiennent les espèces qui leur sont subordonnées, tandis que les espèces ont une supériorité sur les genres par <le nombre> des différences qu'elles ont en propre » (Trad. de J. Lallot : Auroux, 1991).

Néanmoins, au-delà de ces considérations génétiques qui n'ont vertu que d'éclairer certaines filiations, ce qu'introduit de véritablement nouveau Port-Royal, c'est bien cette notion d'*idée*. Dans Porphyre, on peut constituer un genre à partir des espèces par une sorte d'opération de composition, et si l'on remplaçait ces espèces par des idées, cette opération prendrait statut de composition interne. De ce point de vue, la logique des idées construite à Port-Royal demeure proche : on y trouve aussi « l'idée du propre » et « l'idée de l'espèce » et surtout la considération que tous les termes de la proposition sont des idées, mais la révolution introduite par Port-Royal — et particulièrement dans le rapport extension/intension —, c'est, d'une part, le fait que pour définir et construire un terme complexe, tel le sujet de la particulière *(Quelque A)*, il suffit de rajouter à une idée l'idée indéterminée de partie qui restreint son extension, et d'autre part, la notion de restriction associée à celle de différence : « ajouter, c'est diviser » et « ajouter, c'est intersecter ».

Au plan, alors, des opérations de la pensée, les quatre types principaux en sont, selon Port-Royal : concevoir, juger, raisonner et ordonner. « Concevoir » correspond à la formation des idées ; « juger », c'est construire la proposition ; « raisonner », c'est enchaîner des propositions entre elles ; enfin, « ordonner » traduit l'édification de la science. Dans ce contexte, toute proposition revient à une opération de comparaison entre deux idées au plan de savoir si elles se conviennent entre elles et, de ce point de vue, toute proposition équivaut bien à un jugement, affirmatif ou négatif, composant la première idée — le sujet — à la seconde — le prédicat. Cette théorie de la proposition, qui fonde l'essentiel de l'œuvre de Port-Royal, suppose bien que la langue ait statut d'*expression* de la pensée et que cette expression passe par les verbes, lesquels vont permettre la constitution de propositions complexes — exemple : « Brutus a tué un tyran », d'où « Brutus a tué quelqu'un et celui qu'il a tué était un tyran » (Auroux) — où les « idées » vont assurer la *médiation*, c'est-à-dire la relation entre sujets, prédicats et copules (par correspondance en quelque sorte entre « places » dans le langage et jeux sur ces places permettant de construire la signification).

De la théorie des idées à la logique moderne

De cette coïncidence entre termes et idées *modulo* la proposition provient cette évidence, soulignée encore par S. Auroux, qu'en vérité « la *Logique de Port-Royal* est explicitement une théorie des opérations de l'esprit ; la théorie de l'abstraction fait clairement apparaître que toutes les opérations sont d'abord des opérations sur les idées. L'effort de Port-Royal consiste à relier entre elles les opérations de base et à reconstruire la logique à partir de là ». C'est pourquoi encore — nous souscrivons ici à ce vœu de S. Auroux —, il importerait, et du point de vue de l'histoire des épistémologies, d'élucider cet étrange rapport qu'on ne peut que constater entre la théorie des idées et l'algèbre de Boole. Ne serait-ce qu'au travers précisément de cette « passerelle » que constituent les empiristes (Locke, Hume) dont les travaux, aujourd'hui réhabilités en sciences cognitives, portent justement sur ce problème qu'est la notion de *comparaison* — au-delà de l'*association* —, c'est-à-dire les opérations d'intersection entre idées conduisant d'abord au problème de la composition des idées puis, et surtout, à la question des modes de réduction de plusieurs termes à un seul terme logique (sujet ou prédicat). Cela signifierait dépasser la simple et triviale opposition entre logique classique — supposée travailler sur les « idées » — et logique postclassique opérant sur des classes et des extensions de classes. Existe-t-il homologie, voire adéquation, sinon isomorphie entre les deux ? Telle est la question que le renouveau actuel de la réflexion sur le sémantique et les logiques naturelles (pragmatiques) réintroduit.

Sans doute l'algèbre des classes impose-t-elle de concevoir le raisonnement comme un calcul et sans doute la théorie des idées, bien qu'étant « calcul », n'atteint-elle pas à la puissance analytique du premier. Cela parce qu'effectivement, entre les deux, s'introduisent les trois innovations majeures apportées par G. Boole : réduction à l'extension, classe vide et interprétation de la négation comme complémentation. Néanmoins, il semble qu'historiquement « ce soit la *comparaison*, due à l'idée selon laquelle le raisonnement est une espèce de calcul, qui ait permis la naissance de la logique algorithmique ». Celle-ci se construit de par le choix de Boole qui est d'étudier non pas le langage, mais « un certain langage » sous forme de symboles dont les lois d'engendrement et de composition sont indépendantes de leur interprétation. Le langage n'est plus alors expression de la pensée, mais simple instrument. « En choisissant résolument l'extensionnalité, Boole non seulement parvient à réduire la pensée à un calcul symbolique (de là la possibilité d'envisager des machines logiques comme il y a des machines arithmétiques), mais il change notablement l'objet de la logique, puisque dans les faits, celui-ci devient un certain langage formel. » Néanmoins demeurait le problème de la quantification : chez Boole, on ne pouvait le traiter qu'au moyen du « produit logique », c'est-à-dire en combinant une opération sur deux éléments appartenant à la catégorie des termes. Il faudra attendre Frege pour trouver la solution moderne qui consiste à séparer les quantificateurs des autres catégories et à traiter la prédication en termes de *fonction (pour tout x $f(x)$)*, ce que développera Russell (Auroux, 1991).

En résumé, la logique aura connu trois périodes historiques de développement. La première est celle de la théorie des idées, qui vise en langage moderne à construire un « calcul intensionnel » : l'idée du prédicat est dans la compréhension de l'idée du sujet. La deuxième est celle de l'algèbre logique et de la construction d'un calcul extensionnel, néanmoins proche du précédent. La troisième correspond à une modification radicale introduite par Russell : pour un individu x satisfaire la fonction f = (déf) pour un individu x appartenir à la classe F. Dans le premier cas, il est évident que le langage « correspond à des idées ». Dans le troisième cas, on peut s'interroger sur la signification de la fonction f : si l'on admet que c'est une « pensée » voire une « représentation mentale », il faut alors supposer l'existence d'une catégorie ontologique qui authentifierait cette représentation — à la manière de la catégorie d'objet qui, chez Frege, va regrouper les individus et les pensées. Mais en allant plus loin ainsi, on rencontre très vite des paradoxes qui sont le lot quotidien du logicien — comment interpréter le langage construit par la logique ? —, qu'on ne peut résoudre qu'en construisant des plans d'interprétation baptisés modèles, lesquels à leur tour, en tant qu'objets symboliques, poseront de redoutables problèmes d'interprétation.

D'où les éclatements actuels de la logique, départageant d'un côté des systèmes relativement fermés en tant que « langages interprétatifs », et de l'autre des systèmes de plus en plus ouverts (non monotones, par défaut, etc.), remettant en cause la stricte application fonctionnelle et, de ce fait, rejoignant l'empirisme. Cela traduit une profonde remise en cause dont nous ne sommes qu'à l'aube, dans la mesure même où, abandonnant la contrainte de validité associée à tout raisonnement et, de ce fait, l'idée de la pensée conçue comme calcul, nombre de recherches font retour aujourd'hui au langage lui-même avec tout ce qu'il suppose de procédures composites, diversement étagées, et qui se plient malaisément aux formalismes classiques. Comme le résume S. Auroux : « Pour comprendre une expression, il se peut même que je doive restaurer des calculs intermédiaires, comme on le fait dans les enthymèmes des logiciens. Je ne crois pas qu'on doive admettre qu'il s'agisse de raisonnement. Admettons, comme nous y invite l'histoire de la logique, que raisonner c'est parler ; il faut refuser la converse : en effet, parler ce n'est pas toujours raisonner. Toute parole est peut-être un calcul, mais alors tout calcul n'est pas un raisonnement. » Telle est bien la conjoncture paradoxale actuelle où les nécessités du calcul se heurtent à ce fait que tout calcul n'est pas forcément « du langage ». On redécouvre ainsi l'évidence irritante des complexités du langage, à la fois proche mais toujours à distance de nos modèles rassurants des formes du raisonnement. La linguistique a-t-elle trouvé sa vraie place dans les sciences cognitives ?

Rien n'est moins sûr, mais tout semble l'augurer à condition de renouveler nos habitudes théoriques, ce qui devient crucial : « En matière de langue écrite, on a l'habitude de décomposer les problèmes selon cinq niveaux : morphologie, lexique, syntaxe, sémantique, pragmatique, ces deux derniers étant ceux qui posent encore le plus de problèmes d'ordre fondamental. L'intégration des différents niveaux est actuellement réalisée de façon assez empirique, et le besoin d'une véritable théorie du langage vu comme moyen d'expression se fait sentir » (Rapport COST Communication homme-machine, CNRS, 1991).

La formulation est ici d'autant plus intéressante qu'elle se motive à trois niveaux : celui du besoin, et on comprend la perplexité des informaticiens — et non d'eux seuls — devant la complexité des productions des linguistes ; celui de la nécessité de savoir composer les problèmes syntaxiques, relativement bien résolus, aux problèmes sémantiques, ces dernières décennies fortement délaissés par la science du langage ; et enfin, cet impératif aujourd'hui d'une « véritable » théorie articulant effectivement ce qu'est le langage en tant que système doté de ses propres règles à ce qu'il est aussi en tant que moyen et outil d'expression, sous la forme de ces paramètres pratiques, sociaux, rhétoriques et sémiotiques qui font que le langage est en vérité un *système d'actions*. De ce triple point de vue, les sciences du langage peuvent-elles ou doivent-elles occuper dans les sciences cognitives une place, sinon centrale, à tout le moins non négligeable ?

La linguistique, domaine essentiel dans les études sur la cognition ?

La réponse à une telle interrogation implique de s'entendre sur quelques prérequis épistémologiques, les uns empruntés aux champs de la linguistique et de la philosophie, les autres dégagés de ce qui s'opère depuis peu dans les disciplines biologiques, sans négliger la contribution historique des psychologues à l'étude des développements ontogénétiques et phylogénétiques du langage. Cela aux fins de dégager un certain nombre de principes orientant les applications méthodologiques.

Si l'on reprend la définition de la cognition comme désignant l'étude classique des fonctionnements de l'intelligence humaine à partir de leurs manifestations observables et interprétables — tant aux plans de leurs stabilisations qu'à ceux de leurs genèses —, on voit qu'il s'agit en grande partie d'analyser et de modéliser des activités et processus de perception, de mémorisation ou des phénomènes et procédures d'apprentissage, lesquels dépendent du langage en tant que système support et surtout régulateur de nos expressions symboliques « supérieures » et socialisées. C'est dire que l'étude des formes et régulations de la production linguistique peut être ce domaine empiriquement « essentiel » autour duquel pourraient, sinon devraient, échanger une grande part des recherches actuelles consacrées à l'analyse de nos cognitions. Venons-en, pour ce faire, aux prérequis évoqués précédemment.

L'histoire de la science linguistique et ses avatars

Un premier ensemble de prérequis concerne le choix du type d'*observable* et la spécification des méthodes qu'implique une approche « langage-cognition », c'est-à-dire lorsqu'il s'agit d'analyser en quoi et comment le langage nous est moyen et expression de connaissances, et quelles relations entretient-il de ce fait avec nos perceptions, sinon « la réalité » ; c'est la question motivant les développements historiques précédents. Quelle place alors accorder à la tradition grammaticale ? L'important, est-ce « la langue » et sa syntaxe en tant que système ordonnateur ? Ou doit-on au contraire considérer qu'un ou plusieurs niveaux d'analyse s'imposent ici, à dissocier de la langue, et qui seraient, entre autres, « le langage » voire le « métalangage », ce dernier supposé traducteur de couches d'agencements sémantiques plus ou moins intégrées aux différentes catégories de nos actions sur le monde ?

Il est manifeste qu'alors rien ne s'éclaire sans un bref parcours des histoires modernes de la linguistique. Communément, on fait remonter l'origine de celle-ci aux années 1800-1830 lorsque apparaît le terme et qu'en particulier, on se met à avancer l'idée de *grammaire comparée*, laquelle serait seule apte à fonder une « science » du linguistique. Cette datation originaire est soutenue tout au long du XIXe siècle, affirmée avec force, notamment par Whitney en 1875 et, la même année, par Bréal. Saussure, Meillet et plus tard Bloomfield procéderont de même. De fait, les linguistes du XIXe et du début du XXe siècle ne choisiront dans le passé que ce qui semblait justifier leur préoccupation des phénomènes d'évolution des langues. La linguistique était pour eux la science des changements linguistiques et sa vocation devait être historique.

C'était en vérité, on l'a vu, occulter un vaste savoir remontant à plus de deux millénaires où l'on trouvait de tout, certes, mais, déjà, la fondation de concepts essentiels, telles les conquêtes progressives des notions de transcription phonétique ou de syllabe dans le monde sémitique et chez les Grecs, associées à nombre de développements fructueux sur l'analyse et la classification des unités de première articulation. Ainsi, à travers tout le Moyen Age, se perpétuera le savoir grammatical grec en même temps que se construiront de nouveaux alphabets adaptés aux langues jusqu'alors sans écriture. Les XVe et XVIe siècles, époque de l'imprimerie et des voyages de découverte, multiplient les grammaires descriptives, les dictionnaires et les réflexions sur les langues. Les XVIIe et XVIIIe siècles vont enrichir ce catalogue des langues recensées, en fondant les principes du comparatisme. Cette entreprise sera confortée au XIXe siècle par la découverte du sanscrit dont le parallélisme morphologique avec les langues classiques va fournir les bases essentielles à la grammaire comparée des langues indo-européennes. Friedrich et Wilhelm Schlegel, puis Frantz Bopp et Wilhelm Humboldt contribueront alors à l'avènement d'une linguistique qui, selon le mot de Bopp, « étudie les langues pour elles-mêmes, c'est-à-dire comme objets et non comme moyens de connaissance ». Ce comparatisme, à l'origine préoccupé de définir les parentés génétiques entre les langues, évoluera peu à peu vers une linguistique historique se donnant pour vocation d'expliquer l'évolution continue des formes linguistiques d'une langue (ou d'une famille de langues) à travers la totalité de son histoire attestée. Cette évolution sera achevée vers 1876 avec le mouvement néogrammairien.

La linguistique du XXe siècle prend naissance dans les travaux de Whitney et de Baudouin de Courtenay, lesquels vont préparer un véritable renversement des points de vue : au lieu de définir la linguistique comme science historique étudiant l'évolution des langues, ils vont la présenter comme une *science sociale dont l'objectif premier est d'analyser le fonctionnement des signes linguistiques*. Cette entreprise connaîtra son apogée avec la linguistique structurale dont le programme peut se résumer aux principes suivants : une langue est un système où toute unité ne se définit que par ses relations avec les autres unités du système ; les faits de langue ne sont identifiables qu'à partir de leur *pertinence*, c'est-à-dire du rôle qu'ils jouent dans le fonctionnement de la langue ; les unités linguistiques sont des unités discrètes ; rien n'est linguistique qui ne corresponde à une réalité immédiatement perceptible ; la recherche linguistique doit nécessairement distinguer entre le point de vue diachronique et le point de vue synchronique, c'est-à-dire, respectivement, entre les états de langue et les phases d'évolution.

Ce renversement descriptiviste, induit outre-Atlantique par le souci de décrire les langues amérindiennes, s'est exprimé au travers des œuvres de Boas, de Sapir et de Bloomfield. En Europe, la figure centrale est celle de Saussure, relayée un peu plus tard par celles de Jakobson et de Troubetzkoy, animant les travaux du Cercle linguistique de Prague. La seule entreprise visant alors à axiomatiser la théorie du langage est celle de Hjelmslev avec sa « glossématique ».

Au cours des années cinquante, le mouvement va s'amplifier et de nombreux chercheurs, dont Pike, Joos, Hockett et surtout Harris, vont tenter de construire une théorisation globale de ce descriptivisme, sans toutefois parvenir à y intégrer la perspective diachronique. En France, André Martinet élabore, dans les années soixante, une œuvre qu'il qualifie encore de structuraliste, mais qui vise en fait à définir un *fonctionnalisme* considérant les unités linguistiques du point de vue du rôle qu'elles jouent dans la communication (Martinet, 1960). Ces unités ne sont pas groupées selon leurs affinités physiques ou sémantiques mais selon leurs statuts dans l'économie de la langue. Le terme de *fonction* renvoie ainsi, d'une part, aux rapports grammaticaux existant entre les éléments de la chaîne et, d'autre part, à une considération des faits de langage seulement dans la mesure où ils contribuent au fonctionnement de la communication. Avec Martinet, donc, les phénomènes diachroniques reprenaient leur importance ; ce que les approches comparatistes et descriptivistes avaient conduit jusque-là à négliger. En même temps, la problématique sémantique se trouvait d'une certaine façon réhabilitée. Mais la conjoncture historique du travail de Martinet était aussi celle de l'émergence, dans les années soixante-dix, de la grammaire générative puis transformationnelle de Chomsky, laquelle signifiait un retour en force du synchronisme et, surtout, du vieux débat entre empirisme et rationalisme, sous la forme de cette opposition qui depuis s'est révélée stérile entre l'inné et l'acquis ; débat qui semble encore sous-jacent à quelques oppositions récentes en sciences cognitives.

Empirisme et rationalisme : un débat résurgent

Qu'on se souvienne, en effet, des controverses qui entourèrent l'entreprise chomskienne quant à son inscription véritable ou non dans une tradition rationaliste, précisément cartésienne, voire dans la continuité de la *Grammaire générale* de Port-Royal (Chomsky, 1966). Les arguments échangés à cette époque (Piatelli-Palmarini, 1979) furent souvent proches du contresens historique. On aurait pu ainsi faire remarquer que la thèse chomskienne d'une *faculté* spécifique pour expliquer les phénomènes linguistiques était précisément le contraire de ce qu'expose Descartes dans son *Discours de la méthode* et que c'était un curieux rationalisme que celui qui consistait à exclure la raison au profit d'une faculté impossible à définir de façon cohérente sinon *ad hoc* (Auroux, 1989). Ce même paradoxe se retrouve chez Fodor, dans sa conception d'une « modularité de l'esprit » (Fodor, 1983).

A vrai dire, l'idée même d'une tradition rationaliste dans l'analyse linguistique demeure confuse. Selon les auteurs, tantôt il est fait référence à la grammaire générale, tantôt cette tradition prend argument de la philosophie transcendantale. Dans les deux cas, la thèse selon laquelle les activités humaines seraient gouvernées par une faculté rationnelle universelle est trop générale pour être féconde. D'où ces débats souvent vains afin de déterminer si la linguistique est une science, s'il y a du nécessaire dans le langage humain ou si, encore, l'analyse linguistique peut ou doit devenir une discipline formelle (Auroux, 1989) .

Chez les Anciens, tel Aristote, la possibilité pour la grammaire d'être ou non une science n'était pas *le* problème. C'est seulement à partir des modistes et surtout de Beauzée que s'introduit le postulat de la grammaire comme « science raisonnée des principes immuables et généraux de la parole prononcée ou écrite ». Conjointement, reprend force la conception cartésienne du statut de la pensée comme représentation : *l'idée et ce qu'elle représente ne sont pas de même nature.* La scientificité de la grammaire reposerait sur la nature de cette « pensée » dont la structure serait indépendante du monde. Pour ce faire, il faut bien supposer l'existence d'une sorte de faculté rationnelle qui serait à l'œuvre en permanence et qu'il faut admettre comme innée faute d'en prouver la véracité. C'est là que surgissent les difficultés : comment rendre compte du *relativisme linguistique*, à savoir de ce que Wittgenstein nommait les « formes de vie » ? Les propriétés « scientifiques » du langage lui sont-elles intrinsèques ou relèvent-elles simplement des méthodes d'analyse qu'on lui applique ?

En vérité, le rationalisme linguistique n'a guère réussi à surmonter ces interrogations, sinon sous forme de pétitions de principe, baptisées tantôt « mentalisme », tantôt « innéisme », tantôt encore créativité.

Le *mentalisme* fait figure d'élément clé du rationalisme, s'appuyant sur la thèse classique selon laquelle le langage serait la représentation de la pensée. Un cartésien pur s'intéressera ainsi essentiellement aux idées et, secondairement, au langage en tant que celui-ci peut être l'expression arbitraire de ces idées. Fodor, de la sorte, avancera que seul le contenu propositionnel est important et pertinent (Fodor, 1983). La position du rationalisme philosophique est que la structure représentationnelle de la pensée repose essentiellement sur le langage, lequel traduit l'expérience, conformément à une sorte de « spontanéité de l'entendement » (Auroux, 1989 ; Formigari, 1988). Cette conception peut amener à réduire les actes de langage aux formes d'un « calcul mental des intentions » ou encore, à soutenir, comme Fodor, l'existence d'un « langage mental » indépendant et qu'aucun langage naturel ne pourrait représenter, mais dont il est nécessaire de postuler l'existence si l'on croit que l'activité langagière est le résultat d'un calcul. Ce « langage mental », considéré comme un universel, expliquerait la traduction et cette possibilité, après tout aisée, du passage d'une langue à l'autre. De la sorte, on sauverait le postulat de l'innéisme, lequel joue le rôle d'auxiliaire fondamental des thèses rationalistes.

L'*innéisme* est ce sur quoi les théories chomskiennes ont le plus insisté. Le débat classique consistait à opposer les contraintes d'apprentissage à la thèse génétique et à la grammaire générale. Ce fut la position de Locke, on le verra plus loin. Ce que les chomskiens apportèrent de nouveau, ce fut l'idée de rattacher cette structure innée aux universaux et à une nature humaine commune au-delà de la diversité des langues, arguant du fait qu'il est impossible de rendre compte par le simple apprentissage de la capacité de l'enfant à acquérir la généralité d'un maniement linguistique. Là encore, on attribuait la paternité de cette observation à la pensée cartésienne, du moins à la lecture qu'on voulait bien faire de Descartes : toute conduite humaine supposant l'aptitude à s'adapter à des situations nouvelles, la raison seule, au sens de faculté innée, pouvait être cet instrument universel capable d'expliquer le phénomène.

En vérité, cette thèse commune au rationalisme, selon laquelle une connaissance universelle ne peut avoir l'expérience pour origine, ne peut constituer une preuve pour l'innéisme. L'innéité n'est une condition ni nécessaire ni suffisante pour l'universalité (Auroux, 1989) : d'une part, il y a manifestement des traits qui ne sont pas universaux à tous les êtres, et d'autre part il est fort probable qu'il existe de l'universel qui ne doit rien à l'inné, mais au contraire à des fonctions d'adaptation au monde, par suite, à des conditions du monde. Certaines propriétés réputées universelles ne sont souvent que des propriétés tributaires des systèmes eux-mêmes, indépendamment même des conditions d'emploi de ces systèmes. Ainsi peut-on soutenir avec Putnam que « la grammaire d'une langue est une propriété de la langue, mais non pas une propriété du cerveau » (Piatelli-Palmarini, 1979) : en établissant un parallèle implicite entre une structuration biologique « innée » du langage et ses propres recherches, Chomsky se mettait singulièrement à l'abri du vrai problème, qui est celui de la réfutation empirique (Vandeloise, 1991).

Dernier argument chomskien : celui de la *créativité* du langage, laquelle attesterait l'existence de règles de grammaire proches de la notion d'algorithmes de réécriture, permettant des engendrements analogues à ceux de la suite des entiers naturels. L'idée était séduisante : elle fournissait un procédé simple pour rendre « calculable » la grammaire des langues naturelles. Ce faisant, les chomskiens retrouvaient l'intuition des classiques quant à l'importance de l'arithmétique au sein des activités rationnelles. Néanmoins, cela imposait des contraintes très fortes sur la notion de règle de grammaire ; de surcroît, l'interprétation de la créativité par la récursivité s'applique malaisément aux propriétés élémentaires du langage naturel (Auroux, 1989). En vérité, la créativité que les chomskiens avaient cru découvrir ne se ramenait qu'à la possibilité de combiner les quelques milliers d'unités significatives que possède chaque langue. Cela n'a rien de mystérieux et fait partie intégrante des capacités mêmes du linguistique en tant que système. Combiner en matière de langue est à la disposition de tous, et si je dis maintenant « ma voiture pense », en admettant que personne ne l'ait dit avant moi, je viens bien évidemment de faire une création. Ce qui serait plus intéressant serait de savoir dans quelles conditions il est possible d'inventer des mots sans être tributaire pour le faire d'éléments sémantiquement préexistants, comme ce fut le cas des mots « gaz » en français ou « quizz » en anglais. Ce type de création est extrêmement peu fréquent ; la créativité ordinaire consiste le plus souvent à composer des mots entre eux ou, bien sûr, des énoncés de l'un à l'autre, lorsqu'il s'agit de discourir.

La créativité du langage n'a donc jamais été autre chose qu'un piètre argument à l'appui du rationalisme linguistique. Qui plus est, cette interprétation de la créativité par la récursivité, au sens chomskien, n'est guère compatible avec les propriétés élémentaires du langage naturel. Elle suppose en effet : *1)* la grammaticalité de phrases de longueur infinie, sans quoi l'ensemble des phrases d'une langue ne serait pas lui-même infini ; *2)* la fixité de la signification des mots au sens de l'indépendance de cette signification par rapport à tout locuteur (Parkinson, 1972). Et ce dernier point révèle encore mieux le simplisme de cette conception des rapports entre innéisme et créativité : il faut supposer un ensemble de départ fixe sur lequel opéreront les règles et, si l'on choisit que cela se fera récursivement, le calcul rend sans doute l'innovation prédictible, mais tombe alors sous la menace de l'émergence des irrationnels, d'où l'incapacité de la grammaire générative à expliquer ce que les classiques nommaient les « figures du discours » (Auroux, 1989).

En fait, le générativisme, comme toutes les tentatives de réduire l'activité linguistique à un calcul, fut bien obligé de poser l'existence axiomatique d'une langue unique et homogène, laquelle serait intériorisée par tous les sujets parlants et fonderait leur « compétence ». Et sans doute les exemples évoqués alors, à savoir les phénomènes de standardisation des langues, liés à la normativité grammaticale, à la scolarité, voire aux médias, prédisposent-ils à une crédibilité de la notion de compétence généralisée. Mais cette rationalisation des formes de nos communications n'est en rien la preuve existentielle d'une essence de l'activité linguistique. Au contraire, elle induit à concevoir, plutôt qu'un seul modèle, différents types de modèles de nature interactive et donc nécessairement empiriques et évolutifs puisque fondés sur l'observation des émergences pragmatiques de nouvelles règles et de nouvelles structures linguistiques.

Les espérances d'un rationalisme complet se heurtent ainsi régulièrement aux contingences temporelles et aux interactions sociales, lesquelles fondent les modes historiques de la construction, du maintien et des évolutions de nos langues naturelles. Les adeptes du rationalisme doivent bien admettre alors qu'il existe une vertu significative et nécessaire de l'empirique.

Cette nécessité ne signifie pas l'abandon de toute préoccupation rationaliste à des fins méthodologiques ; il s'agit, au contraire, de se préoccuper des *formes intelligentes d'intégration des facteurs empiriques* dans la théorisation des phénomènes du linguistique.

L'exigence d'une position rationnelle intégrant l'empirique

On ne doit pas, en effet, conclure à l'impossibilité de rationaliser les faits de langage. Cette rationalisation demeure un objectif de la linguistique. Une condition s'impose néanmoins : celle de devoir chercher du côté des linguistes, des anthropologues et des psychologues plutôt que vers ces philosophes qui, d'emblée, s'étant posés en rationalistes, ont choisi d'ignorer la variation linguistique. On sait qu'une majorité de philosophes, de Platon à Descartes puis de Leibniz à Kant, ont ainsi considéré la connaissance comme dérivant d'idées et de principes innés, lesquels constitueraient la structure même de l'esprit : l'entendement et la raison, pensaient-ils, ne pouvaient provenir de l'expérience puisque celle-ci ne pourrait exister sans eux. Ainsi, Leibniz insistait sur l'indépendance de l'entendement *(intellectus ipse)* par rapport aux données des sens ; et Kant a fait des catégories, les conditions *a priori* de l'expérience scientifique.

On a vu encore les déboires, notamment générativistes, auxquels une position dite rationaliste a pu conduire. Néanmoins, l'aventure chomskienne a produit quelques effets heureux. Parmi ceux-là, la réévaluation même du terme grammaire, celle-ci devenant à la fois un objet formel et un système en tant que tel, c'est-à-dire la représentation formalisée de la langue sous forme de règles et, par suite, une grammaire au sens ordinaire du terme. De même du langage, qui, grâce aux chomskiens, est redevenu à la fois un système formel et un objet usuel, porteur de processus qu'on peut décrire. Ces ambiguïtés du générativisme en fait révélaient « une propriété plus essentielle du programme : l'intrication entre le formel et l'empirique ». La grammaire générative, en vérité, reposait sur un double objectif : d'une part, mettre au jour les propriétés empiriques du langage ; d'autre part, supposer ces propriétés empiriques comme étant de nature strictement formelle (Milner, 1989). Ce faisant, on découvrait à la fois que le problème de la mathématisation du langage ne pouvait se réduire au seul programme générativiste, et qu'aucune théorie linguistique ne parvient réellement à mathématiser son objet.

Le fait qu'aujourd'hui l'entreprise chomskienne n'ait plus le succès qu'elle connut implique trois conséquences méthodologiques non négligeables : la première est que toute formalisation en linguistique ne signifie rien d'autre qu'un souci de rigueur et d'objectivité dans l'explicitation de l'empirique ; la deuxième est que la littéralisation mathématisée en linguistique n'a de validité que par l'adéquation empirique qu'elle établit (Milner, 1989) ; la troisième, enfin, concerne les moyens théoriques et empiriques qu'exige le traitement du langage et qui nous restent encore à construire. En définitive, ce que doit se proposer la science du langage, c'est de « construire une littéralisation qui permette la taxinomie la plus complète, la plus fine et la plus économique possible » (Milner, 1989). Cela suppose une réflexion approfondie non seulement sur les moyens rationnels de traiter l'empirique, mais encore sur les représentations mêmes que l'on se fera de l'empirique.

En effet, de même qu'il en a été à propos du rationalisme, les conceptions de l'empirisme ont souffert de nombre de variations sinon d'ambiguïtés. De Sextus Empiricus jusqu'à William James, la continuité est faible. En particulier, il faut se garder de confondre empirisme et sensualisme, et de croire que, pour les empiristes, toute connaissance provient de la sensation.

Chez Hume, l'idée de cause ne vient pas de la sensation, mais d'une impression d'attente, tout intérieure. Mais l'originalité profonde de Hume vient surtout de l'insistance avec laquelle il affirme que *les relations sont extérieures à leurs termes* : cela est en opposition avec toute la tradition rationaliste, laquelle a toujours cherché à réduire le paradoxe des relations entre concepts soit en réduisant la relation à ses termes soit en la ramenant à un concept plus général ou profond qui la contiendrait. Si Jean est plus petit que Samuel, est-ce en vertu de quelque chose d'intérieur à Jean ou Samuel, ou à l'idée dont ils participent ? Ce faisant, Hume demeure fidèle à la tradition empirique : tout trouve son origine dans le sensible et dans les opérations de l'esprit sur le sensible ; mais il va opérer une inversion qui revalorise cet empirisme : si les idées ne contiennent rien d'autre que ce qui se trouve dans les impressions, c'est parce que les relations, effectivement, sont extérieures et hétérogènes à leurs termes. La différence porte donc, non pas sur l'opposition entre idées et impressions, mais entre deux types de distinctions : les impressions ou idées de termes et les impressions ou idées de relations. De la sorte, l'empirisme prend son véritable statut : celui d'une conception de l'*acte de connaissance comme établissant un rapport fondamental entre la pensée et « le dehors »*, entre des termes qui ont fonction d'atomes et des relations jouant le rôle, en quelque sorte, de « passages externes » (Deleuze, 1953).

L'attitude empirique consiste donc à rechercher à la source de toute idée l'impression dont cette idée dérive, mais il ne s'agit pas de diluer toute connaissance dans une subjectivité multiple. Au contraire, c'est reconnaître le tribut que doivent à l'expérience les constructions de la raison. C'est postuler que tout objet résulte d'une construction de l'esprit exploitant à la fois les perceptions sensibles, la mémoire, les associations d'idées et le raisonnement en vue, à chaque fois, de repérer et définir un statut de cet objet par rapport aux autres objets du monde. L'objet ne serait pas un tout que nous construirions au travers de l'addition de ses parties, mais une unité perçue, à partir de laquelle nous pourrions réagir sur telle ou telle partie. Ce que nous percevons n'est pas une quelconque qualité, mais à chaque fois, une mise en relation. L'attitude empirique peut ainsi se définir comme consistant à valoriser ce pouvoir qu'a notre esprit de rassembler et de traiter les expériences pour les construire comme rationalités s'appliquant aux phénomènes.

John Locke, avant Hume, s'est attaché à analyser ce processus général qui nous fait accéder à la connaissance. Plus que tout autre, il s'est insurgé contre les métaphysiciens qui expliquent la constitution du savoir par l'existence dans l'esprit d'idées ou de principes innés et une certaine conception cartésienne et dogmatique de la raison. Pour lui, c'est l'esprit de l'homme qui élabore ses propres notions, qu'il s'agisse de raison, d'identité et de non-contradiction ou de morale. Tous ces principes abstraits sont autant de produits de la réflexion de l'homme sur les *idées* qui lui sont fournies par l'expérience sensible. Par idée, Locke entend « tout ce qui est objet de l'entendement lorsqu'un homme pense » (Duchesneau, 1972). Ces idées sont donc des données de la conscience à partir desquelles l'esprit construit le savoir. Faute de pouvoir analyser les processus physiques ou métaphysiques par lesquels nos idées sont produites dans la conscience, il admet deux postulats : *1)* les idées sont l'effet de processus corpusculaires allant des organes des sens et du cerveau à la conscience ; *2)* les idées ont un rapport objectif avec le réel. On peut imaginer que l'idée soit « ressemblance » de la chose ; Locke va donc s'employer a établir en quoi le travail de l'esprit consiste justement à *modifier les idées en les mettant en relation* les unes avec les autres. C'est pourquoi il insiste sur ce fait que nos idées proviennent de deux sources : la sensation et la réflexion. La sensation, c'est la fonction de la conscience qui nous fait saisir les impressions du monde ; la réflexion, c'est l'acte au travers duquel l'esprit connaît ses propres opérations.

Mais l'opposition la plus claire à la métaphysique cartésienne réside, chez Locke, dans la compréhension qu'il propose de l'idée de *substance*. Si nous partons, fait-il remarquer, des idées simples de sensation que nous avons — couleur, odeur, saveur, mobilité, solidité, etc. —, nous pouvons constater qu'une distinction s'opère dans nos esprits lorsque nous nous mettons en mesure d'analyser ces sensations des propriétés des objets. Ces propriétés apparaissent « secondes », c'est-à-dire relatives à nos perceptions, mais, en même temps, nous découvrons que certaines de ces propriétés se révèlent aussi appartenir fondamentalement aux réalités matérielles ; ce sont les qualités premières des objets : figure, étendue, solidité, mouvement ou stabilité. Ces propriétés demeurent stables quelle que soit notre approche de la réalité matérielle. Cependant, Locke refuse d'admettre, comme les cartésiens, que l'idée d'étendue nous procure la conception de l'essence des réalités matérielles. Les idées de qualités secondes sont pour lui dépendantes des qualités premières des éléments de la matière, et pour attester de ce lien entre idées de qualités premières et idées de qualités secondes, il va recourir à l'idée de *pouvoir* (II, VIII, 23). C'est à l'intérieur des réalités mêmes, telles qu'elles existent, qu'il y aurait des pouvoirs de produire des représentations de qualités secondes, et cela à partir des qualités premières dont sont porteuses les particules élémentaires de la matière.

L'idée de pouvoir renvoie donc à l'expérience psychologique et perceptive, mais en inférant que nos sensations et perceptions sont traitées objectivement dans la conscience, Locke affirme fortement *l'intervention d'une rationalisation dans nos processus de représentation du réel et de ses phénomènes*. Même si la cause formelle de cette rationalisation nous est inaccessible, il n'en reste pas moins que tous les phénomènes de connaissance, toutes les idées dont notre esprit construit corrélation, s'inscrivent dans un certain ordre finalisé. A la façon même dont le médecin admet que les symptômes qu'il observe s'inscrivent dans la rationalité du syndrome. Si l'observation des phénomènes nous conduit à constater l'existence de régularités, cela n'implique pas que ces régularités soient inscrites dans les objets ou dans nos habitudes de percevoir, comme l'aurait suggéré Hume. Elles sont simplement indices de l'activité de notre rationalité traitant le perçu. Locke ne croit pas à l'idée d'une substance en soi, qui serait cette notion obscure venant à fonder la réalité des choses. Il est déjà un précurseur du phénoménisme philosophique.

En vérité, ce que nous propose Locke pour examiner nos savoirs, c'est de faire au sens sémiotique, selon l'origine médicale du terme, *l'analyse des signes à chaque fois constitutifs des organisations de ces savoirs*. Par suite, il n'existe pas de science sans que s'interpose entre les idées et l'esprit un langage qui va fonder leurs corrélations et leur communicabilité. Sans doute, le langage est-il à l'origine pure convention, mais Locke insiste sur ce fait que le sens des mots est toujours relatif aux corrélations établies entre l'esprit et les signes linguistiques ; ce qui explique nos erreurs et nos confusions fréquentes. D'où la nécessité de travailler les déterminations du langage si l'on veut analyser les façons dont celui-ci intervient dans la construction de nos savoirs. Avec Locke, « c'est la première fois, peut-on avancer, que la philosophie occidentale fait du langage le thème essentiel de sa réflexion épistémologique » et que l'univers sémiotique est considéré comme fondement du monde des idées (Auroux 1988). Le langage, de ce fait, s'avère bien *facteur constitutif* de notre conception abstraite des choses : lui seul est à même de nous faire passer de l'appréhension simple des idées à la connaissance et au savoir générique.

La conséquence, encore, de tout cela, c'est qu'il faut se garder de considérer le réel comme totalement intelligible ; rien n'est essentiel aux individus et nous ne pouvons accéder aux essences ni même connaître l'ensemble des propriétés des substances réelles. *Tout notre univers cognitif n'est qu'un univers de signes.* « Les enchaînements cognitifs sont des enchaînements de signes, selon un principe de transitivité qui fait que quelque chose qui est le signe de quelque chose, c'est-à-dire qui peut valoir pour cette chose, peut également valoir pour ce pour quoi vaut cette seconde chose. Ainsi, le mot peut valoir pour l'idée, mais aussi pour la qualité sensible, le mot pour l'idée dans mon esprit et cette idée pour celle dans l'esprit de mon interlocuteur » (Auroux, 1988). Dès lors, tout passe et se passe par le langage, aussi bien intérieurement — il y a bien en nous une sorte de *langage interne* — qu'extérieurement, dans l'ajustement permanent de nos idées sous forme d'expressions vers autrui. Et là s'établit le rapport de l'individu à la collectivité — d'où la correspondance entre la philosophie linguistique de Locke et sa philosophie politique —, la relation, surtout, du langage aux conventions de son usage, en d'autres termes à la société ; ce qu'aujourd'hui nous nommerions sa « pragmatique ».

En résumé, au-delà de ce rappel un peu long, mais nécessaire — Locke demeure mal connu dans la tradition européenne continentale —, une relecture de ces apports empiristes, dans la perspective actuelle, apparaît précieuse : précisément pour surmonter l'avatar historique du générativisme, responsable de ce *diktat* pseudo-rationaliste, qui a longtemps fait conférer à la grammaire, conçue comme calcul d'agencements, la capacité de rendre compte de tous nos rapports expressifs au monde et à la pensée. Il n'en est rien, et le chomskisme nous a sans doute fait occulter bien des phénomènes, et longtemps ignorer, en particulier, que les capacités symboliques inhérentes au langage, à savoir celles d'articulation représentative entre la pensée et le monde, s'inscrivent en lui dès ses premières structurations morphologiques et syntaxiques (Langacker, 1987).

C'est en ce sens que le statut du langage est d'emblée « cognitif », et cela doublement : en tant que *medium et lieu opératoire* du travail quotidien sur nos états de connaissance et en tant que *système dynamique producteur* même de ces états sous forme empirique nécessaire à l'activité humaine de rationalisation.

Le statut cognitif du langage

Toute approche cognitive des phénomènes de langage ne peut, en définitive, se fonder sur un modèle strictement issu de la grammaire au sens de régulations syntaxiques ignorant les rapports du sujet à la langue et au sens ; de même que, visant à expliciter des rapports sous forme de manipulations sémantiques, elle ne peut ignorer, en revanche, l'intrication entre ces manipulations sur le sens et les contraintes d'agencement dites syntaxiques, imposées par le système même de la langue ; de même, enfin, qu'elle ne peut négliger le fait que cette intrication entre syntaxe et sémantique sera toujours motivée en contexte pragmatique, c'est-à-dire tributaire de conditions expressives liées à des situations et à des interlocutions et imposant à chaque énonciation une certaine « orientation » sous forme d'ajustement à une finalité locale ou générale.

Rendre compte de ce statut cognitif du langage implique, d'une part, de modéliser les *processus* par lesquels le langage parvient à créer et communiquer connaissance, et d'autre part, d'inférer, à partir de là, la nature des *procédés* qu'il nous offre en vue d'organiser et de développer nos connaissances. C'est ici qu'intervient un second ensemble de prérequis, à savoir ceux concernant les statuts des opérations qu'il importe de définir comme *transcendant les mises en forme syntaxico-sémantiques puisque les motivant, et manifestant surtout la « mise en action » du langage comme vecteur et medium d'interventions* sur le monde et de relations subjectives et objectales avec ce monde.

Le problème est complexe car il revient à prendre en compte et à analyser conjointement : comment des dispositions syntaxiques contribuent à organiser du sens ; comment réciproquement des visées sémantiques vont induire des agencements syntaxiques ; comment, enfin, des manipulations pragmatiques vont orienter des enchaînements d'arguments en vue de construire des représentations.

En vérité, cette complexité externe des « actions » et « opérations » de sens et d'agencement, impliquées dès le moment où chacun de nous énonce en situation quelque chose, n'incombe qu'à l'analyste en situation de devoir décomposer pour recomposer et comprendre. Dès que nous réfléchissons à cette quotidienneté du langage offerte même aux plus humbles, il s'avère que cette apparente complexité doit reposer sur des conditions internes de production nécessairement simples et universelles sinon univoques. Ce qu'il y a d'universel ainsi, dans le langage, ne réside pas dans ses « architectures », mais dans ces *capacités de manipulation de sens et d'ajustement aux situations qu'il est en mesure d'offrir à tout un chacun.* En ce sens, il est d'abord et avant tout un *système de communication, et pour ce faire, il est donc un système de représentation symbolique* des connaissances sur les choses, des événements, des situations et des actions sur ces situations. Il est sans doute le meilleur que nous ayons pour ce faire. D'où sa place centrale dans les phénomènes de cognition.

Cette capacité extraordinaire d'ajustement aux situations et de production de représentations témoigne encore du fait que le langage est un *système naturel*. Il est système dans la mesure où il est un objet complexe formé de composants distincts reliés entre eux par un certain nombre de relations. Ces composants peuvent être considérés comme des sous-systèmes au sens qu'ils entrent dans la même catégorie d'entités que les ensembles auxquels ils appartiennent. Le système lui-même possède un degré de complexité plus grand que ses parties et donc des propriétés irréductibles à celles de ses composants. Il est nécessairement évolutif pour établir ses adaptations, mais conserve une certaine stabilité au cours de ses évolutions. En d'autres termes, il conserve ses propriétés ou parties d'entre elles malgré les modifications qu'il peut subir et malgré les interactions avec l'environnement, interactions nécessaires au sens qu'elles lui apportent les informations qui le feront s'adapter et évoluer. A chaque instant, en conséquence, le système peut être caractérisé par une description qui spécifie son état, c'est-à-dire sa situation à cet instant. Par suite, au cours du temps et des situations, le langage se comporte comme un système qui ne cesse de passer d'état en état. Du point de vue méthodologique, trois problèmes essentiels sont alors à résoudre : qu'est-ce qu'un état du « système-langage » ? Comment établir des lois de transition assurant le passage d'un état à un autre ? Quelles méthodes vont pouvoir adéquatement caractériser l'évolution du système ?

La réponse méthodologique à ces trois questions implique plusieurs types de postulats épistémologiques constituant un troisième ensemble de prérequis :

— le langage est d'abord une activité de communication : ce qu'un sujet énonciateur communique à chaque fois à autrui, ce sont des « sens » organisant des représentations symboliques de soi et du monde et de soi au monde ;

— la mise en œuvre de ces actions de représentation implique de composer avec les contraintes syntaxiques du système et les manipulations licites du sens ; cette mise en œuvre atteste l'existence d'*opérations cognitives intriquées au linguistique, mais se situant à un niveau générique subsumant les scissions classiques entre syntaxe, sémantique ou pragmatique*, puisque travaillant les modes de constitution du sens en vue de son énonciation ;

— le terme d'opérations doit donc être entendu ici aussi bien au sens d'« actes combinant des moyens pour obtenir un résultat déterminé » qu'à celui de « processus pouvant, à partir d'éléments connus (les mots de la langue), engendrer en permanence du nouveau », qu'à celui encore d'« action d'un pouvoir ou d'une fonction produisant des effets qui, marqués linguistiquement, seront reçus comme instructions pour la reconnaissance et la compréhension ».

Que ce pouvoir (au sens de Locke) ou cette fonction (au sens adaptatif, évolutif et systémique) traduise l'intervention d'une *faculté de langage* qui serait propre à notre espèce, c'est peu contestable. Mais si cette faculté existe, elle a sans doute fort peu à voir avec la conception fodorienne ou rationaliste d'un dispositif inné. Il faut plutôt considérer que nous sommes dotés d'une sorte de matrice psychologique plus générale, progressivement constituée au cours de l'évolution et dont participe le langage en tant que fonction symbolique effectivement. Cette constitution génétique ne peut être activée néanmoins sans expérience et sans développement des habiletés linguistiques, lesquelles sont entièrement tributaires de l'interaction humaine et sociale. Il y a des *conditions ontogénétiques pour le développement du langage* aussi bien qu'il y a des *conditions phylogénétiques pour sa stabilisation* dans notre espèce et des *conditions écologiques pour son exercice et ses dynamiques adaptatives*. Ces conditions à la fois générales à l'espèce et particulières à chaque individu impliquent de concevoir un modèle d'opérations tenant compte aussi bien des invariances fonctionnelles que des régularités favorables aux combinatoires adaptatives. On ne peut donc concevoir une grammaire cognitive que sous forme d'un modèle restreint d'opérations suffisamment générales pour rendre compte de *processus* génériques à statut symbolique puisque intriqués à cette activité représentationnelle qu'est le langage et à caractère éco-psychologique dans la mesure où ces opérations sont des opérations d'un sujet sur le monde et sur la langue à l'intention d'autrui. Ces processus doivent être suffisamment labiles pour permettre encore d'expliciter les *procédés* expressifs que chacun est en mesure d'opérer et construire à travers et grâce à la langue, sous forme de combinatoires multiples mais réitérées.

Un certain nombre d'observations sur l'ontogenèse et la phylogenèse du langage peuvent contribuer à approcher d'un tel modèle.

L'ontogenèse du langage : de l'expérience à la construction des références

Au plan de l'ontogenèse, c'est-à-dire de la construction conjointe des processus de langage et d'acquisition des connaissances, les travaux de Piaget, Bruner, Halliday et Vigostsky demeurent sources d'enseignements.

Piaget, dont l'œuvre considérable ne saurait être résumée ici, est le fondateur des positions constructivistes. Cela consiste à soutenir que nos connaissances ne sont pas le reflet d'une réalité ontologique qui serait quelque part « objective » et plus ou moins atteignable, mais que ces connaissances vont se fonder sur la mise en ordre et l'organisation d'un monde qui est celui que constituent progressivement nos expériences individuelles et nos savoirs collectifs. Il y a donc toujours interaction : « L'intelligence organise le monde en s'organisant elle-même » (Piaget, 1950). Autrement dit, cette organisation du monde conjointe à l'organisation de nos cognitions est toujours le résultat d'une interaction entre intelligence consciente et environnement, interaction imposée bien sûr par l'environnement, mais filtrée par nos actions. Ces actions vont viser l'*adaptation*, et Piaget, philosophe de la biologie, a toujours insisté sur cette notion. Cela veut dire que l'environnement impose aux organismes vivants des contraintes jouant comme *limites* à l'intérieur desquelles la survie et la reproduction s'opèrent, et que chaque organisme va devoir s'adapter à ces contraintes et à leurs variations éventuelles. En employant l'expression « persistance du plus apte », Darwin, en vérité, ne pensait guère à autre chose : « Si on prend au sérieux le mode de pensée évolutionniste, il ne peut en aucun cas s'agir des organismes ou idées qui s'adaptent à la réalité, mais de la réalité qui, en limitant ce qui est possible, anéantit inévitablement ce qui n'est pas apte à vivre. Dans la phylogenèse, ainsi que dans l'histoire des idées, la "sélection naturelle" ne sélectionne pas au sens positif le plus apte, le plus robuste ou le plus vrai, mais au contraire, elle fonctionne négativement, au sens qu'elle laisse simplement mourir tout ce qui, en quelque sorte, ne réussit pas le test » (Von Glasersfeld, 1988). Bateson a lui aussi souligné l'importance de la notion : l'hypothèse darwinienne repose sur la notion de *contraintes* et non sur cette imagerie répandue des liens de cause à effet (Bateson, 1979).

Cette perspective peut s'appliquer au problème du développement et des fonctionnements de la cognition : Piaget a bien montré que les concepts d'équivalence, d'identité individuelle et surtout de conservation ne sont pas innés, mais construits, et que le développement d'une capacité de représentation chez l'enfant est essentiel pour cela. C'est, en effet, l'émergence d'une capacité de se représenter à soi-même une perception ou une expérience passée qui va permettre de pouvoir comparer entre elles ces perceptions ou ces expériences, de même que cette capacité de représentation nous permettra ultérieurement de comprendre des perceptions nouvelles, de les anticiper, et surtout, de les « reclasser » à l'intérieur de nos états cognitifs aux fins de recomposer nos « systèmes » de connaissance. Concrètement, cela signifie que, dans toutes nos expériences et pratiques quotidiennes, nous allons sans cesse être capables, d'une part, d'« extérioriser » des objets au sens de les placer en situation indépendamment de nous, et d'autre part, de rassembler ces expériences comme caractéristiques de classements en vue de types d'objets. Autrement dit, on va pouvoir — et c'est une nécessité du repérage personnel face au monde et aux autres — *différencier*, c'est-à-dire comparer et classer des objets et des situations, et, de là, *identifier*, c'est-à-dire reconnaître des stabilités au travers de situations variées.

Cela signifie que tout organisme cognitif va constamment évaluer, jauger, mesurer les expériences qu'il fait et par là, bien sûr, tendre à en rechercher certaines et à en éviter d'autres. De ce fait, les produits d'une activité cognitive consciente ont toujours un but et s'évaluent en fonction de la façon dont ils contribuent à évaluer ce but. Cette notion d'efficacité présuppose qu'il est possible à chacun de nous d'établir cognitivement des régularités dans le monde empirique et, réciproquement, que ces régularités ne peuvent être établies et construites qu'au travers de l'expérience. Concrètement : c'est seulement lorsque nous aurons mis en relation une première expérience avec une seconde que nous aurons établi différence ou identité entre ces deux expériences et éprouvé ainsi nos *opérations cognitives d'identification et de différenciation.* Mais il faut pouvoir encore se représenter ces opérations, les récapituler, les formuler. C'est là qu'intervient le langage en tant que système nous assurant l'étiquetage et la mise en relation expressive entre qualifications des objets et caractérisations des contextes de ces objets. En conséquence, les opérations cognitives d'acquisition, de gestion et de transmission des connaissances se révèlent bien indissociables des opérations langagières, celles-ci devant être prises au sens de jeux opératoires sur la représentation des propriétés des objets et de leurs références, c'est-à-dire de leurs placements en contextes, en situations. Toute énonciation signifie donc cognitivement, de la part du sujet, le *parcours* de propriétés d'objets et de leurs mises en situation. Il y a toujours ainsi, dès qu'on énonce, *orientation* vers une certaine « lecture » des représentations des choses.

Il est évident que cette orientation va s'agencer en direction d'autres énoncés et que cette lecture va agir en vue d'indexer ou de réindexer des représentations complémentaires ou adverses. C'est pourquoi on ne peut se borner à définir des actions cognitives qui opéreraient au simple niveau de l'énoncé. Ce serait retrouver l'articulation syntaxe-sémantique que justement transcende le cognitif. Toute connaissance, en vérité, ne peut se fonder que par le discours ; ainsi faut-il au linguiste à chaque fois « éclairer » un énoncé par de multiples paraphrases pour exemplifier un type de construction et en comprendre les intentions de sens. L'activité cognitive de langage est ainsi avant tout une *activité discursive.* C'est à travers le discours, et les multiples discours qui s'échangent, que chacun opère cognitivement sur le monde, le schématisant, le construisant, le « formatant » pour négocier à chaque fois de nouvelles référenciations, des relations personnelles aux situations. Et cela dès les débuts du langage.

Une approche intéressante, à ce propos, est celle développée par Halliday (1978), qui oppose les perspectives de type « intra-organisme » centrées sur les dispositifs et les processus psychophysiologiques, aux perspectives qu'il qualifie d'« inter-organisme », préoccupées des phénomènes d'interaction et des comportements sociaux. De ce point de vue, apprendre à parler pour l'enfant, c'est d'abord apprendre à se comporter linguistiquement et développer pour ce faire un potentiel de significations : « *Learning language is learning how to mean* » (Halliday, 1973). Le langage est ainsi connaissance au sens où toute connaissance va se constituer comme potentiel d'action (Apothéloz, Grize, 1987).

Pour expliciter ce potentiel langagier de significations, Halliday développe un système de *fonctions langagières*, ancrées dans des contextes d'utilisation spécifiques. Il considère qu'il y a langage dès qu'il est possible d'attester l'existence de régularités constantes entre les productions vocales de l'enfant et le contexte de leur utilisation. Ces régularités se manifestent dès le neuvième mois ; ce ne sont que de simples postures vocales, mais qu'il qualifie de « protolangage ». Chaque expression y est liée à une fonction, et fonction ici signifie à la fois usage et signification. De ce point de vue, lexique et grammaire ne constituent pas des systèmes distincts. En tant que potentiel de significations, le langage constitue un seul et unique système d'options, lesquelles vont tendre à être réalisées sous forme d'unités lexicales plutôt que de structures grammaticales. Pour cela, il faut, selon Halliday, identifier des contextes généralisés d'énonciation puis les confronter aux hypothèses que lui-même avance quant à la nature fonctionnelle des expressions : hypothèses tributaires, donc, d'une théorie du langage conçu comme système de significations potentielles s'articulant autour de trois types de composants.

Le premier est le composant *idéationnel*. Il concerne toutes les expressions de l'expérience, les aspects dénotatifs et représentationnels du langage, et il fonde la transitivité, les taxinomies lexicales, les formes, enfin, de relations quantitatives, qualitatives, logiques. Le deuxième composant est nommé *interpersonnel*. Il s'agit du rôle et de la place que le locuteur s'assigne dans la situation d'interaction. Ce sont les modes déclaratifs, interrogatifs, injonctifs, les modalités, les marques de la personne, les expressions du jugement et des attitudes. Le troisième composant, enfin, est dit *textuel*, à savoir qu'il concerne à la fois la structure de la phrase (organisation des informations, ordre des mots, schémas prosodiques) et la cohésion du discours (relations anaphoriques, conjonctions, ellipses, etc.). Il constitue, en définitive, « l'infrastructure linguistique » qui permettra à chaque fois la mise en œuvre des composants idéationnels et interpersonnels du message. C'est à partir de ces principes que Halliday va spécifier les étapes de développement du langage enfantin :

Une première phase, allant de neuf mois à dix-sept mois environ, est caractérisée par la mise en place de six fonctions langagières :

— la *fonction instrumentale* orientée vers la satisfaction des objets convoités et visant à la satisfaction des besoins ;

— la *fonction régulatoire*, orientée vers la personne et le contrôle de l'activité d'autrui ;

— la *fonction interactionnelle*, ayant pour but l'établissement et le maintien des interactions ;

— la *fonction personnelle* : il s'agit de l'expression de la personne sous la forme de tous les désirs, affects et manifestations d'identité ;

— la *fonction heuristique* qui traduit l'utilisation du langage comme moyen d'explorer l'environnement et concrètement toutes les circonstances où l'enfant va demander le nom des choses ;

— la *fonction imaginative* qui renvoie à toutes les utilisations du langage comme moyen de créer et modeler un environnement.

Ces six fonctions peuvent se regrouper en trois catégories : *l'agir* (instrumental et régulatoire), *le communiquer* (interactionnelle et personnelle) et *le connaître* (heuristique et imaginative).

Une *deuxième phase* de développement du langage, allant de dix-sept à vingt-trois mois environ, va être une phase de transition. L'enfant abandonne progressivement ses expressions idiomatiques et les formes phonétiques imitées du langage adulte. Ensuite, il y a réorganisation des fonctions initiales au profit de deux métafonctions que Halliday qualifie de *pragmatique* et de *mathétique*, c'est-à-dire, d'un côté, des usages du langage comme moyen d'action ou d'intervention, de l'autre, des usages comme moyen d'apprentissage ou de connaissance. C'est au cours de cette phase qu'apparaît le niveau formel de la *lexico-*

grammaire : l'enfant sera alors en mesure de produire des énoncés complexes réalisant plusieurs fonctions en même temps que se développeront les conduites de dialogue.

La *troisième phase*, vers deux ans environ, va être caractérisée par le développement simultané de ces métafonctions au travers, à la fois, d'une dimension représentative (mathétique) et d'une dimension communicative (pragmatique), conduisant peu à peu à l'acquisition des composants idéationnel et interpersonnel de l'échange.

Pour Halliday, l'organisation interne du système linguistique va donc se construire et se déterminer par les multiples usages sociocognitifs que le langage se trouve amené à réaliser : « *Language is as it is because of what it has to do* » (1978). De ce point de vue, il se rapproche des observations des anthropologues (Malinowski) de même que des analyses de Bruner sur la construction progressive et pragmatique, par le langage, de nos réalités. Sans doute, bien des critiques ont été avancées depuis, quant au statut linguistique des énoncés monolexématiques produits par l'enfant, et des controverses nombreuses suscitées autour des notions d'« holophrase » ou de « mots-phrases ». Il demeure que l'approche de Halliday reste profondément originale et sans doute anticipatrice de la question. En résumé, il est manifeste qu'*on ne peut dissocier les développements formels du langage naturel des conditions pragmatiques et sociocognitives de son exercice et de son ajustement à autrui* en contexte interactionnel. C'est ce contexte même qui est régulateur des manipulations qui vont, plus tard, donner nos jeux de langage et la capacité sémiotique de « faire signe » et « repère » sur des représentations.

Bates (1979) développera un peu plus tard cette question, en attirant l'attention sur une situation de transition caractéristique dans le développement de l'enfant. Avant le neuvième mois, lorsque celui-ci, à côté d'un adulte, fait face à un objet hors d'atteinte, on le voit s'agiter, gesticuler, crier. Lorsqu'il a compris que ses tentatives sont vaines, il va alors se tourner vers l'adulte ou vers un autre objet du contexte immédiat, mais jamais il n'utilisera comme médiateur la personne d'autrui pour obtenir ce qu'il désire. Son attention sera exclusivement retenue tantôt par l'objet tantôt par la personne, mais sans relation entre les deux. Ce n'est qu'à partir du neuvième mois que cette attitude va se modifier. Dans un premier temps, l'enfant portera alternativement son regard sur l'objet et l'adulte, accompagnant ses efforts de signaux vocaux et mimo-gestuels. Un peu plus tard, ces signaux vont se ritualiser, devenant plus réguliers et stables jusqu'à devenir un simple signal. Tout se passe comme si, désormais, l'enfant concevait la relation entre objet, autrui et signaux qu'il produit. Pour Bates, il s'agit là d'un cas exemplaire d'*instrumentalité sociale*, qui permet à l'enfant l'accès à deux grandes catégories d'interactions : l'utilisation intentionnelle d'un agent humain comme moyen vers un but non social et, réciproquement, l'utilisation intentionnelle d'un objet comme moyen de réalisation d'un but social, à savoir la conjonction de l'attention sur un même référent.

Ces types d'observations suscitent plusieurs interrogations : l'idée d'intention peut-elle être appliquée aux comportements en question ? Quels sont les indices observables et attestables de ce type d'intentionnalité ? Enfin, sur quoi se fonde-t-on pour avancer l'idée d'une transition aux alentours de ce neuvième mois ? En vérité, trois problèmes sont ici soulevés. Le premier concerne la compréhension de ce qu'on nommera « communication intentionnelle ». Le deuxième est relatif à la signification cognitive de situations de ce genre : qu'est-ce qui importe ici ? Est-ce seulement la dimension instrumentale ou n'est-on pas plutôt en présence d'une intrication entre l'instrumental et le sémiotique, ce dernier étant tributaire des statuts d'indices de l'objet et de la personne ? Enfin, les comportements observés ne sont-ils pas plutôt significatifs d'une ontogenèse de la référence, au sens où Bruner (1983, 1984) l'a remarquablement explicitée ?

Venons-en à la première question. La notion d'*intention* demeure ambiguë. Sans doute peut-on l'associer à un certain nombre de comportements observables : anticipation d'un résultat, choix d'une stratégie ou persévération jusqu'à la conquête d'un résultat. La plupart des auteurs ont mis en garde contre la tendance de l'adulte à interpréter les manifestations chez l'enfant comme étant de nature communicative (Harding, 1982 ; Dore, 1983). Bruner (1975) observe à ce propos la récurrence de deux types d'interprétations. La première consiste à attribuer au comportement de l'enfant une *intention d'action* : c'est lorsque la mère cherche à apporter son soutien en facilitant l'obtention de l'objet convoité par l'enfant. Le second type d'interprétation revient à considérer la conduite de l'enfant comme étant de nature *épistémique* : le soutien de la mère prend alors la forme de dénominations d'objets ou d'actions. D'autres auteurs (Snow, 1977) sont allés plus loin en insistant sur l'« illusion » inhérente aux conduites interprétatives chez les mères et consistant à inférer une lecture intentionnelle des moindres gestes chez l'enfant. En vérité, ce qu'il faut retenir de ces observations, c'est plutôt l'émergence précoce, dans l'interaction adulte-enfant, de *procédures anticipatives, référentielles et imitatives*, lesquelles vont s'organiser comme schèmes communicatifs, liés en conséquence à des procédés de contrôle de l'échange, à des « tours de rôle régulateurs » (Veneziano, 1987). L'acquisition de la langue maternelle apparaît précédée par une longue période de préparation interactive, intriquant les opérations cognitives et sociales.

En ce qui concerne maintenant l'intrication entre l'instrumental et le sémiotique, l'interrogation ici renvoie aux différentes approches de ce qu'on a nommé la « relation je-tu-il ». A la même période du neuvième mois chez l'enfant, Piaget (1937) constatait que lorsque l'adulte, touchant un objet, produit un effet (chute, balancement, bruit) en présence de l'enfant, celui-ci est capable de pousser la main de l'adulte vers l'objet pour réobtenir le même effet. Or les futures conduites de communication référentielle consistent justement en la coordination de ces deux modalités d'interaction et *le langage est le vecteur essentiel de cette coordination*. On peut donc en inférer que les premières « conduites triangulaires » constituent une étape fondamentale dans le développement de ces pratiques communicationnelles (Apothéloz, Grize, 1987). Les observations de Piaget sur les étapes de développement entre le cinquième et le neuvième mois sont éclairantes à ce propos. Vers le cinquième mois, l'objet, semble-t-il, acquiert une forme primitive de permanence, mais demeure tributaire de l'action. L'attention accordée par l'enfant aux relations causales se manifeste par cet examen régulier et systématique qu'il porte au mouvement de ses mains et de ses pieds. Alors qu'auparavant le sentiment d'efficience s'identifiait au résultat de l'action, la cause tend maintenant à s'intérioriser et l'effet à s'extérioriser. Mais ce n'est que vers le neuvième mois que l'enfant cesse de considérer ses propres actions comme seules sources de causalité et tend à attribuer aux objets et à autrui une efficience propre. Il est ainsi capable d'écarter la main de l'adulte lorsque celui-ci bloque l'accès à un objet convoité, et réciproquement de se servir de l'adulte pour atteindre l'objet en question. Il y a donc émergence d'un ajustement des moyens aux fins, en même temps qu'une objectivation et une spatialisation graduelles de la causalité. Tout cela constitue les prémices d'une conduite instrumentale.

Mais l'enfant n'est pas encore totalement impliqué dans l'action qu'il provoque ; il n'est pas à même de tenir compte des déplacements des objets qu'il recherche. Ce n'est que vers la deuxième année que les objets vont acquérir pour lui une identité physique, en se détachant de l'action proprement dite et en prenant le statut d'entités permanentes. C'est alors, en effet, qu'apparaîtront des conduites spécifiques telles celles dites « du support » (tirer un support pour attirer à soi un objet posé sur ce support) ou celles encore de « désignation » *(deixis)* : l'enfant tend à l'adulte un objet sur lequel il souhaite le faire agir ou il montre du doigt un objet trop éloigné pour l'atteindre soi-même. Toutes ces conduites manifestent la construction progressive d'un univers où s'objective et se spatialise la causalité et où, comme le dit Piaget, « l'action de l'enfant se situe parmi les autres et obéit aux mêmes lois ». Ce sont encore des conduites d'échange avec l'adulte et donc de communication ; la plupart, comme le souligne Bonnet (1980), étant effectivement de nature sémiotique et symbolique. Ainsi, avant même d'acquérir les structures de sa langue maternelle, l'enfant se révèle progressivement doté d'*un savoir complexe sur la manipulation des symboles et particulièrement du langage*, sur les fonctionnements sémiotiques et les contextes d'utilisation de celui-ci et, en définitive, sur les conventions qui motivent ou impliquent son usage ; équipé donc de ce que Bruner *(op. cit.)* nomme une « structure pragmatique de base ».

L'ontogenèse de la référence

L'ontogenèse de la référence a suscité de multiples recherches. C'est la question des étapes et processus par lesquels l'enfant va parvenir à produire des signaux référentiellement stables et à caractère intersubjectif. Les travaux les plus pertinents sur le sujet demeurent ceux de Bruner (1974-1975, 1978 ; Ninio et Bruner, 1978). Selon lui, l'évolution des savoir-faire de l'enfant est orientée par un *double principe d'incorporation et de substitution* : d'incorporation, au sens où toute connaissance nouvelle acquise intègre nécessairement une connaissance antérieure qui va faciliter son émergence ; de substitution, à savoir que le développement des savoir-faire est caractérisé par l'acquisition de procédures et de moyens sans cesse nouveaux, plus efficaces et sélectifs que les précédents et favorisant l'apparition de fonctions nouvelles. Le langage est donc bien à la fois médiateur et amplificateur des capacités et il n'est guère possible de le dissocier du développement cognitif, dès ce moment où apparaissent la représentation et l'instrumentation expressives.

De ce point de vue, la position de Bruner est critique tant en ce qui concerne certaines thèses piagétiennes — tel « l'égocentrisme » du tout jeune enfant — que vis-à-vis des assertions chomskiennes sur l'existence d'un dispositif inné d'acquisition du langage. La conception de la référence qu'il développe est proche de celle de Putnam, à savoir : *1)* la référence est un acte intentionnel ; *2)* sa précision peut varier et deux interlocuteurs peuvent ainsi s'entretenir d'un référent commun sans pour autant lui attribuer la même définition ; *3)* l'acte référentiel est de nature sociale : il résulte du réglage réciproque de l'attention et non de la simple adéquation entre une représentation individuelle et un objet ou événement, du monde, comme le prétendent les théories classiques ; *4)* l'acte référentiel est finalisé dans la mesure où il implique l'emploi de moyens appropriés en même temps que diverses procédures de contrôle et d'indication de sa réussite ou de son échec (Bruner, 1983b). L'étude de l'ontogenèse de la référence coïncide alors avec l'analyse des procédures qui vont ajuster l'attention réciproque entre interlocuteurs : l'acte référentiel est toujours lié à un *champ comportemental intersubjectif* (Apothéloz, Grize, 1987).

C'est ici que Bruner introduit la notion centrale de *format* : « Pour que l'enfant accède au langage, écrit-il, il lui faut connaître des relations sociales d'un type tel qu'elles contextualisent le langage dans le dialogue » (Bruner, 1984). L'interaction avec l'adulte va ainsi progressivement conduire l'enfant à schématiser les situations d'interaction sous forme d'épisodes modulaires et répétitifs, à caractère quasi rituel, et où les rôles des partenaires seront clairement définis. Ce sont ces scénarios que Bruner nomme formats : sortes de « modèles microcosmiques d'interaction », ils vont intervenir comme cadres structurant les situations d'échange et constituer de la sorte des contextes simplifiés grâce auxquels l'enfant pourra acquérir les modalités complexes de l'activité langagière avant même qu'il soit en mesure, à son tour, d'intervenir verbalement. Ces formes, une fois établies, seront généralisées, favorisant de la sorte l'enrichissement graduel de l'univers social et culturel de l'enfant. Les fondements cognitifs du linguistique apparaissent donc *génétiquement indissociables* des expériences mêmes de langage, lesquelles, par schématisation et formatage progressif des situations d'échange, vont fonder le développement expressif symbolique.

Cette ontogenèse de la référence, Bruner la caractérise selon trois dimensions, qui continueront de coexister chez l'adulte : la *désignation (indicating)* qui englobe tous les procédés gestuels, posturaux ou vocaux visant à attirer l'attention d'autrui sur un objet ou une action ; la *deixis* qui recouvre toutes les formes de renvoi aux caractéristiques spatiales, temporelles et interpersonnelles, que va emprunter le réglage de l'attention entre interlocuteurs ; la *dénomination (naming)* dès lors que seront acquis des items lexicaux standard (Bruner, 1975).

Dès l'âge de quatre mois, observe-t-il, l'enfant est capable de suivre la direction du regard d'autrui et ce comportement peut être considéré comme l'analogue d'une forme très précoce de désignation. A huit mois, en situation de face à face avec l'adulte, et dans presque 70 % des cas, l'enfant peut suivre le regard de l'adulte lorsque ce regard change de direction. Ces observations largement confirmées attestent l'existence très précoce, chez l'enfant, de l'aptitude à utiliser une référence externe pour s'orienter *(deixis* spatiale) ; ce qui le conduira, plus tôt que ne l'avait signalé Piaget, à l'acquisition des modes de la *décentration* nécessaires au maniement des formes symboliques. Néanmoins, ce n'est qu'au début de la deuxième année qu'il deviendra capable de dissocier complètement la désignation gestuelle de l'effort de préhension, et six mois plus tard qu'il sera à même de comprendre que, dans un format du type « donner-recevoir-redonner », où les rôles sont réversibles, le but est moins la possession de l'objet que l'échange lui-même. Cependant, bien que préoccupé du développement de la socialité, Bruner rejoint ici Piaget : les formats, en tant que structures interactives généralisables, ont aussi le statut de *schèmes d'action*. Du point de vue de la logique naturelle, nous sommes bien là en présence de contextes préconstruits, témoins de la mise en œuvre de *processus de schématisation* très précoces dans l'architecturation de nos fonctionnements cognitifs.

Si donc la capacité de référer suppose en apparence la stabilité des représentations qu'on désigne, il est évident qu'*elle ne s'instaure qu'à travers l'émergence et la maîtrise progressives d'opérations cognitives assurant le transfert entre formats et opérations langagières*, décontextualisant en quelque sorte les énoncés pour mieux fonder les processus d'interaction symbolique. Dans cette continuité ontogénétique où nous voyons s'établir la transition entre formats communicationnels et schémas cognitifs généralisables, c'est bien d'une *intrication forte entre le langage et la pensée* qu'il s'agit : l'une ne pouvant s'échafauder ni surtout se communiquer sans l'autre ; le premier demeurant tributaire des ajustements pratiques et contextuels de la seconde.

Il s'avère ici, comme le souligne Hagège (1985), que nous manquons d'une « écolinguistique » encore à venir, à la condition qu'elle ne se contente pas de rendre compte de la manière dont la langue intègre des repères « naturels » culturalisés, mais qu'elle explicite en termes opératoires les rapports entre le langage — complété d'autres manifestations symboliques — et les processus génériques d'adaptation et d'ajustement de nos conduites tant pratiques qu'intellectuelles ; et cela aussi bien ontogénétiquement que phylogénétiquement.

Phylogenèse et langage

Du point de vue phylogénétique, un certain nombre de perspectives récentes se développent, analysant la dissémination historique des langues indo-européennes et s'efforçant de réinscrire cette dissémination à l'intérieur des conditions historiques déterminant l'écopropagation des techniques agricoles et des modes de subsistance sur la longue durée (Renfrew, 1988). Rappelons d'abord que l'opinion communément admise pour expliquer la diffusion des langues indo-européennes était de les faire toutes remonter à un ancêtre commun qui serait la langue dite « proto-indo-européenne », laquelle aurait évolué au fil des siècles pour donner ces familles de langues entre lesquelles les linguistes établissent parenté. Cette théorie de « l'arbre linguistique » fut élaborée vers 1860 par le philologue allemand August Schleicher, le concept de base étant celui de la *divergence* : l'isolement d'une langue tend à accroître ses particularités par rapport aux autres et des dialectes émergent peu à peu, qui deviendront des langues distinctes. Ce modèle des arbres linguistiques a jusqu'à récemment continué de rallier la majorité des linguistes.

La proposition convaincante de Renfrew est en deux temps : du point de vue linguistique, elle est de refuser la notion de divergence au profit de celle de substitution ; du point de vue archéologique, elle consiste à ne plus seulement considérer un style particulier d'artisanat, mais à examiner dans le temps les processus de changements culturels appliqués aux techniques économiques et à les relier aux modifications de langage. Au plan linguistique, d'abord, on peut considérer plusieurs schémas susceptibles de motiver la substitution d'une langue à une autre : l'expansion démographique et économique de nouveaux arrivants qui imposent de nouvelles sources de subsistance, de rapports à l'économique ; l'intrusion d'une technologie militaire supérieure ; la prédominance d'une élite ; ou encore, lorsqu'une société hautement centralisée s'effondre ; ou enfin, suite à l'établissement de relations commerciales dans une société égalitaire, l'instauration progressive d'une *lingua franca*. Lequel de ces schémas a donc pu permettre la propagation de l'indo-européen ?

Si l'on remonte au VIIe millénaire avant J.-C., ce qui se répand à travers l'Europe, c'est un mode nouveau d'économie agricole, fondé sur la culture du blé et de l'orge et l'élevage des moutons et des chèvres. Ces espèces animales, les Européens, ne les trouvant pas sur place, devaient les importer depuis l'Anatolie centrale, en Turquie, et leur domestication fut à peu près simultanée dans plusieurs régions du Proche-Orient. Albert Ammerman et Luca Cavalli-Sforza de l'université Stanford (Ammerman, Cavalli, 1984) ont élaboré alors un « modèle de propagation » explicitant pertinemment cette diffusion d'une économie agricole entraînant, dans chaque région, des accroissements rapides de population. L'établissement de fermes a dû ainsi multiplier par cinquante la densité de la population et cet accroissement de densité a eu d'importantes conséquences sur la vague de propagation. Si l'on admet, selon Ammerman et Cavalli-Sforza, que deux générations sont séparées par une durée de vingt-cinq ans et qu'un fermier, pour s'établir, se déplace en moyenne de dix-huit kilomètres, l'agriculture aurait donc progressé en Europe par vagues de vitesse moyenne égale à un kilomètre par an, et il aura fallu mille cinq cents ans pour que les implantations de fermes atteignent l'Europe septentrionale ! Bien sûr, chaque vague d'émigration apportant sa propre langue, celle-ci n'était pas immédiatement adoptée par les autochtones ; ce qui expliquerait la persistance de certaines langues non indo-européennes comme le basque ou l'étrusque parlé en Italie jusqu'à l'époque romaine. Néanmoins, l'hypothèse est plus que probable que les premiers Indo-Européens, plutôt que des envahisseurs guerriers, furent des fermiers pacifiques se déplaçant lentement dans l'histoire, vers l'ouest. Ainsi remarque-t-on très tôt en Ukraine la présence de villages agricoles où la culture du blé et de l'orge provenait des Balkans et au-delà, précisément, d'Anatolie. De ce fait les premiers locuteurs de l'indo-européen ont-ils probablement parlé une langue d'origine anatolienne ayant transité par la Grèce et les Balkans.

Vue, dès lors, sous cet angle intriquant le développement linguistique aux transformations des pratiques techniques et économiques, l'histoire culturelle et sociale de l'Europe apparaît se dérouler selon une succession de transformations et d'adaptations à partir d'une base commune indo-européenne. Ce développement ne s'est pas fait à la suite de migrations venues de l'extérieur, mais bien à partir d'interactions complexes à l'intérieur d'un continent gagné à une économie foncièrement agricole et possédant, déjà répandue, une langue indo-européenne propre.

Au plan phylogénétique et de façon analogue aux phénomènes ontogénétiques, *le développement linguistique sur la longue durée s'inscrirait donc nécessairement à l'intérieur de systèmes de propagation*, substitutifs les uns des autres, et fondés sur l'interaction entre éco-transformations pratiques et adaptations langagières. Comme si, à chaque fois, *l'ontogenèse récapitulait la phylogenèse*, la seconde témoignant, sur des périodes d'ampleur, des mêmes nécessités et successivités de rééquilibrages morphologiques et écolinguistiques que la première.

Ces rééquilibrages, témoignant du statut du langage en tant que système intriqué à d'autres systèmes adaptatifs et évolutifs de l'espèce humaine, prennent-ils origine à un niveau plus profond — cortical et neuronal —, lequel aurait une fonction déterministe ? Rien n'est moins sûr, en tout cas pas sous cette forme caricaturale d'une correspondance directe. La question des types d'architectures neuronales à même de caractériser le niveau symbolique des connaissances demeure controversée (Changeux et *al.*, 1989). Quant à l'idée d'un passage direct « du neurone au symbole », elle relève davantage de la pétition de principe que d'une vision scientifique des choses. Néanmoins, il importe d'assurer correspondance entre ce que la recherche en neurosciences élabore aujourd'hui comme modèles et ce que l'approche linguistique permet d'assurer en vue d'élaborer une certaine théorisation des rapports entre cognition et langage. D'où, ici, un quatrième ensemble de prérequis épistémologiques.

Ce quatrième type de prérequis revient à considérer que, depuis le biologique jusqu'au linguistique, nous serions en présence d'une sorte de continuum d'états transitoires et régulièrement recomposés sous forme de « conversions » témoignant de la *mise en œuvre de processus visant à l'adaptation globale de l'organisme aussi bien sous forme neurale que symbolique.* Il s'agit donc de travailler à développer une perspective à la fois synchronique et diachronique, qui devra intégrer un certain nombre d'états concourants, sinon congruents, afin de rendre compte des principes fonctionnels de contrôle et d'évolution adaptative dans les conduites humaines depuis le neuromoteur jusqu'au symbolique.

Plasticités neuronales et labilités cognitivo-langagières

Comme on l'a vu précédemment (chapitre 2, section « États transitoires, modèles neuronaux et fonctions cognitives »), il semble manifeste que nos architecturations neuronales puis cognitives sont déterminées en permanence par des cycles de rétroaction-adaptation assurant l'émergence de nouvelles fonctions travaillant en retour des structurations antérieures. Toute représentation cognitive et fonctionnelle n'intervient ainsi qu'en regard d'une « pré-représentation » générant cette émergence en vue du test d'adéquation à des conditions nouvelles. Il y a ainsi à l'œuvre, dans l'élaboration de nos dispositifs neuronaux et symboliques, une sorte de formatage récurrent qui atteste bien du double statut fonctionnel inhérent à nos systèmes cognitifs : celui d'être « générateurs de diversité et de variation » et celui d'être porteurs de « mécanismes de contrôle » assurant le test de l'adaptabilité et, par suite, de l'adéquation aux conditions rencontrées.

Labilité, ajustement aux multiples variétés de situations et règles contrôlant les fonctionnements : telles sont aussi les propriétés caractéristiques de ce système symbolique qu'est le langage en tant que vecteur et acteur de nos cognitions. En rendre compte sous forme de « modèle cognitif » implique alors d'aborder la modélisation en termes d'opérations à la fois constitutives du système et suffisamment plastiques pour à la fois « profiler » les actions sémantiques disposant au sens fort de ce système d'expression, et schématiser les stratégies discursives « argumentant », c'est-à-dire recomposant sans cesse, de la sorte, l'intrication fondamentale entre cognition et langage dans le rapport du sujet au monde. Telles sont, semble-t-il, les conditions essentielles à remplir pour approcher d'une grammaire cognitive.

Du langage au discours : Les cadres opératoires d'une grammaire cognitive

En résumé, si l'on veut analyser la façon dont nos langages et discours peuvent travailler la connaissance, voire en être créateurs, il ne suffit pas d'examiner des figures du linguistique ni, comme cela se fait usuellement, de classer les discours en genres ou en espèces. Ce qui importe est de pouvoir recadrer cognitivement nos fonctions symboliques expressives en tenant compte à la fois du « local » — les opérations de langage, les arguments — et du « global » — les opérations de discours —, et de comprendre ainsi comment tous nos discours, même les plus quotidiens, vont composer des « arguments » et, de ce fait, sont des argumentations et, par là, des *positionnements* induisant une incessante activité de repérage cognitif. Le langage est un système d'actions de signification sans doute, mais surtout de construction de repères *(landmarks*, au sens de Langacker, 1987) : repérages externes sur l'environnement et sur autrui ; repérages internes : on se place soi-même par rapport à l'environnement et à autrui. Ce double repérage permanent renvoie évidemment à ce qu'on nomme la conscience (conscience de soi, conscience du monde et des autres) et par suite, à un double jeu d'alternance et de réciprocité entre *connaître* et *indiquer*. Car il nous faut sans cesse « désigner », ainsi que le signale Kant (1798) : « La faculté de connaître le présent, en tant qu'elle permet de lier la représentation de ce qui est prévu à celle de ce qui est passé, est la faculté de désigner. L'activité de l'esprit qui réalise cette liaison est la désignation *(signatio)* qui est aussi appelée signalisation : on nomme caractérisation son degré supérieur. » Dans l'interaction verbale minimale aussi bien que dans l'échange des discours, nous sommes donc toujours en présence de *mouvements* que l'activité langagière instaure ou favorise et qui prennent forme de processus cognitifs marqués dans les traces linguistiques.

Deux options théoriques sont alors possibles.

La plus fréquente consiste à construire une « linguistique des états de langue » : on analyse des « construits » de l'activité langagière en vue d'inférer des mécanismes de langue ; on spécifie des mécanismes d'agencement et de disposition ; on classe et caractérise des formes logiques ou propositionnelles ; on spécifie des modes de traitement, c'est-à-dire d'organisation de l'information (Jackendoff, 1987). Cela avec une double difficulté méthodologique : l'exigence d'un contrôle paraphrastique permanent en vue de vérifier la référentialité ; la nécessité d'une activité de présupposition-interprétation non moins incessante, au point de confiner à l'exégèse. Ce faisant, on ne fait qu'élaborer une théorie de la langue. Car « les structures grammaticales ne constituent pas un système formel au niveau de représentation autonome [...] une sémantique formelle fondée sur des conditions de vérité est inadéquate pour décrire le sens des expressions linguistiques » (Langacker, 1987).

La seconde option est celle qui vise à construire une « théorie du langage », au sens d'une théorie des « opérants », c'est-à-dire des actions observables de langage. Seule cette option est à même de rendre compte de l'intrication fondamentale du langage à la cognition. Cela signifie, encore une fois, définir celle-ci comme l'ensemble de nos activités de construction, de représentation et d'expression des connaissances *modulo* des dispositifs suffisamment stables pour être interprétables et donc communicables au plus grand nombre. De ce point de vue, le langage s'avère bien être un dispositif cognitif majeur. Dès lors, théoriser en ce sens les phénomènes de langage revient nécessairement à construire une théorie des observables en regard du langage considéré comme ensemble (Culioli, 1985, 1989). On se place ainsi nécessairement en situation métalinguistique comme celle que manifeste très tôt l'enfant, à savoir *cette capacité de prédiquer sur du prédiqué*. C'est aussi s'efforcer d'élaborer une théorie des conditions d'abstractisation, capable de rendre compte de ces incessants passages de l'abstrait au concret et retour vers l'abstrait qui fondent nos activités langagières, reconstruisant en permanence nos conceptualisations, autrement dit ces « conditions de passage du monde référentiel à l'expression en langage naturel à travers la conceptualisation » (Pottier, 1987).

Tel est le double objectif que doit s'assigner l'élaboration d'une grammaire cognitive, à distance bien sûr des théorisations classiques de la grammaire. Cela implique de refuser *a priori* les coupures traditionnelles entre syntaxe, sémantique et pragmatique, et, dans, ce but, de tenter de construire un modèle de représentation des opérations de langage visant d'emblée à combiner le niveau langagier au sens du rapport entre formes syntaxiques et jeux sémantiques, avec les niveaux cognitifs et représentationnels, lesquels vont traduire les différents types de rapport du discours et du sujet aux objets et aux situations. Se placer méthodologiquement ainsi à un niveau qui serait antérieur à la syntaxe et à la sémantique, c'est se placer avant « l'objectivité » et donc travailler sur les modes de constitution de l'objet. Par exemple, dans les *Topiques* d'Aristote, pour travailler sur ce que peut être « homme », on ne posera pas cet objet comme connu, cerné, défini *a priori*. En d'autres termes, en acceptant la scission entre syntaxe et sémantique, on pose l'objet, mais on ne le construit pas ; on ne rend pas compte de ce qu'opère un discours (Vignaux, 1988).

La relation pédicative de base

On considérera donc un premier niveau, qui est celui de l'acte de langage et de la relation sous-jacente à cet acte. *On ne peut dire sans dire quelque chose de quelque chose.* La relation de base constitutive de tout énoncé sera donc du type *xRy* : on pose quelque chose et on le met en relation avec autre chose :

Jean aime la soupe.
Marie n'avait pas d'arguments.
Les chats aiment les souris.

Cette relation de base observée à partir de ce qui est posé dans l'énoncé permet d'inférer les actions énonciatives qui sous-tendent chaque prédication. Prendre en compte cette dimension énonciative signifie intégrer dans l'analyse les marques indicielles du langage, à travers les différentes formes de la *deixis*, et les types d'actions que toute production langagière implique, à savoir les dimensions illocutionnaires et allocutives. Il y a quatre grandes catégories de marques énonciatives : les interlocuteurs, le temps de l'allocution, son lieu et ses modalités, qui composent à chaque fois la relation établie entre locuteur, interlocuteurs et énoncé. Cette *perspective énonciative* implique donc de travailler à la fois sur les aspects indiciels du langage — le temps, les pronoms, les verbes de parole — et sur les actions de langage telles qu'elles sont manifestées dans les instances de discours.

« *Jean aime la soupe* », c'est-à-dire : « ce que Jean aime, c'est la soupe », ou encore : « il y a de la soupe, Jean aime ça, il la mangera », ou encore : « tu peux faire de la soupe, Jean la mangera ».

« *Marie n'avait pas d'arguments* », c'est-à-dire : « Marie ne pouvait répondre ni s'expliquer cette fois-là » ou encore : « sur ce point précis, Marie n'avait pas d'arguments à opposer ; elle a été convaincue », ou encore : « Marie n'avait pas su défendre son point de vue ce jour-là ; aujourd'hui il en irait autrement ».

« *Les chats aiment les souris* », c'est-à-dire que s'il y a une caractéristique commune à tous les chats, c'est « leur amour pour les souris », mais si mon interlocuteur sait que les chats mangent les souris, il comprendra que j'évoque une curieuse forme d'amour et cette connivence nous permet de considérer ironiquement une propriété des chats tout aussi cruelle qu'utile.

Ces quelques petits exemples permettent deux observations :

1) On retrouve là les problèmes classiques de la *thématisation* et de la *prédication* que travaille chaque mise en forme du sens, chaque acte de langage, mais il importe de réaborder ces problèmes dans une perspective cognitive, c'est-à-dire intriquant à la fois les actions du sujet sur du sens et les actions de ce sujet vis-à-vis d'autrui.

2) De ce point de vue, il est manifeste que tout énoncé est porteur de bien plus d'actions sémantiques qu'il n'en marque syntaxiquement. Cela peut s'appeler parfois « ambiguïté » ; en vérité, il s'agit de cette plasticité inhérente au langage et qui lui permet de s'ajuster en permanence à un nombre considérable de situations et d'interlocutions.

Cette nécessité d'ajustement quotidien du langage aux choses et aux rencontres, il serait impossible qu'elle se fasse sous forme de formules répertoriables, à la limite pragmatiquement conventionnelles. Le catalogue serait trop vaste ; nous n'aurions pas assez d'une vie pour les apprendre toutes. Il faut donc bien qu'elle repose sur une capacité combinatoire inhérente à l'activité de langage, c'est-à-dire à la langue mise en action. Cette *évidence combinatoire* ne peut qu'être tributaire d'opérations dont la finalité est de justement permettre nos manipulations quotidiennes du langage et qu'on ne peut repérer qu'à un certain niveau métalinguistique. Si on veut définir ces opérations, cela ne peut se faire encore que dans une perspective cognitive. Ces opérations ont une double mission : ajuster des formes d'agencement linguistique à des visées de sens ; recombiner en permanence les rapports entre sujets et objets, entre sujets et interlocuteurs, entre sujets et représentations concrètes ou abstraites du monde.

Les opérations de langage fonctionnent donc d'abord comme *indices internes de reconnaissance et de compréhension du sémantique*, ensuite comme *instructions externes de lecture* des conditions pragmatiques de production et de formulation d'un énoncé ou d'un discours.

Si nous reprenons ainsi les concepts classiques de thématisation et de prédication, ils traduisent ce fait essentiel que toute énonciation désigne quelque chose et en dit quelque chose, qu'on ne peut donc cognitivement parler d'un objet sans lui affecter une caractéristique, une propriété, ni parler d'une situation concrète ou d'un état abstrait des choses sans leur affecter un certain mode d'être, un statut spécifique. C'est sur ces éléments que le lecteur ou l'auditeur se fondera pour comprendre, interpréter, juger.

« *Pierre sait le russe* » : du point de vue thématique, cela peut s'interpréter aussi bien comme « c'est Pierre qui sait le russe » ou « ce que Pierre sait, c'est le russe » ou encore « il y a au moins une chose que Pierre sait, c'est le russe » ou enfin « il y a Pierre qui sait le russe » ; du point de vue prédicatif, ce qui est attribué à Pierre, c'est cette propriété de savoir le russe, laquelle peut être donc interprétée selon une échelle de valorisation dépendant à chaque fois de la situation d'énonciation.

On voit donc que, déjà, au simple niveau de l'énoncé, la prédication ne serait-ce que d'une seule propriété à un sujet, à un objet ou à une situation s'impose comme construction d'une caractérisation de ce sujet, de cet objet ou de cette situation. Chaque énoncé est une façon de *présenter* les choses et, de ce point de vue, il est d'emblée argumentatif. On peut imaginer que l'argumentation s'identifie aux formes de la persuasion et de la conviction. En réalité, le premier sens véritable du terme « argumentation » est celui de *présentation* : présentation des choses et présentation, à chaque fois, d'un certain rapport d'un sujet au monde et aux autres, de même qu'on dit en français, « l'argument » d'une pièce de théâtre, ou qu'en espagnol ancien *argumento* désignait l'apparence et le vêtement de quelqu'un.

Argumenter, en conséquence, c'est attribuer des propriétés aux choses et déterminer des modes d'existence de ces choses en situations. De ce point de vue, c'est, pour un sujet, affirmer à chaque fois une certaine position vis-à-vis de ses propres perceptions en regard de connaissances admises ou controversées, en regard encore des opinions connues ou supposées d'autrui. Pour ce faire, il lui faut présenter ce qu'il choisit des choses, ou plus précisément de leurs représentations connues ou supposées. Dès l'origine, donc, nous sommes toujours en situation de devoir représenter par le langage et de travailler sur des représentations antérieures ou nouvelles du monde. Il nous faut argumenter en permanence nos propres connaissances ou opinions du monde et, par là, tenter de nous présenter, de nous « affirmer ». Cela revient à dire que tout discours exprime une certaine inscription cognitive de son sujet dans le monde sous la forme de ce travail de connaissance qu'il doit assurer à travers son langage.

Toute argumentation d'un sujet suppose donc la mise en œuvre d'actions de sens travaillant des représentations du monde et le rapport entre ce sujet et ces représentations. Ces actions sont tributaires à la fois de ce qui existe, à savoir effectivement des représentations antérieures à travailler, et des moyens pour le faire, à savoir le langage. Les fonctionnements de celui-ci nous sont décrits classiquement par la grammaire, mais celle-ci n'est qu'un système de normes assurant la stabilisation des repères fonctionnels pour favoriser l'intercompréhension. A ce niveau, nous ne faisons qu'effectivement respecter des règles d'agencement pour être reconnus des locuteurs de notre communauté. Mais si nous voulons agir sur des sens et, ainsi, « fabriquer du sens », il faut bien que nous jouions sur ces repères fonctionnels en les déplaçant vers un autre niveau qu'on peut qualifier à la fois de *cognitif*, au sens d'opérations sémantiques marquant des positions du sujet vis-à-vis de ce qu'il évoque, et de langagier, au sens d'*opérations métalinguistiques* marquant le rapport du langage aux choses. Ces deux plans vont sous-tendre les combinatoires d'opérations discursives et argumentatives.

Du côté du cognitif, les opérations seront bien sûr de nature conceptuelle : opérations mentales, schémas de compréhension et de représentation prenant forme de « raisonnements ». Du côté du langagier, il s'agira des marques spécifiques au système du linguistique, mais reconsidérées en termes de « repères » des manipulations de ce système en vue d'ajuster des rapports entre sujets, entre situations et entre représentations de ces situations. L'appréhension des opérations cognitives se fonde ainsi sur l'observation de processus généraux d'extension, de restriction ou d'équivalence entre « représentations des choses » ou « concepts » dans nos conduites de « pensée », conformes à ces étapes de réduction, de généralisation et de transfert que révèlent non seulement l'ontogenèse de nos développements, mais encore nos raisonnements les plus quotidiens. La définition des opérations langagières résulte de l'analyse des modes de la manipulation des marques internes à l'énoncé et de celles, externes, assurant le passage d'énoncé à énoncé au sein d'un discours.

Tout énoncé, et *a fortiori* tout discours, va se donner ainsi à la fois comme un *construit*, sous forme des marques de relations qu'il véhicule, et comme un *opérant*, au sens des instructions de mises en relations cognitives qu'il suggère ou impose. Cela de par cette schématisation active qui sous-tend et motive nos conduites langagières, intriquées en ce sens aux actions que nous opérons physiquement et conceptuellement sur le monde et ses objets, les uns déjà connus (construits), d'autres sans cesse à explorer, facteurs donc de nouvelles connaissances (à savoir : opérant sur nos connaissances antérieures).

Tout objet d'un discours — référant donc à une situation abstraite ou concrète — ne pourra donc être interprété et « admis » que dans un espace linguistiquement marqué qui déterminera en extension ses propriétés, et dans un champ conséquent d'indexation référentielle qui les précisera en compréhension cognitive.

Résumer les statuts effectivement combinés de cette intrication cognition-langage peut se faire en reprenant le couple thème-prédicat :

— la *thématisation* a pour rôle et fonction de poser ou construire énonciativement des « natures » : images d'entités-notions renvoyant à des construits (schémas mentaux préétablis) ou visant à fonder de nouveaux construits, en d'autres termes, à déconstruire et reconstruire des mises en relation entre objets et attributs ou propriétés, visant à l'affirmation de nouvelles catégorisations, et par là d'autres notions ;

— la *prédication* aura en conséquence pour responsabilité de contribuer à l'*illustration* des images énonciatives ainsi visées, autant pour confirmer la *place* de ce qui sera thématisé que pour conduire à cette mise en place ; cela sous forme de modulations d'attributions (procès, propriétés et temporalités), orientant vers la confirmation et la reconnaissance des caractéristiques choisies pour spécifier tel ou tel objet ou situation. Ainsi seront autant affirmées des « natures de réalités » que délimités, pour le faire, des « domaines d'objets », des « espaces d'existence », des « champs de portée ».

Il y aura donc toujours *intrication permanente* entre modes du « posé » énonciatif et processus opérant dans la visée de légitimer ce « posé » sous forme de constructions prédicatives.

Les opérations langagières

Dès lors, les opérations langagières sous-tendant ces processus énonciatifs peuvent à leur tour être ramenées à deux types généraux.

• Des *localisations* qui reviennent nécessairement à des *identifications* : pour parler de quelque chose, il faut le localiser dans le temps, dans l'espace, dans une situation, et c'est cette localisation même qui va permettre d'identifier ce quelque chose. Ainsi désigner, nommer un objet, c'est aussi lui accorder statut d'identité et donc d'élément ou d'entité du monde. Et cela dès l'ontogenèse du langage comme on l'a vu (Bruner 1983a et b). Langacker (1987), sous une autre forme, n'évoque pas autre chose lorsqu'il souligne l'importance des « relations de base conceptuelles » *(basic conceptual relations)* qui vont fonder les rapports essentiels et originaires entre activité langagière et activité cognitive dans la constitution des relations prédicatives. Ces relations de base, précise-t-il, sont nécessairement fondées sur l'identité *(identity ou co-incidence)*, la séparation *(non-coincidence)*, l'association *(neighborhood)* et l'inclusion. L'*identité* en particulier, montre-t-il bien, va fonctionner de manière réciproque à la *séparation*. Du point de vue linguistique, donc, les opérations de localisation et d'identification empruntent aussi bien les formes de la *deixis* (pronoms, marqueurs spatio-temporels, anaphoriques) que celles classiques de la dénomination : lexiques standardisés ou en émergence.

« *Le livre est sur la table* » : j'identifie un objet livre, je l'associe à un objet support, la table, et j'inclus ainsi l'ensemble dans une configuration spatiale (livre et table) et temporelle (c'est maintenant qu'il y a un livre sur la table).

« *En démocratie, le peuple vote pour ses représentants* » : j'identifie l'objet de régime politique nommé « démocratie » et je l'associe à l'exercice du droit de vote ; ce droit est alors inclus dans la notion de démocratie.

• Des *différenciations* qui fondent des *déterminations* : on n'identifie pas sans différencier, c'est-à-dire qu'il faut toujours distinguer, séparer l'objet dont on parle d'autres objets qui pourraient se révéler proches ou semblables. Pour bien différencier ce dont on parle de ce dont il ne s'agit pas, il faut donc non seulement localiser, identifier mais aussi déterminer l'objet de discours. Les opérations de détermination, ce sont toutes les caractérisations de cet objet : qualifications, attributions de propriétés, quantifications, types de procès qui vont spécifier des modes d'être de cet objet ou de cette situation de discours.

Concrètement, toute opération de différenciation va nécessairement affecter à la localisation-identification d'un objet ou d'une situation un *premier type de détermination* sous forme de caractérisation marquant des propriétés et des modes d'être ou d'action ; ce qui, dans le langage, se marquera par cet emploi commun des attributs, des qualificatifs qu'on va avancer comme « essentiels », autrement dit comme fondant « la nature » d'un objet, d'un fait, d'un événement.

Le *second type de détermination*, intriqué au premier, va consister à mettre localisation et identification-différenciation en relation entre elles, en leur donnant caractère de plausibilité et donc d'acceptabilité sinon de vérité, sous forme d'*ancrage* dans un processus situationnel et donc de référence. Toute détermination implique en conséquence, à la fois, une *quantification* des éléments considérés (déterminants, genres, nombres), leur *qualification* au sens des propriétés qui leur seront affectées (adjectifs, adverbes) et leur placement en situations d'*états* ou de *processus* (verbes, temps, aspects).

« *La démocratie, ce n'est pas le régime totalitaire : le peuple peut s'exprimer, il a le droit de vote* » : l'objet « démocratie » est identifié comme se différenciant de l'objet « régime totalitaire » ; il est construit comme notion en lui attribuant une propriété qui est celle offerte aux citoyens de pouvoir voter ; sous-entendu : tel n'est pas le cas en régime totalitaire ; et cette propriété est avancée comme essentielle pour fonder la détermination réciproque des deux notions, par suite leur différenciation, voire leur opposition.

C'est pourquoi, au fondement de toute énonciation, ce qui sera donné comme localisation visera nécessairement à l'identification et donc à l'*inclusion dans un certain « domaine » de référence* — objets acteurs et situations —, et cela ne se pourra qu'en regard de *séparations*, autrement dit de différenciations, visant à confirmer la détermination de ce qui sera là construit.

Les opérations cognitives

Quelles vont être, alors, les opérations cognitives intriquées à ces opérations langagières jouant des marques du linguistique ? En vérité, ces opérations cognitives ont pour visée essentielle de marquer, d'une part, des modes d'existence ou de mouvement de la réalité et, d'autre part, de construire et « déclarer » des représentations de cette « réalité ». Ce seront donc :

• Des *identifications/différenciations* également, au sens qu'il s'agira pour tout acte énonciatif de *déclarer l'existence et la nomination* possible d'objets, dès lors thématisés avec pour condition de spécifier au moins certaines propriétés qui leur seront prédiquées aux fins justement de les caractériser.

« *Un canard, ça vit des années* » (sous-entendu par rapport à d'autres volatiles).

« *Les films japonais, je trouve ça magnifique* » (il y en a qui n'aiment pas).

« *Sa maison, c'est lui qui l'a réparée* » (beaucoup ne savent pas le faire).

• Des *stabilisations/déstabilisations* : la finalité de toute énonciation va consister soit à confirmer ce qui est donné comme existant, voire naturel, soit à le remettre en cause ou, surtout, à le négocier, à l'argumenter. Autrement dit, il s'agira tantôt d'« appuyer » des sens déjà construits et, donc, de « clôturer » des champs de significations attribuées à des objets et des situations du monde ; tantôt, au contraire, de déplacer les « frontières » de ces champs sémantiques, d'en *modifier ainsi les extensions aux fins d'en déconstruire les intensions*. Cela, bien sûr, pour déstabiliser certaines représentations en vue d'en stabiliser d'autres. Ainsi, par exemple, des aventures historiques du microbe, qui selon une progression historique, depuis sa découverte par Pasteur, va d'abord se stabiliser dans un certain champ de signification scientifique puis, par déstabilisation ou transfert, glisser vers d'autres champs de signification sociale, champs producteurs dès lors de multiples argumentations :

« *Le microbe, avant comme après 1878, date à laquelle il est "baptisé", est aussi bien un objet biologique qu'un objet médical, un objet juridique relevant de la législation, un objet économique relevant des brevets, un objet d'enseignement qu'un objet de moralisations* » (Salomon-Bayet, 1986).

Et, de la sorte, chaque sujet va s'efforcer de marquer son originalité de pensée, s'approprier certaines conceptions en regard d'autres qu'il refuse et que, par suite, il remet en cause. D'où le troisième type d'opérations cognitives, indissociables des précédentes :

• Des *appropriations/désappropriations* : on ne peut concevoir, en effet, d'identifications et de stabilisations d'univers de discours — se donnant comme « mondes de pensée ou d'idées » — qu'en regard de celui qui, à chaque fois, les prend en charge. Toute énonciation marque ainsi nécessairement le rapport de son sujet énonciateur — individuel ou collectif —, vis-à-vis de ce qu'il énonce et, surtout, de la façon dont il réfère cela, c'est-à-dire des types de mondes qu'il choisit d'évoquer et des *frontières de sens* qu'il leur attribuera pour ancrer et légitimer son dire. Ces appropriations qui correspondent à des *prises en charge* (marques de « présence » du sujet énonciateur dans l'énoncé) seront donc toujours complémentaires de désappropriations vis-à-vis d'autres discours et d'autres univers de références conceptuels.

« *Je travaille sur la logique de l'argumentation ; je suis un logicien malpropre* » (sous-entendu : je m'intéresse à une logique naturelle qui n'est pas la logique formelle considérée comme « pure » ; pardonnez-moi de ne point participer aux

« essences » mathématiques de la logique ; acceptez, si vous le pouvez, mon domaine de recherche...)

Toute construction symbolique de nos rapports cognitifs au monde ne peut en définitive s'exprimer que discursivement. *L'argumentation est la forme commune que prennent les jeux de ces rapports représentationnels au monde.*

Les opérations de discours

Les opérations de discours constitutives en conséquence de toute argumentation vont résulter de cette intrication entre opérations cognitives et opérations langagières. Ce seront :

• Des *opérations de sélection* : tout discours va choisir et sélectionner les objets dont il traitera : acteurs, situations, processus, événements, notions. C'est sa visée et cela au travers de thématisations fondées effectivement sur des identifications et des déterminations successives. Par ces opérations de sélection, d'abord de type lexical puis associant des qualifications à des termes, on va stabiliser des références et exclure d'autres représentations :

« *Le vote du 8 mai ? Le rejet de la xénophobie, de la France "à deux vitesses", mais aussi de l'agitation politique qui a conduit la France à deux doigts de la rupture des relations diplomatiques avec le Canada pour une affaire de morues, qui a produit vingt-cinq morts électoraux en Nouvelle-Calédonie* » (M. Rocard, *Le Monde*, 31 mai 1988).

Il s'agit ici de montrer que la victoire socialiste aux élections de mai 1988 marque le changement et la rupture vis-à-vis d'un régime politique antérieur qui a cumulé les injustices et les échecs. L'orateur sélectionne donc un certain nombre de notions supposées chaleureuses et humaines, différenciées en contrepoint — le rejet de la xénophobie, de la France à deux vitesses, c'est-à-dire à deux régimes sociaux : les nantis et les exclus — et leur associe, à titre d'images, un certain nombre de faits avancés comme exemplaires d'erreurs politiques : le conflit avec le Canada, les troubles mortels en Nouvelle-Calédonie. Tout cela, c'était les autres...

• Des *opérations de caractérisation* : ce seront tous les types de qualifications, au sens de propriétés ou de caractéristiques affectées à ces objets de discours : attributs, essences, natures, circonstances, qualificatifs :

« *La plus belle jeune fille de Moscou est gracieuse, pleine de charme, ravissante, se distingue par son bon goût et par le sens de l'humeur* » (Commentaire de l'Agence Tass sur l'élection le 12 juin 1988 d'une reine de beauté dans la capitale soviétique).

L'innovation que constitue l'élection d'une Miss soviétique pourrait être perçue comme peu conforme à la tradition pudique socialiste. Le commentateur légitime donc cette élection par des qualificatifs qui évitent prudemment les mensurations physiques et énumèrent les caractéristiques générales et surtout spirituelles de la Miss en question. Après tout, son élection, elle peut aussi la devoir à son sens de l'humour !

• Des *opérations de détermination* qui vont ancrer les objets ainsi sélectionnés et qualifiés dans des modalités d'existence d'une part, sous forme de repères spatio-temporels authentifiant ces existences, et d'autre part, en les identifiant vis-à-vis d'autres représentations ou situations ; cela par tout un jeu d'*intégrations* et d'*exclusions*.

« *L'enquête préliminaire a abouti à un certain nombre de résultats et je n'ai été saisi, à ce moment, d'aucune demande. Mais je tiens à dire que je n'ai pas d'éléments qui me permettraient de faire obstacle à l'ouverture d'une information judiciaire. Je pense que la justice doit accomplir son travail, mais l'armée doit être respectée* » (J.-P. Chevènement, *Le Monde*, 1er juin 1988).

Il s'agit ici, à la fois, de déterminer que le ministre des Armées ne fait pas obstacle à la justice pour juger certains comportements militaires, mais qu'en même temps il faut respecter l'armée...

Les configurations discursives combinant ces opérations de sélection, caractérisation et détermination d'objets et de situations du discours sont toujours nécessairement orientées vers la constitution de jugements répondant à chaque fois à des visées argumentatives.

• Des *opérations de jugement* : elles vont intervenir aussi bien à l'origine qu'au terme de parcours locaux ou généraux du discours, au titre soit de conséquences de ce qui a été avancé, soit d'origines de ce qui va suivre. Ces jugements visent à la généralité sous forme de postulats ou de règles ou de lois données pour comprendre un fait, une situation, une notion. Ces jugements opèrent donc sur des représentations en avançant des repères — faits, objets ou événements — pour interpréter, à chaque fois, un certain état des choses, et, pour ce faire, établissent des *frontières* entre ce que le discours dit être et ce qu'il dit ne pas être ou ne pas devoir considérer. Cognitivement, tout processus de jugement dans une argumentation s'opère au travers de stratégies d'inclusion et d'exclusion ou d'effacement en vue de la constitution de domaines de sens. Toute argumentation revient ainsi à un jeu d'images visant à établir pouvoir du discours en vue de stabiliser des représentations sinon des stéréotypes.

En résumé :

— les processus cognitifs visant à nos catégorisations quotidiennes ou générales sont toujours tributaires des *combinatoires d'abstractisation* que nous sommes amenés à composer à partir de l'observation, mais aussi d'autres discours ;

— de ce point de vue, le langage et *a fortiori* le discours en tant qu'argumentation — c'est-à-dire « mode de présentation expressive » et constamment renouvelée des référenciations — est bien *lieu fondateur et nécessaire* de ce travail cognitif ;

— nos activités cognitives sont, en conclusion, *constamment intriquées* à nos activités de langage, et plus précisément d'argumentation.

Tout se passe en permanence *comme si le langage était porteur à la fois d'une mémoire des adaptations organisée phylogénétiquement et, à chaque fois, réorganisée ontogénétiquement, nous permettant à l'âge adulte ces jeux combinatoires créateurs d'autant de systèmes de coordinations-adaptations que le rendent nécessaire les circonstances physiques et sociales.* Ces systèmes vont donc se donner comme transitions évolutives sous forme d'états témoins d'une dynamique plus générale qui insère en permanence le langage dans l'existant et l'empirique, et qui requièrent sans doute le développement futur de « grammaires cognitives » pour l'action.

EN GUISE DE CONCLUSION

Les multiples travaux qui viennent d'être évoqués vivent tous, à des degrés divers, une confrontation aux grands débats théoriques sur le « sens », les « natures » et les « architectures » de la cognition. Ces débats aujourd'hui se résument à l'opposition entre cognitivisme classique et connexionnisme, le premier ayant fait école de longue date, le second devant encore s'affirmer. Aucun paradigme unificateur n'est venu surmonter encore cette opposition. Il n'appartiendra au lecteur ni de choisir ni de trancher, mais de juger peut-être...

Le cognitivisme classique

La position cognitiviste est celle qui consiste à défendre l'hypothèse d'une cognition considérée comme *calcul* sur des représentations mentales : tout organisme serait ainsi censé s'adapter à et agir sur son environnement par le moyen de *représentations internes* qu'il se construirait de cet environnement et de ses propres actions en regard de celui-ci ; réciproquement, l'expérience ferait qu'en retour des actions, voire des croyances, ces représentations se verraient constamment modifiées de façon adaptative.

Les questions sont alors immédiates : *1)* Par quel moyen et d'où proviennent ces « représentations mentales » ? *2)* Comment y a-t-il relation entre ces représentations et ce sur quoi elles vont porter ? *3)* Y a-t-il « calcul » dans l'échange et les compositions des représentations entre elles ? *4)* L'idée qu'on peut se faire de ces représentations est-elle tributaire d'hypothèses quant à la nature des choses et de l'humain ou simplement de ce paradigme historique « computationnel » que l'informatique a propagé ? *5)* Existerait-il enfin un dispositif physique suffisant à procurer simultanément un « reflet » et une « simulation » du système cognitif humain (Andler, 1989) ?

Tout semble s'expliquer lorsqu'on examine les réponses des cognitivistes. Pour eux, les représentations mentales sont analogues à des « formules » ou à des « expressions bien formées » au sens des langages que construit la logique mathématique. Ces représentations-formules auraient donc une morphologie et une syntaxe dont on pourrait étudier et définir les règles ; et une sémantique qui consisterait dans leurs relations aux situations évoquées ou représentées Cela consiste donc à établir un parallélisme strict entre syntaxe et sémantique dans la mesure où l'on croit effectivement que tout phénomène sémantique peut s'expliquer de manière « compositionnelle », c'est-à-dire à partir de formes en surface et de règles syntaxiques d'arrangement entre formes. C'est en ce sens que les cognitivistes répondent aux questions (1) et (2) précédentes. C'est dans le même état d'esprit, conformément à la logique des travaux d'A. Turing et d'A. Church, qu'ils répondent encore à la question (3) : pour eux, tout calcul s'entend comme une suite déterminée d'opérations sur des symboles — c'est la procédure algorithmique —, suite totalement indépendante de la « machine » ou même du système cognitif, en l'occurrence l'esprit humain. Les « fonctions calculables » constitueraient une sorte d'idéalisation totale, sinon suprême, prenant corps d'« espèce naturelle », insensible à toutes les variations de définitions ou de situations. Les représentations mentales seraient ainsi soumises aux opérations qu'exécute une machine de Turing, modèle abstrait de l'ordinateur numérique.

En conséquence, et en réponse à la question (4), tout le problème, qui traverse l'histoire de la philosophie, des relations entre *corps* — système physique — et *esprit* — lieu producteur des représentations mentales — se voit ici réduit à une considération strictement matérialiste : celle de l'« identité occasionnelle » *(token identity)*, à savoir qu'à tout état mental correspondrait un état physique. Cela, bien sûr, met en cause les catégories d'états mentaux que la psychologie avait jusqu'ici pu produire, mais le cognitivisme « récupère » ces états mentaux en leur donnant forme de situations fonctionnelles assurant leur genèse et leurs déroulements — d'où l'appellation de *fonctionnalisme* donnée à cette position philosophique. Cette position, illustrée notamment par J. Fodor, A. Newell et H. Simon, est aujourd'hui fortement discutée, sinon remise en cause notamment par H. Putnam (1988).

L'exemple en est donné à propos des réponses fournies à la question (5), à savoir celle d'un dispositif physique à même de refléter les fonctionnements de l'esprit. Ces réponses sont bien sûr tributaires de l'image de l'ordinateur. L'ordinateur est en effet une image séduisante et « rassurante » dans la mesure où il est à la fois un dispositif physique soumis donc à des lois mécaniques, et un système de traitement de l'information dont on peut considérer les différents états comme correspondant à des séquences de calcul sans correspondance directe avec des états de constitution physique de la machine. Il ne peut donc être envisagé du simple point de vue des lois physiques — bien que, d'un niveau à l'autre des opérations qu'il exécute, interviennent des contraintes mécaniques et fonctionnelles ; il est encore une « machine à succession d'états » au sens du modèle de Turing, et pas seulement — à en juger les architectures et fonctionnements des nouveaux ordinateurs.

En résumé, l'ordinateur, dans les discours des sciences cognitives, n'est ni modèle ni métaphore véritablement, encore qu'il fut l'image frappante de bien des réflexions originaires. On sait aujourd'hui qu'il n'est qu'un relatif substitut des fonctionnements de l'esprit humain ; en même temps, il constitue cependant un champ d'expériences non négligeable pour approcher des processus de fonctionnement de cet esprit et, par là, sans doute préfigure-t-il des relations futures et fécondes, aux plans économique et ergonomique, entre nos propres activités et celles de dispositifs socialement pertinents.

La question n'est donc pas celle de savoir si l'ordinateur « traduit » les fonctionnements de l'esprit — lorsqu'on nous dit que la machine « simule » les activités humaines, il ne s'agit en vérité que d'adaptation de l'homme à la machine (!), et non de la réciproque —, mais bien de voir en quoi et comment ces dispositifs expérimentaux que nous construisons — les machines — sont à même de nous inspirer dans l'analyse de nos activités sinon intelligentes, à tout le moins organisationnelles.

Le connexionnisme

Cette prudence nécessaire quant aux « messianismes de la révolution informatique » explique qu'en revanche le connexionnisme ne se soit jamais présenté comme philosophie de l'esprit. Il s'agit plutôt d'un ensemble de recherches et de méthodes concourant à modéliser autrement un certain nombre de processus cognitifs. La démarche est ici aussi pragmatique que le furent les débuts de l'intelligence artificielle, laquelle partit d'un outil — l'ordinateur — et de quelques réflexions pour élaborer ses premières entreprises — en l'occurrence la résolution de problèmes spécifiques ou les premiers programmes de jeux d'échecs — avant de tester quelque relation entre ces entreprises et des questions plus générales (Andler, 1989).

Le connexionnisme, en vérité, est davantage un mouvement d'idées qu'une « école » proprement dite. Néanmoins, il procède lui aussi d'un modèle initial de la machine. Mais ce n'est pas ici celle de von Neumann : il s'agit du *réseau (abstrait) de neurones formels ou réseau neuromimétique (neural net)* empruntant son inspiration aux neurosciences ; le renversement épistémologique est donc clair en regard des modèles classiques, mécaniques et séquentiels de la cognition. Un réseau connexionniste se constitue comme ensemble d'automates interconnectés selon une typologie très simple : par l'intermédiaire des connexions — à l'instar des neurones du système nerveux —, un automate *(i)* va pouvoir transmettre à un autre automate *(j)* une stimulation soit positive soit négative, c'est-à-dire respectivement soit excitatrice soit inhibitrice ; stimulation qui sera déterminée par l'état d'activité *Ui* de *(i)* et modulée encore par le poids synaptique *Wji* dépendant du canal. Ces automates ou *unités* sont dans un réseau tous identiques ; ce sont des automates à seuil, c'est-à-dire ayant la capacité de comparer la somme pondérée des stimulations *S iUjWji* afférentes à un seuil *Sj* et à s'activer si ce seuil est dépassé ou à se désactiver si ce seuil n'est pas atteint. A chaque étape d'évolution, on peut donc caractériser le système au moyen d'un *vecteur* d'activation *U = (U1,... Un)* ; chaque passage d'une étape à la suivante est conséquence de la mise à jour des valeurs d'activité du système soit par toutes les unités ensemble soit par une seule. Tout processus dans le réseau débute alors par l'imposition d'un vecteur d'activation *Uo* — qui sera la donnée initiale ou *input* —, lequel va se propager par itération d'une règle de transition et s'achever lorsque le réseau aura atteint un certain état d'équilibre représenté par un vecteur résultant *Un (output)*.

Durant tout ce calcul, l'identité du réseau est maintenue grâce au vecteur W des poids synaptiques et c'est ce vecteur qui va constituer la « compétence » du réseau. On dit encore que les « connaissances » du réseau sont stockées dans ses connexions, mais on ne sait toujours pas — les recherches portent là-dessus — comment un réseau de neurones formels peut acquérir spontanément des connaissances bien que la grande puissance des réseaux connexionnistes vienne justement de leur capacité d'« apprentissage naturel » à partir des informations qu'ils peuvent recevoir de l'environnement — capacité qui n'est en aucun cas celle des modèles cognitivistes classiques qu'il est toujours nécessaire de programmer.

Cette capacité n'est pas la seule puissance des réseaux connexionnistes. Leurs comportements offrent également des propriétés remarquables : un réseau de neurones formels est capable de généraliser ou de restaurer des données tronquées, de construire un type caractéristique d'un échantillon. Et même s'il est perturbé ou partiellement détruit, il peut se révéler capable de *réapprendre* et de fournir des résultats acceptables sans que, là non plus, à la différence des modèles cognitivistes, cela doive passer par l'administration d'instructions *ad hoc* (Andler, 1989).

Ces propriétés remarquables s'expliquent par la nature même de leurs fonctionnements, dont le caractère « massivement » parallèle des opérations qu'ils exécutent : à chaque étape, il s'agit d'autant d'opérations indépendantes qu'il y a d'unités, opérations exécutées effectivement « en parallèle ». C'est pourquoi l'analyse des étapes d'évolution d'un réseau emprunte à la théorie des systèmes dynamiques et non à la programmation classique : chaque unité est autonome et va propager localement son influence sous forme inférentielle rigoureuse, et cette influence peut encore être stoppée ou modulée ou renforcée par d'autres ; autrement dit : *tout état stable du système n'est qu'un équilibre et non une fin*.

En ce qui concerne le type de *représentation* ainsi produit, il est lui aussi profondément original en regard des systèmes classiques d'intelligence artificielle. Ceux-ci stockent en mémoire des descriptions d'objets et des règles, et le programme va consulter ce stock en vue d'organiser et de faire agir les règles nécessaires pour transformer les données présentées. Un réseau connexionniste, en revanche, ajuste ses poids synaptiques et va de la sorte capter lui-même les régularités de l'environnement, qu'il ne vise donc pas à « décrire », mais à « refléter » plus ou moins fidèlement (Andler, 1989). Il ne s'agit donc pas de « connaissance » qu'aurait au départ le système, mais d'une véritable capacité d'adaptation intrinsèque à l'environnement en vue d'y repérer les organisations saillantes et de s'y ajuster. On peut prendre ainsi l'exemple de réseaux utilisant des représentations dites distribuées : chaque concept va correspondre à l'activation d'un grand nombre d'unités et, réciproquement, chaque unité va concourir à la représentation de plusieurs concepts. *De facto*, ce qu'une unité représente aura statut de « micro-trait », c'est-à-dire d'une sorte de *constituant proto-sémantique* pouvant entrer en composition dans différents types d'agencements et d'organisations, à partir de règles non plus formelles, mais « contextualisées », c'est-à-dire ajustées à l'environnement et aux problèmes à résoudre. Seul l'assemblage de ces micro-traits a valeur sémantique à chaque fois.

Les questions du sens et de la représentation

Pour revenir maintenant aux questions précédentes, on s'aperçoit qu'ici rien n'a été encore dit en réponse à la question (4), à savoir si la nature des représentations construites par les réseaux connexionnistes est vraiment *reflet* d'une nature des choses ou si elle est tout simplement tributaire du paradigme choisi pour le traitement des informations. Les discours avancés à ce propos par nombre de connexionnistes n'éclairent guère la situation. Un certain nombre d'interrogations demeurent ainsi : lorsqu'un réseau connexionniste se dit fonctionnaliste, s'agit-il du même « fonctionnalisme » que dans le cas d'un réseau cognitiviste classique ? A quels niveaux situer ces différents types de fonctionnalismes ? Comment expliquer encore l'incapacité des réseaux connexionnistes à modéliser « directement » des représentations structurées telles que le langage ou les raisonnements ? Enfin, les automates d'un réseau neuromimétique sont-ils des « neurones » idéalisés ou de simples composants élémentaires ? En réponse à cette dernière interrogation, deux acceptions sont possibles : ou les réseaux en question ne sont que des modèles insuffisants voire déficients du système nerveux, ou ils ne sont, en tant qu'unités élémentaires, que des éléments d'une forme différenciée des modèles classiques d'implémentation en machine.

D'où la question ultime : « Où se situe le réseau ? » Pour certains, le réseau se situerait à un niveau intermédiaire, inférieur à ceux de la neurobiologie et de l'implémentation classique et, bien sûr, à ceux de la psychologie et de la linguistique, comme une sorte de niveau fonctionnel fondamental. D'où la difficulté de trancher : « Il reste au cognitiviste à nous convaincre que tout, dans la cognition, est inférence formelle sur des représentations quasi linguistiques. Au connexionniste, que c'est exactement le contraire, et que tout est association, classification, compilation statistique de données quasi sensorielles. D'un côté, le paradigme de l'inférence formelle ; de l'autre, celui de la perception » (Andler, 1989).

Le cognitivisme classique, en effet, est en filiation directe de la conception de Hobbes telle que celui-ci la formule en 1751 : « Raisonner, c'est calculer. » Cette notion du calcul comme modèle de nos activités rationnelles et même ordinaires — y compris le langage ! — trouvera son aboutissement dans les années trente de notre siècle avec les travaux de logiciens, tel A. Turing. Depuis lors, raisonner, calculer, c'est organiser et appliquer une suite d'opérations élémentaires toutes inscrites dans un répertoire bien déterminé de règles, à l'image de ce que fait l'ordinateur lorsqu'il « fonctionne ». Progressivement donc, cette image de l'ordinateur — tout au moins des procédures pas à pas qu'il emprunte pour calculer et des règles qu'il applique pour contraindre les données naturelles plus souvent que les respecter — est devenue paradigmatique de l'idée de système cognitif.

La conséquence paradoxale est que ce modèle du système formel s'est vu généralisé à quantité de situations du quotidien et, même, a reçu légitimité pour « imager » la façon dont nos cognitions fonctionneraient naturellement, sous forme de calcul opérant sur des *représentations symboliques*. Un système formel se constitue, on le sait, d'un assemblage d'axiomes et de règles qui, appliqués à des symboles, vont permettre l'engendrement de théorèmes, de formules, d'énoncés ou de phrases. Axiomes et règles vont garantir que le sens de chaque formule engendrée par le système sera conforme à la bonne combinaison des symboles retenus comme « données primitives ». Les règles d'inférence, qui permettent de procéder d'une formule à une autre, ne peuvent ainsi que produire, à partir d'énoncés « vrais », d'autres énoncés « vrais » — la vérité n'étant rien d'autre ici que l'indice d'un « enfermement » à l'intérieur des conditions initiales choisies pour définir un système ; et peu importe, à la limite, les types de faits ou de situations qu'on choisit de symboliser.

Mais « comment le sens vient-il aux "symboles" » (Andler, 1987) ? L'hypothèse cognitiviste la plus simple consiste à supposer que c'est par le contact avec l'environnement que, d'une certaine façon, le système cognitif humain acquerra sens et donnera sens à ses symboles internes. Alors effectivement, faute de pouvoir aisément et mécaniquement définir comment ce sens peut être capturé par nos « symboles internes », autant préfère-t-on recourir à l'imagerie commode des systèmes cognitifs artificiels, tel l'ordinateur. C'est pourquoi le cognitivisme classique demeure prisonnier de ce modèle de l'existence de représentations internes que nous nous serions constituées par expérience ou par héritage génétique, et qui se présenteraient sous la forme commode — au traitement ! — d'énoncés construits en langage formel et, par là, interprétables sous forme de transformations calculables puisque combinatoires ; lesquelles combinaisons suffiraient en retour à définir les « sens » des composants du système. Bel exemple de raisonnement circulaire, comme le démontrent les assertions suivantes, centrales dans le cognitivisme classique !

D'un point de vue fonctionnaliste, en effet, les systèmes cognitifs ne sont plus considérés autrement que comme des « systèmes de traitement de l'information » (!), fonctionnellement adaptés à leurs différentes tâches grâce à leurs propriétés structurales, lesquelles s'expriment dans un langage formel où des règles s'appliquent aux données ! De là, encore ont-ils légitimité à nous procurer des représentations adéquates du monde ! De là, enfin, l'ordinateur, considéré comme une machine de Turing universelle, peut ou deviendra capable d'effectuer toutes les opérations requises sur les données et les règles que nous saurons organiser en représentations. Le glissement de l'ordinateur à l'esprit et *vice versa* devient condition nécessaire sinon suffisante pour représenter nos différentes capacités et fonctionnalités mentales ! Le problème est qu'en vérité si dans le premier sens — ordinateur vers esprit — l'image opère de manière satisfaisante, il en va tout autrement lorsqu'on considère les choses du point de vue de l'application du modèle informatique aux phénomènes de l'esprit. Comment rendre compte des états mentaux et de leurs différents paramètres psychologiques et neurophysiologiques et au prix de quelle réduction ? Deux interrogations surgissent alors : *1)* Que faire des intuitions psychologiques communes, d'après lesquelles certains de nos états mentaux ne sont que des attitudes propositionnelles du type « croire » ou « craindre » ou « nier » que Z (Z étant une proposition) ? *2)* Quels rapports existe-t-il entre les états mentaux et les états cérébraux ?

A la première question, J. Fodor répond qu'on peut caractériser un état mental par ces genres de relations (croire, craindre, nier, etc.) et que l'esprit établit en correspondance avec, à chaque fois, une certaine proposition exprimée dans un langage formel interne qui serait le « langage de la pensée », baptisé « mentalais » (Fodor, 1975).

A la seconde question, les cognitivistes rétorquent en prétendant qu'il existerait non seulement pour chaque état mental déterminé un certain état neurophysiologique qui lui correspondrait, mais encore que chaque état mental s'inscrirait dans une catégorie précise, qui serait le *type* de cet état mental en fonction du *rôle* qu'il jouerait, c'est-à-dire des *liens de cause à effet* qu'il aurait vis-à-vis d'autres états mentaux. De ce point de vue, rien n'obligerait à associer « directement » un état mental à un état neurophysiologique, sinon occasionnellement. Cette thèse de l'identité occasionnelle *(token identity)* permet aux cognitivistes classiques de concilier astucieusement l'exigence physicaliste — il faut bien que le « mental » ait quelque assise physique — et les besoins disciplinaires d'une autonomie de l'explication psychologique en regard de la neurophysiologie (Andler, 1987).

Cette autonomie postulée de l'« accidentel », au sens de l'aléatoire de nos diverses conduites humaines, et cet accidentel conçu comme « détachable » de ses fondements neuronaux permettent alors de justifier autant la pertinence des modèles psychologiques en tant que tels, que celle des constructions proposées par l'intelligence artificielle (IA).

Cette ambiguïté a pour traduction la coexistence d'une IA en tant que technologie appliquée — fructueuse dans la production de systèmes capables d'effectuer efficacement des tâches humaines bien spécifiées et délimitées — et d'une IA se voulant science, consacrée à spécifier les principes généraux de nos conduites d'intelligence afin notamment d'être à même de produire dans le futur des machines pleinement « intelligentes ». D'où les confusions que bien des modèles produits ont pu jusqu'ici allégrement entretenir entre ce qui relevait du psychologique ou de la technique proprement dite, profitant des balbutiements de la science cognitive quant à la définition de ses objectifs et de ses méthodes. Certains, comme R. Schank, sont allés jusqu'à affirmer que l'objet de l'IA était l'étude de l'« intelligence naturelle ». Quelle place pouvait-il alors rester aux philosophes, anthropologues, psychologues ou linguistes, *a fortiori* aux spécialistes des neurosciences ? Ces ambitions outrancières de l'IA dans ses débuts ont fait qu'aujourd'hui les prétentions scientifiques de la discipline se voient suspectées ; la tendance croissante étant de la reléguer au rang de simple technologie appliquée à la réalisation de systèmes experts ou de modules de traitement de données.

Le déclin du cognitivisme classique

Sans doute encore, cet échec relatif des ambitions scientifiques de l'IA est-il encore tributaire de la distance croissante qu'adoptent les cognitivistes actuels vis-à-vis du paradigme « computo-représentationnel » : toute explication de phénomènes naturels ne peut prendre la simple forme appauvrie d'un programme d'ordinateur ! Cela concourt à un certain isolement de l'IA en tant que champ de plus en plus voué à la mise au point de technologies particulières et strictement finalisées. Mais cette coupure s'accentue encore aujourd'hui dans le rapport entre IA et psychologie. Il y a bien des « étages » dans la description des phénomènes cognitifs, depuis les niveaux supérieurs — où la machine serait censée traduire les « traitements d'information » qu'opérerait notre cerveau — jusqu'aux niveaux inférieurs où il est toujours hors de question pour une quelconque machine de reproduire ces milliards d'opérations élémentaires et non séquentielles qu'organisent et assurent les connexions de nos neurones. L'isomorphie entre les deux ne peut être qu'abusivement postulée ! Alors, et c'est bien parce que l'IA classique l'a compris, qu'elle ne peut qu'au mieux reproduire des « fragments d'intelligence ».

L'intelligence artificielle n'a ainsi dans l'immédiat qu'un seul mode d'existence, qui est celui de l'action (Andler, 1987). Cela tout simplement parce que, dans l'écrasante majorité des cas, le problème posé est, dans sa formulation initiale, toujours défini par l'utilisateur, le demandeur, et non par le chercheur. Et qu'il faut à chaque fois présenter la question sous forme extrêmement élaborée, c'est-à-dire spécifiant déjà les « primitives » du problème à résoudre, les étapes à suivre et les configurations pertinentes en machine ; laquelle devra en déduire étape par étape le processus à même d'apporter solution. La situation est alors toujours de nature inférentielle : toute décision consiste à inférer une proposition à partir d'autres propositions inférées précédemment, mais cette inférence est aussi toujours un choix parmi d'autres inférences possibles.

Ce processus de travail classique peut se résumer, comme le fait D. Andler, au schéma suivant : *inférence + contrôle + connaissances* — où le contrôle est l'instance de décision, et les connaissances sont le stock de propositions. Un tel schéma pose de multiples problèmes. Tout d'abord, s'agissant de processus inférentiels, il faut bien voir que nous sommes là en situation de type probabiliste et non déductif : « De B et de A-implique-B, on inférera A, ce qui ne garantit pas la transmission de la vérité » (Andler, 1987) ; il y a donc toujours ambiguïté dans le traitement des procédures « naturelles » de cause à conséquence. Ensuite, si le contrôle joue un rôle protecteur vis-à-vis de « l'explosion combinatoire » — à savoir qu'il importe dès le départ de mettre en place des règles heuristiques afin de limiter le nombre de chemins possibles pour explorer une situation et parvenir à *une solution* —, rien ne dit jamais qu'il s'agisse là et à coup sûr de *la bonne solution*. La multiplicité des types et natures de règles inscrites dans des programmes n'arrange guère, de ce point de vue, la clarté des choses.

Enfin, l'IA n'a découvert qu'assez récemment que la plupart des tâches qu'elle a à traiter exigent un nombre souvent considérable d'informations spécifiques et que cela requiert des exigences souvent insurmontables d'organisation de ces informations, surtout quand il s'agit de connaissances relevant du sens commun. La solution est alors celle qu'adoptent la plupart des systèmes experts existants, comme on l'a vu : on engrange les connaissances d'un spécialiste, l'expert, dans un domaine délimité et sans grande théorisation des requis sémantiques et cognitifs du domaine en vue de construire des faits et des règles qui permettront au mieux de faire fonctionner un certain nombre d'opérations d'évaluation, de traitement et de mise en solution des problèmes du domaine en question ; et cela dans une perspective bien finalisée, qui est celle d'obtenir le plus souvent des réponses univoques à des questions précises et soigneusement hiérarchisées entre elles. Tout cela fait qu'en vérité « le problème du sens commun a bel et bien empêché l'IA de pénétrer librement dans le monde humain » (Andler, 1987).

De là vient la fragilité inhérente aux meilleurs systèmes experts, toujours susceptibles de produire des réponses aberrantes lorsqu'une question s'écarte des strictes données initialement posées pour définir le domaine et les relations entre ses constituants : « Même au niveau purement descriptif, on peut douter que le processus d'"accouchement" auquel on soumet l'expert permette de se faire une image fidèle de sa démarche : l'expert ne fait que la reconstruire, la justifier *post facto*, la "rationaliser" ; il reste devant son propre comportement au moins partiellement extérieur » (Andler, 1987). Quel peut être, en effet, le statut des « règles » à chaque fois proposées dans ces systèmes qui nous sont offerts pour rationaliser nos quotidiens, et qui n'ont d'autre effet que celui de la « croyance » en ce que les choses se passent bien ainsi, que la langue fonctionne plus ou moins mécaniquement de telle ou telle façon et qu'à la limite nous pensons bien ainsi ! Sans doute sommes-nous ici en présence de cette erreur commune qui tend à nous faire rechercher les processus d'intelligence à des niveaux bien trop extrêmes de complexité au lieu de cerner ces mêmes processus à des niveaux de comportements bien simples, ainsi que le préconisent aussi bien R. Schank que D. Hoffstadter ou T. Winograd.

Les difficultés de l'intelligence artificielle et de ses produits viennent de cela : *1)* les règles heuristiques choisies pour éviter l'explosion combinatoire ne sont jamais autres que locales et « profilées » en vue d'applicabilités circonscrites, qui empêchent toute extension généralisante, sinon sous forme de pétitions de principe ; *2)* le plus souvent, ainsi, les concepteurs s'efforcent de masquer les choix qui les ont guidés initialement ; *3)* lorsqu'ils le font, cela prend forme de « métarègles » (c'est-à-dire motivant les règles adoptées), mais dans la mesure où ces métarègles sont toujours des formes de sélection opérées sur des contextes ou des facteurs de situations, rien n'est jamais dit des conditions et surtout des raisons selon lesquelles se sont effectués ces choix de facteurs dont on va tirer ce qu'on nommera ensuite souvent abusivement « règles ».

Cette question du contexte est liée à celle de la pertinence (Andler, 1987). Travaillant sur des situations naturelles nécessairement « ouvertes » et en vue de les organiser, donc de les réduire, l'IA doit bien faire l'hypothèse — sous peine de se mettre en cause elle-même — que nos connaissances sont toujours descriptibles ou traductibles en termes de structures stables qui fonderaient et agenceraient les modes et processus de ces connaissances, et pourquoi pas les « encadreraient ». D'où la floraison de ces modèles, tous fondés sur un même principe de cadrage des informations ou des circonstances — *frames, scripts, memory organisation packets* —, sortes de scénarios locaux qui se donnent comme explicatifs, voire prédictifs ou « exemplaires » de contextes, alors qu'ils ne sont qu'à peine descriptifs et fortement partiels. Dans la plupart des cas, rien n'est dit, et pour cause, des liens que ces scénarios peuvent avoir entre eux, de la pertinence du choix de certaines connaissances plutôt que d'autres, de ce qui pourrait advenir enfin si on se mettait à développer de tels « patrons » de données pour représenter d'encore plus grands « paquets » de connaissances. Sans parler d'un autre problème contextuel — *frame pro-*

blem —, qui est celui de savoir déterminer, lorsqu'un robot explore un environnement, vers quels traits de la situation limiter ou orienter son exploration et quels effets cette exploration va elle-même produire sur cet environnement.

Toutes ces interrogations en vérité portent davantage sur des *limites* que sur des contraintes qu'il suffirait de surmonter : les moyens de l'IA sont-ils à la hauteur des ambitions affichées par certains ? Les méthodes employées sont-elles bien — comme on le prétend — proches sinon identiques à celles qu'utilise notre esprit pour « connaître » ou résoudre des problèmes ? *Par ces questions, bien à l'évidence, c'est le cognitivisme classique qui se retrouve suspecté et de plus en plus remis en cause.* Dans ces critiques croissantes à l'égard du cognitivisme, deux types d'attitudes se manifestent : les uns font reproche au cognitivisme de son incomplétude, de ses manques ; les autres insistent sur son caractère contradictoire en regard de telle ou telle forme naturelle de la cognition. Mais tous insistent sur le problème du « sens ». « Car, comme le reconnaît Fodor, une chose est de réduire l'intelligence à l'exécution de tâches simples, et le sens de symboles complexes à celui de symboles élémentaires ; autre chose de rendre compte dans un idiome matérialiste du lien entre symboles et monde » (Andler, 1987). C'est pourquoi ce même Fodor tente de développer, avec un succès tout relatif, une *théorie causale de la signification* — le sens viendrait en résultat de l'interaction entre l'environnement et le système cognitif (Fodor, 1985) —, tandis que J. Searle propose l'abandon immédiat des conceptions cognitivistes (Searle, 1980). Mais la critique la plus pertinente vient de H. Putnam : même si l'on adhère, souligne-t-il, au cognitivisme en tant que théorie computationnelle des représentations, cela ne constitue en aucun cas une théorie de l'interprétation de nos représentations mentales. Il faut distinguer en effet entre le « calcul » proprement dit sur les représentations et les attitudes (croyances, désirs, etc.) qu'elles traduisent sans parler des contenus qu'elles véhiculent ou qu'elles instaurent. Pour lui, ainsi, « les représentations mentales doivent être interprétées tout autant que n'importe quels autres signes » (Putnam, 1983, 1988).

Enfin de nombreuses objections à ce cognitivisme classique, et non des moindres, proviennent du constat de l'ignorance ici manifestée des rapports entre esprit et cerveau, et même des rapports entre esprit et corps. Dans toutes ces thèses computationnelles, il est fait fort peu de cas des apports de la neurophysiologie. Sans doute le cognitivisme rétorque-t-il qu'étant par nature « fonctionnaliste », il est compatible avec les travaux des neurosciences, et qu'après tout — au dire naïf de certains — l'esprit peut bien être « implémenté » dans le cerveau comme le programme ou le langage-machine dans la machine. Mais de plus en plus nombreux sont ceux, qui comme P. Churchland, postulent que seules une science cognitive et une philosophie de l'esprit au fait des modèles neurophysiologiques, se situant donc à un haut niveau descriptif, ont quelque chance de se développer dans l'avenir (Churchland, 1986). Ceux-là vont jusqu'à douter même de la survie de la psychologie au sens des méthodes et des champs qu'elle développe encore actuellement, y compris cette *folk psychologie* des attitudes (craintes, croyances ou désirs) que le cognitivisme croit devoir préserver. D. Dennett est plus nuancé : il n'y a pas lieu, selon lui, de privilégier tel ou tel niveau d'explication, mais plutôt la nécessité de travailler sur les contraintes et interactions réciproques qui vont jouer entre niveaux, et, de ce point de vue, la psychologie cognitive conserverait son rôle d'explication des formes et fonctions instrumentales (Dennett, 1978).

Quant à la question des rapports entre corps et esprit, elle est bien sûr esquivée par les cognitivistes classiques comme si la neuroanatomie et la neurophysiologie n'avaient jamais existé ! De ce fait, on s'aperçoit qu'une vision analytique des situations et des apprentissages en termes de règles et de combinatoires de règles est non seulement déformante, mais en vient à ignorer totalement la réalité des observations. Comme le fait alors remarquer H. Dreyfus, ces règles, qu'une interprétation volontariste peut après tout dégager dans les débuts de nos processus d'apprentissage, disparaissent bien vite lorsque des aptitudes et des compétences sont acquises et stabilisées au niveau du corps. Aussi bien en situation d'expertise que dans la vie quotidienne, nous allons « fonctionner » de manière globale, dans la reconnaissance immédiate de configurations, de situations ou de problèmes, et en réagissant très vite par la comparaison avec d'autres configurations ou schémas acquis précédemment. C'est seulement en cas de difficultés ou de pannes que nous ferons recours à des procédures analytiques pour décomposer un problème et tenter d'y repérer un blocage ou la méconnaissance d'un ordre des opérations à suivre (Dreyfus, 1984). Le danger cependant est qu'ici — sous couvert de la référence à Merleau-Ponty — soit fait retour d'une certaine façon au béhaviorisme des années soixante en insistant exclusivement sur nos comportements publics et visibles et non plus sur nos états internes, et que cette fameuse boîte noire qu'est notre système nerveux central soit une fois de plus ignorée (Andler, 1987).

Enfin, pour achever cette revue des lacunes du cognitivisme classique, on ne peut que faire remarquer à quel point ici l'ignorance du cerveau et du corps dans leurs rapports à l'esprit est aussi *une ignorance totale des facteurs affectifs, sociaux et culturels qui contribuent considérablement à instaurer la spécificité des systèmes vivants et humains*. On sait pourtant que ces facteurs pénètrent et éclairent toutes nos activités cognitives. On voit mal comment augurer de l'avenir durable de théorisations technicistes ignorant ces dimensions fondamentales de nos activités cognitives. D'autres critiques encore, telles celles de H. Maturana et F. Varela (1987), introduisent résolument un point de vue révolutionnaire au sens étymologique du terme, en rejetant les deux prémisses classiques du cognitivisme, à savoir, d'une part, qu'il existerait un monde extérieur en quelque sorte prédéfini que nos systèmes de connaissance auraient à explorer ou refléteraient, et, d'autre part, que ces systèmes cognitifs fonctionneraient comme machines à traiter l'information avec des entrées et des sorties. Pour eux, il s'agit plutôt de machines autonomes, auto-organisées ou, comme ils le disent, *autopoiétiques*, qui interagissent avec l'environnement non pas en termes d'informations, mais sous forme de flux d'énergie qui viennent à modifier nos états internes et nos régimes de stabilité locaux ou généraux. L'important alors à analyser, ce ne serait pas les événements extérieurs, mais plutôt la dynamique interne et globale du système cognitif, et comment cette dynamique se constitue progressivement sous forme de « couplage structurel » entre le système et l'environnement, notamment sous la forme du maintien de son intégrité biologique au-delà des variations. L'histoire de notre espèce est ainsi autant sociale que phyloet ontogénétique. De ce point de vue, *le langage et les interactions sociales sont effectivement eux aussi acteurs dès l'origine de nos constitutions cognitives.*

La position la plus résolument alternative au cognitivisme est aujourd'hui celle du connexionnisme, terme qui recouvre plusieurs types de courants et démarches, prenant tous cependant appui sur le modèle du réseau neuronal sous forme de réseaux d'unités simples et interconnectés dans lesquels se propagent des activations. L'idée est que lorsque l'environnement agit, le réseau évolue et que chaque unité reconsidère ou transforme ou met à jour son niveau d'activité en regard des influx qu'elle reçoit — excitateurs ou inhibiteurs —, qu'elle va recevoir de cet environnement ou des unités voisines avec lesquelles elle est connectée. Le système global prend alors une nouvelle valeur et ainsi de suite jusqu'à un état stable plus ou moins durable, lequel état sera la « réponse » du système à l'intervention du milieu. On l'a vu précédemment, il s'agit bien là en quelque sorte du retour à la première cybernétique lorsque McCulloch et Pitts, dès 1943, démontraient que les fonctions logiques peuvent être calculées par des réseaux d'unités simples, baptisées neurones formels, et qu'ils considéraient que ces réseaux représentaient d'emblée des « incarnations de l'esprit » *(embodiments of mind).* Plus tard, on introduisit un niveau supplémentaire, le niveau symbolique ; ce qui permettait le rapprochement avec les positions cognitivistes. Mais les connexionnistes aujourd'hui font en quelque sorte retour en arrière en refusant la notion du système formel : ce qui est manipulé, ce ne sont pas les symboles d'un tel système, mais directement les valeurs numériques. Dès lors, l'opposition est tranchée : « Dans un modèle cognitiviste, si loin que l'on pousse l'analyse, chaque élément est muni d'un sens conventionnel univoque. Dans un réseau au contraire, le sens n'apparaît qu'à partir d'un certain niveau — mal défini — d'agrégation d'activations. C'est ce qui rend possible l'émergence graduelle de nouveaux concepts, à mesure que le réseau progresse dans son apprentissage ; ce qui explique aussi qu'il puisse dans certains contextes modéliser de manière naturelle, sans recours à des logiques floues ou probabilistes, l'inexact, le plausible, le typique. [...] Les opérations cognitives qu'exécutent ou modélisent de manière naturelle et directe les réseaux, pour diverses qu'elles soient, peuvent toutes être considérées comme des formes d'*association* — association de configurations, mais aussi perception ou reconnaissance de formes, appariement, classification, complétion (ou intégration), induction » (Andler, 1987).

A la différence, donc, du cognitivisme où tout se jouait en termes caricaturaux d'inférence déductive, la question du sens est ici traitée de manière originale : à la fois par détermination « exogène » sous forme de convention ou d'association, et par détermination « endogène » en termes d'auto-organisation.

Les difficultés de représentation des structurations et fonctionnements de notre système cognitif ne sont pas pour autant résolues, et les travaux connexionnistes insuffisamment avancés pour trancher définitivement. Certains connexionnistes, conscients des difficultés à s'opposer au cognitivisme bien établi, préfèrent avancer que ce dont ils traitent serait le niveau microscopique ou « subsymbolique » tandis que le cognitivisme concernerait le niveau macroscopique ou « symbolique ». Selon eux, ainsi, les cognitivistes analyseraient les processus cognitifs d'ordre supérieur — conscience, raisonnement, etc. —, relativement lents et requérant l'intervention du contexte, tandis que les connexionnistes s'attacheraient à l'étude des phénomènes « inférieurs » — perception immédiate ou automatique, indépendante du contexte.

La conclusion qui s'impose à l'examen de tous ces débats et de ces perspectives tantôt globalisantes tantôt fragmentaires et bien celle de l'image des sciences cognitives comme « un nouvel espace d'enjeux » et de reconfigurations de nos représentations non seulement des formes, supports et fonctionnements des processus de connaissance, mais encore de la question historique des rapports corps-esprit-cerveau et activités naturelles ou abstraites.

Le grand débat n'est peut-être pas alors entre cognitivisme et connexionnisme — au vu des cousinages historiques entre ces deux courants —, mais bien à venir, compte tenu de la multiplicité des programmes de recherche en cours, lesquels préfigurent sans doute l'émergence future d'un ou plusieurs nouveaux paradigmes explicatifs de nos phénomènes de connaissance et donc d'attribution du sens aux choses. Et surtout de la manière dont notre système nerveux central, mais aussi notre corps, autant que la société avec ses grands « appareils symboliques » — dont le langage — sont partie prenante de cette fondation du sens de par leur intrication dans tous nos processus de savoir, de représentation et d'appréhension du monde.

C'est sans doute cette étape de « perte des certitudes » (Andler, 1987), notamment du côté du cognitivisme classique, que nous sommes en train de vivre et qui fait tout l'intérêt de ce champ multiforme de travaux regroupés sous l'étiquette de « sciences cognitives », préfigurant de nouvelles distributions de nos savoirs et de nouveaux outils pour penser le monde dans son rapport à nous-mêmes. Est-il conjoncture plus passionnante sinon heureuse ?

BIBLIOGRAPHIE

Introduction

ANDLER D., « Une nouvelle science de l'esprit », *Le Débat*, 1987, n° 47, 5-25.

ANDLER D., « Sciences cognitives », *Encyclopaedia Universalis*, 6, 65-74, 1989.

ATLAN H., *A tort et à raison. Intercritique de la science et du mythe*, Seuil, Paris, 1986.

BARWISE J., PERRY J., *Situations and Attitudes*, MIT Press, 1983.

BATESON G., *Mind and Nature*, 1979 (trad. fr. : *La Nature et la Pensée*, Seuil, Paris, 1984).

CHARNIAK E., MCDERMOTT D., *Introduction to Artificial Intelligence*, Addison-Wesley, Reading, Mass., 1985.

DENNETT D.C., *The Intentional Stance*, MIT Press, 1988.

DOUGLAS M., *Ainsi pensent les institutions*, éd. Usher, Paris, 1989 (édition originale : *How Institutions Think*, Syracuse University Press, New York, 1986).

DREYFUS H.L., *What Computers Can't Do*, Harper and Row, New York, 1972.

GARDNER H., *The Mind's New Science : A History of the Cognitive Revolution*, Basic Books, New York, 1985.

GOLDMAN A., *Epistemology and Cognition*, Harvard Univ. Press, 1986.

HAUGELAND J. (ed.), *Mind Design : Philosophy, Psychology,*

Artificial Intelligence, Bradford Books, Montgomery, Vt, 1981.

HODGES A., *Alan Turing : The Enigma*, Simon & Schuster, New York, 1983 (trad. fr. : *Alan Turing ou l'énigme de l'intelligence*, Payot, Paris, 1983).

HOFSTADTER D., DENNETT D. (eds.), *The Mind's I*, Basic Books, New York, 1981 (trad. fr. : *Vues de l'esprit*, InterEditions, Paris).

IMBERT M. et *al.*, *Cognitive Science in Europe : A Report to the FAST Commission*, Springer Verlag, 1988.

IMBERT M., « A propos du rapport sur les sciences cognitives », *Hermès, Cognition, Communication politique*, 1988, n° 3, 166-167.

JOHNSON-LAIRD P., *Mental Models*, Harvard Univ. Press, 1983.

LATOUR B., *La Science en action*, La Découverte, Paris, 1989.

LAURIERE J. L., *Intelligence artificielle*, Eyrolles, Paris, 1987.

MCCULLOCH W., *Embodiments of Mind*, MIT Press, 1979.

MCCORDUCK P., *Machines Who Think*, Freeman, San Francisco, 1979.

MILLER G. A., GALANTER E., MITCHELL T., *Plans and the Structure of Behavior*, Holt, Rhinehart & Winston, 1986.

MINSKY M., PAPERT S., *Perceptrons : An Essay in Computational Geometry*, MIT Press, 1969.

NEISSER U., *Cognitive Psychology*, Appleton Century Crofts, New York, 1967.

NEWELL A., SIMON H. A., *Human Problem Solving*, Prentice Hall, Englewood Cliffs, N.J., 1972.

PRIGOGINE I., STENGERS I., *La Nouvelle Alliance*, Gallimard, Paris, 1979.

PROUST J., « L'intelligence artificielle comme philosophie », *Le Débat*, 1987, n° 47, 88-102.

PUTNAM H., *Mind, Language and Reality*, Cambridge University Press, 1975.

ROSENBLATT F., *Principles of Neurodynamics : Perceptrons and the Theory of Brain Dynamics*, Spartan Books, New York, 1962.

RUMELHART D. E., MCCLELLAND J. L., *Parallel Distributed Processing : Explorations in the Microstructure of Cognition*, MIT Press, 1986.

SPERBER D., « Anthropology and Psychology : Towards an Epidemiology of Representations », *Man*, 1989, 20, 73-89.

SPERBER D., « Les sciences cognitives, les sciences sociales et le matérialisme », *Le Débat*, 1987, n° 47, 103-115.

SPERBER D., WILSON D., *La Pertinence. Communication et cognition*, Minuit, Paris, 1989.

STILLINGS N. A. et *al.*, *Cognitive Science : An Introduction*, MIT Press, 1987.

VON NEUMANN J., *The Computer and the Brain*, Yale Univ. Press, 1958.

WEIZENBAUM J., *Computer Power and the Human Reason : From Judgement to Calculation*, Freeman, San Francisco, 1976.

Chapitre 1 — L'intelligence artificielle

ALLAND S., SHEN C. N., « Obstacle Detection for the Mars Rover by a Two-Dimensional Rapid Estimation Scheme », *Pittsburgh Conference on Modelling and Simulation*, 1977.

AMBRON S., HOOPER C., *Interactive Multimedia*, Microsoft Press, Redmond, Va., 1988.

AMY B., DECAMP E., GUEZ S., *Réseaux d'automates, panorama des recherches*, rapport IMAG, Grenoble, 1987.

ARSAC J., *La Science informatique*, Dunod, Paris, 1970.

BACKUS J. W., « Can Programming be Liberated from the von Neumann Style ? A Functional Style and its Algebra of Programs », *Communications of the ACM*, 1978, 21, 613-641.

BESNIER J.-M., « Les sciences cognitives ont-elles raison de l'âme ? » *Esprit*, mai 1990, 117-132.

BONNET A., *L'Intelligence artificielle. Promesses et réalités*, InterEditions, Paris, 1984.

BORILLO M., « Représentation des connaissances », *ENSAM*, 1986, 27-29.

BOSS G., *Les Machines à penser. L'homme et l'ordinateur*, Editions du Grand Midi, Zurich, 1987.

BOUVERESSE J., « Les machines sont-elles intelligentes ? », *La Recherche*, 1985, n° 170, 1126-1127.

BRADY M., « Artificial Intelligence and Robotics », *Artificial Intelligence*, 1985, 26, 79.

BRETON P., *Une histoire de l'informatique*, La Découverte, Paris, 1987.

BRIOT M., SAINT-VINCENT A. R. (DE), « La vision des robots », *La Recherche, « L'intelligence artificielle »*, 1985, n° 170, 1264-1275.

BUNDY A., « Meta-level Inference Consciousness », *in* S. TORRANCE (éd.), *The Mind and the Machine*, Ellis Harwood, 1984.

BURKS A. (éd.), *Essays on Cellular Automata*, University of Illinois Press, 1970.

CALLIOPE, *Traitement automatique de la parole*, Masson, Paris, 1989.

CASTAN M. et *al.*, « Le processeur de réduction de MaRS, machine à réduction symbolique », *Bigre + Globule*, 56, C3, novembre 1987, 18.

CASTI J.L., KARLQVIST A. (éds.), *Real Brains, Artificial Minds*, North Holland, 1987.

CHATILA R., « L'expérience du robot mobile HILARE », *Publication LAAS*, 3188, Toulouse, 1984.

CHATILA R., LAUMOND J.-P., PRAJOUX R., « Les robots mobiles autonomes », *La Recherche, « L'intelligence artificielle »*, 1985, n° 170, 1276-1289.

CHOLLET G., GALLIANO J.-F., « Applications et développements industriels en reconnaissance de la parole », *Bulletin de l'INRIA*, mars 1983.

CHOLLET G., « Reconnaissance automatique de la parole : évaluation des techniques et systèmes », *Minis et micros*, 1985, n° 232.

CHURCH A., *The Calculi of Lambda Conversion*, Princeton Univ. Press, 1941.

COLMERAUER A., *Prolog 2. Manuel d'utilisation et exemples*, GIA, Marseille, 1982.

CORDIER M.O., « Traitement des connaissances incomplètes. Le système Sherlock », thèse d'État, Orsay, 1987.

COUSIN E., COUSTET C., CUBERO-CASTAN M., DURRIEU G., LECUSSON B., LEMAITRE M., « Les machines à réduction et l'intelligence artificielle », *La Recherche, « Les nouveaux ordinateurs »*, 1988, n° 204, 1348-1356.

CURRY H.B., FEYS R., CRAIG W., *Combinatory Logic*, North Holland, 1958.

DEMAILLY A., LEMOIGNE J. L. (éds), *Sciences de l'intelligence. Sciences de l'artificiel*, Presses universitaires de Lyon, 1986.

DENNETT D.C., *Brainstorms, Philosophical Essays on Mind and Psychology*, Bradford Books, Montgomery, Vt, 1978.

DREYFUS H.-L., *Intelligence artificielle, mythes et réalités*, Flammarion, Paris, 1984.

DREYFUS H., *Le Monde de l'éducation*, mai 1985.

DUBOIS D. (éd), *Sémantique et cognition. Catégories, prototypes, typicalité*, Éditions du CNRS, 1991.

DUBY J.-J., « Quels ordinateurs pour demain ? », *La Recherche, « Les nouveaux ordinateurs »*, novembre 1988.

DUPUY J.-P., « L'essor de la première cybernétique », *Cahiers du CREA*, 1985, n° 7.

DURAND J.-P., LÉVY P., WEISSBERG, J.-L., *Guide de l'informatisation. Informatique et société*, Belin, Paris, 1987.

ERNST G., NEWELL A., *GPS : A Case Study in Generality and Problem Solving*, Academic Press, 1969.

FALL K., VIGNAUX G., *L'Informatique en perspectives*, Presses de l'université du Québec, 1989.

FARRENY H., GHALLAB M., *Éléments d'intelligence artificielle*, Hermès, Paris, 1987.

FEIGENBAUM et FELDMAN, (éds), *Computers and Thought.*, Mc Graw Hill, 1963.

FERETTI M., CINARE F., *Synthèse et reconnaissance de la parole*, Editest, 1983.

FINDLER N. V. (éd.), *Associative Networks*, Academic Press, 1979.

FODOR J., *La Modularité de l'esprit*, Minuit, Paris, 1986 (édition originale. *The Modularity of Mind. An Essay on Faculty Psychology*, MIT Press, Cambridge, Mass., 1983).

GALLAIRE H., « La représentation des connaissances », *La Recherche, « L'intelligence artificielle »*, 1985, n° 170, 1240-1248.

GANASCIA J.-G., « La conception des systèmes experts », *La Recherche, « L'intelligence artificielle »*, 1985, n° 170, 1142-1151.

GANASCIA J.-G., *L'Ame-machine. Les enjeux de l'intelligence artificielle*, Seuil, Paris, 1990.

GARDNER H., *Frames of Mind : The Idea of Multiple Intelligence*, Basic Books, New York, 1983.

GIANNESINI F., KANAOUI H., PASERO R., VAN CANEGHEM M., *Programmer en PROLOG*, Eyrolles, Paris, 1985.

GINI G. et M., *Robotique*, Masson, Paris, 1985.

GIRALT G., « Mobiles robots », *in Robotics and Artificial Intelligence, NATO Advanced Science Institute Series*, vol. 11. Springer Verlag, Berlin, 1985.

GLASER H., HANKIN C., TILL D., *Principes de programmation fonctionnelle*, Masson, Paris, 1987.

GREUSSAY P., « L'ordinateur cellulaire », *La Recherche, « Les nouveaux ordinateurs »*, 1988, n° 204, 1320-1330.

GUINDON R. (éd.), *Cognitive Science and its Application for Human-Computer Interaction*, Laurence Erlbaum, Hillsdale, N.J., 1988.

HARDCASTLE W.J., MARCHAL A., *Speech Production and Speech Modelling*, Kluwer, Dordrecht, 1990.

HATON J.-P., HATON M.-C., *L'Intelligence artificielle*, PUF., « Que sais-je ? », Paris, 1989.

HAUGELAND J., *L'Esprit dans la machine*, Éd. Odile Jacob, Paris, 1989.

HAYES-ROTH F., WATERMAN D.B., LENAT D.B., *Building Expert System*, Addison-Wesley, 1983.

HAYNES L.S. et *al.*, « A Survey of Highly Parallel Computing », *Computer*, janvier 1982.

HENDERSON P., *Functional Programming*, Prentice Hall, 1980.

HILLIS W.D., *La Machine à connexions*, Masson, Paris, 1988.

HOC J. M., « L'extraction de connaissances et l'aide à l'activité humaine », *Intellectica*, 1991, n° 12, 33-64.

HOCKNEY R.W., « MIMD Computing in the USA », *Parallel Computing*, 2, 1985.

HOFFSTADTER D., *Gödel, Escher, Bach*, InterEditions, Paris, 1985.

HOPFIELD J.J., *Proc. Natl. Acad. Sci. USA*, 1982, 79, 2554.

HOPFIELD J.J., TANK, D.W., *Biol. Cybern.*, 1985, 52, 141.

JOHNSON-LAIRD P.N., *Mental Models*, Harvard University Press, Cambridge, Mass., 1983.

JONES S. L. P., *The Implementation of Functional Programming Languages*, Prentice Hall, 1987.

KAYSER D., « Vers une modélisation du raisonnement approximatif », *Actes du colloque « Modélisation du raisonnement dans les sciences de l'homme et de la société »*, INRIA, Paris, 1980, 440-457.

KAYSER D., « Examen de diverses méthodes utilisées en représentation des connaissances », *Actes du 4e congrès « Reconnaissance des formes et intelligence artificielle »*, AFCET, vol. 2, 1984.

KAYSER D., « Des machines qui comprennent notre langue », *La Recherche, « L'intelligence artificielle »*, 1985, n° 170, 1198-1212.

KAYSER D., « Raisonnement hybride à profondeur variable », CNRS, PRCIA (pôle 1), Paris, 1986.

KAYSER D., « Une sémantique qui n'a pas de sens », *in Sémantique et intelligence artificielle* (éd. F. RASTIER), *Langages*, 1987, n° 87, 33-45.

KERBRAT-ORECCHIONI C., *Les Interactions verbales*, A. Colin, Paris, 1990.

KOWALSKI R. et *al.*, « Logic and Symbolic Networks », *CACM*, 22(3), 1979, 184-192.

KOWALSKI R., « Logic for Expert Systems », *Expert System*, 83, Cambridge, déc. 1983.

KRIVINE J.-P., DAVID J.-M., « L'acquisition des connaissances vue comme un processus de modélisation : méthodes et outils », *Intellectica*, 1991, n° 12, 101-138.

LAMBERT S., ROPIEQUET S., *CD-ROM, the New Papyrus*, Microsoft Press, Redmond, Va, 1986 (contient le texte de V. BUSH paru dans *The Atlantic Monthly* en 1945).

LAUMOND J.-P., « Utilisation de graphes planaires pour l'apprentissage de la structure de l'espace d'évolution d'un robot mobile », thèse doctorat, univ. P.-Sabatier, Toulouse, 1984.

LAURIÈRE J., « SNARK, un langage déclaratif », *TSI*, 1986, 3, n° 1.

LAURIÈRE J.-L., *Intelligence artificielle*, tome I : *Résolution de problèmes par l'homme et la machine* ; tome II : *Représentation des connaissances*, Eyrolles, Paris, 1988.

LEA W. A., *New Trends in Speech Recognition*, Prentice Hall, 1980.

LE NY, J.-F., *La Sémantique psychologique*, PUF, Paris, 1979.

LE NY, J.-F., *Science cognitive et compréhension du langage*, PUF, Paris, 1989.

LÉVY P., « L'informatique et la civilisation occidentale », *Esprit*, juillet-août 1982.

LÉVY P., *La Machine univers. Création, cognition et culture informatique*, La Découverte, Paris, 1987.

LÉVY P., *Les Technologies de l'intelligence. L'avenir de la pensée à l'ère informatique*, La Découverte, Paris, 1990.

LEVY S., *Hackers : Heroes of the Computer Revolution*, Double Day, New York, 1986.

LIENARD J.-S., *Les Processus de la communication parlée*, Masson, Paris, 1977.

McCARTHY J., « Recursive Functions of Symbolic Expressions and their Computation by Machine », *CACM.*, 3, 1960, n° 4, 184.

McCARTHY J., « Circonscription : a Form of Non-Monotoning Reasoning », *Artificial Intelligence*, 1980, 13, n°s 1 et 2.

McCLELLAND J., RUMELHART D., *Parallel Distributed Processing. Explorations in the Microstructures of Cognition*, MIT Press, Cambridge, Mass., 1986.

McCORDUCK P., *Machines Who Think*, Freeman, 1979.

MACKIE S. et *al.*, « Implementation of Neural Network Models in Silicon », *in* R. ECKMILLER et C. VON DER MALSBURG, *Neural Computer*, Springer, New York, 1987.

MARCHAL A., *Les Sons et la Parole*, Guérin, Montréal, 1981.

MARCHAL A., *La Palatographie*, CNRS, Paris, 1988.

MARIANI J., « La reconnaissance de la parole », *La Recherche, « L'intelligence artificielle »*, 1985, n° 170, 1214-1227.

MEMMI D., VISETTI Y.-M., « Modèles connexionnistes », *Intellectica*, 1990, n°s 9-10.

MEUNIER J.-G., « L'intelligence artificielle et la forme propositionnelle », *Protée*, 1990, 18, n° 2, 19-32, Presses de l'université du Québec, Chicoutimi.

MINSKY M., « A Framework for Representing Knowledge », *in* P. H. WINSTON (éd.), *The Psychology of Computer*, McGraw Hill, 1975.

MINSKY M., *La Société de l'esprit*, InterEditions, Paris, 1988 (Édition originale : *The Society of Mind*, Simon and Schuster, New York, 1986).

MOORE R.C., « The Role of Logic in Knowledge Representation and Common Sense Reasoning », *Proc. Natl Conf. Artificial Intelligence*, 1982, 4428.

NIEMAN H., *Recent Advances in Speech Understanding and Dialog Systems*, Springer Verlag, Berlin, 1988.

NILSSON N. J., « A Mobile Automaton : an Application of Artificial Intelligence Techniques », *IJCIA*, Washington, 1969.

NILSSON N. J., *Principles of Artificial Intelligence*, Springer Verlag, Berlin, 1980.

PAVLIDIS T., *Structural Pattern Recognition*, Springer Verlag, Berlin, 1977.

PAVLIDIS T., *Algorithms for Graphic and Image Processing*, Computer Science Press, 1982.

PEREZ J.-C., *L'Intelligence artificielle. Pluridisciplinarité. Auto-organisation. Réseaux neuronaux*, Masson, Paris, 1988.

PERRIAULT J., *Éléments pour un dialogue avec l'informaticien*, Mouton, La Haye, 1971.

PERSONNAZ L. et *al.*, *Phys. Rev. A.*, 1986, 34, 4217.

PERSONNAZ L., DREYFUS G., GUYON I., « Les machines neuronales », *La Recherche, « Les nouveaux ordinateurs »*, 1988, n° 204, 1362-1371.

PITRAT J., « La naissance de l'intelligence artificielle », *La Recherche, « L'intelligence artificielle »*, 1985, n° 170, 1130-1141.

PITRAT J., *Textes, ordinateurs et compréhension*, Eyrolles, Paris, 1986.

PITRAT J., *Métaconnaissance, futur de l'intelligence artificielle*, Hermès, Paris, 1990.

PRATT W., *Digital Image Processing*, Wiley, New York, 1978.

PRINCE V., « Expertise naturelle, expertise artificielle, vers quels paradigmes cognitifs », *Intellectica*, 1991, n° 12, 7-32.

QUILLIAN M., *Semantic Memory*, MIT Press, 1968.

RAMUNNI J., *La Physique du calcul. Histoire de l'ordinateur*, Hachette, Paris, 1989.

RASTIER F., « Sur la sémantique des réseaux », *Intellectica*, 1985, II, 1-29.

RASTIER F., *Sémantique interprétative*, PUF, Paris, 1987.

RASTIER F., *Sémantique et recherches cognitives*, PUF, Paris, 1991.

RECANATI F., *Les Énoncés performatifs*, Minuit, Paris, 1982.

RICH E., *Artificial Intelligence*, McGraw Hill, New York, 1983.

RINGLE M., *Philosophical Perspectives in Artificial Intelligence*, The Harvester Press, Brighton, G.-B., 1979.

RUMELHART D., MCCLELLAND J.L., *Parallel Distributed Processing*, MIT Press, 1986.

SABAH G., *L'Intelligence artificielle et le langage*, tomes I et II, Hermès, Paris, 1989.

SANSONNET J.-P., « L'architecture des nouveaux ordinateurs », *La Recherche*, « Les nouveaux ordinateurs », 1988, n° 204, 1298-1307.

SCHANK R. C., ABELSON R. P., *Scripts, Plans, Goals and Understanding*, Lawrence Erlabaum, Hisllsdale, N.J., 1977.

SCHANK R.C., *Conceptual Information Processing*, North Holland, 1975.

SCHANK R., *Dynamic Memory*, Cambridge University Press, 1982.

SCHANK R., *The Cognitive Computer*, Addison-Wesley, Reading, Mass., 1984.

SEJNOWSKI T., ROSENBERG C. R., « NETtalk : a Parallel Network that Learns to Read Aloud », *Technical Report JHV/EECS* 86/01, John Hopkins University, 1986.

SERRA J., *Image Analysis and Mathematical Morphology*, Academic Press, New York, 1982.

SLOMAN A., *The Computer Revolution in Philosophy*, Harvester Press, 1978.

SLOMAN A., « Why We Need Many Knowledge Representation Formalisms », *BCS Expert System Conference*, déc. 1984.

SOWA J., *Conceptual Structures : Information Processing in Mind and Machine*, Addison Wesley, Reading, MA, 1984.

SPERBER D., WILSON D., *Relevance : Communication and Cognition*, Harvard Univ. Press, 1986.

STALLINGS W., *Reduced Instruction Set Computers*, IEEE, 1986.

TOFFOLI T., MARGOLUS N., *Cellular Automata Machines*, MIT Press, 1987.

TRAHTENBROT B. A., *Algorithmes et machines à calculer*, Dunod, Paris, 1963.

TURING A., « Computing Machinery and Intelligence », *Mind*, LIX, 1950, n° 236 (repris dans *Pensée et Machine*, Éd. Champ Vallon, 1983).

TURNER D., « A New Implementation for Applicative Languages », *Software Practice and Experience*, 1979, 9, 31.

TURNER R., *Logics for Artificial Intelligence*, Ellis Horwood Ltd, 1984.

VEGDAHL S., « A Survey of Proposed Architectures for the Execution of Functional Languages », *IEEE Transactions on Computers*, C33, 1984, n° 12.

VIGNAUX G., FALL K., « Genèse et construction des représentations », *Protée*, 1990, 18, n° 2, 33-44. Presses de l'université du Québec, Chicoutimi.

VISETTI Y. M., « Des systèmes experts aux systèmes à base de connaissances : à la recherche d'un nouveau schéma régulateur », *Intellectica*, 1991, n° 12, 221-280.

VON NEUMANN J., *The Computer and the Brain*, Yale University Press, New Haven, 1958.

WATERMAN D. A., HAYES-ROTH F. (éds), *Pattern Directed Inference Systems*, Academic Press, New York, 1979.

WATERMAN D.A., *A Guide to Expert Systems*, Addison Wesley, Reading, 1986.

WIENER N., *Cybernétique et Société*, Éd. des Deux-Rives, Paris, 1952.

WINOGRAD T., *Language as a Cognitive Process*, Addison-Wesley, Reading, Mass., 1983.

WINOGRAD T., FLORES F., *L'Intelligence artificielle en question*, PUF, Paris, 1988.

WINSTON P. H., *Intelligence artificielle*, InterEditions, Paris, 1988.

WOLFRAM S., *Theory and Applications of Cellular Automata*, World Scientific Publishing, 1986.

Chapitre 2 — L'essor des neurosciences

ALKON, D.L., RASMUSSEN H., « A Spatial Temporal Model of Cell Activation », *Science*, 1988, 239, n° 4843, 998-1005.

AMIT D. J., *Modeling Brain Function. The World of Attractor Neural Networks*, Cambridge Univ. Press, 1989.

BERTHOZ A., « Rôle de la proprioception dans le contrôle de la posture et du geste », *in* H. HECAEN, M. JEANNEROD, *Du contrôle moteur à l'organisation du geste*, Masson, Paris, 1977.

BESSON M.J., « Des messagers aux multiples fonctions », *Science et Vie, « Le cerveau et la mémoire »*, 62-71, 1988.

BLAKEMORE C., COOPER G. F., *Nature*, 1970, n° 228, 477-478.

BOVET D., BOVET-NITTI F., OLIVERIO A., *Science*, 1969, n° 163, 139-149.

BURNOD Y., « Les modèles connexionnistes à l'épreuve de la biologie », *Intellectica*, 1990, 9-10, 247-282.

CAJAL S. R., *Studies on Vertebrate Ontogenesis*, Thomas, Springfield, 1907.

CAMPBELL A.K., *Intracellular Calcium : Its Universal Role as Regulator*, John Wiley, New York, 1983.

CANGUILHEM G., *Idéologie et rationalité dans l'histoire des sciences de la vie*, Vrin, Paris, 1977.

CHANGEUX J.-P., *Communications*, 1972, 18, 37-47.

CHANGEUX J.-P., *L'Homme neuronal*, Fayard, Paris, 1983.

CHANGEUX J.-P., DANCHIN A., « Apprendre par stabilisation sélective de synapses en cours de développement », *in* E. MORIN, M. PIATELLI-PALMARINI (éds), *L'Unité de l'homme*, II : *Le Cerveau humain*, Seuil, Paris, 1974, 59-95.

CHANGEUX J.-P., KONISHI M., *Molecular and Cellular Bases of Learning*, John Wiley & Sons, 1987.

CHANGEUX J.-P., DEHAENE S., NADAL J.-P., « Neuronal Models of Cognitive Functions », *Cognition*, 1989, 33, 63-109.

CHANGEUX J.-P., CONNES A., *Matière à penser*, Odile Jacob, Paris, 1989.

COURRÈGE P., « Séminaire sur les systèmes acentrés », Maison des sciences de l'homme, Paris, mai 1972.

COWAN W.M., *in* W.J.H. NAUTA et S.O. EBBESSON, *Contemporary Research Methods in Neuroanatomy*, Springer, New York, 1970.

DAUVIN N., « Le cerveau et l'espace », *Science et Vie, « Le cerveau et la mémoire »*, 1988, 92-101.

DELACOUR J., *Apprentissage et mémoire*, Masson, Paris, 1987.

DOWTY D., KARTTUNEN L., ZWICKY A., *Natural Language Processing, Computational and Theoretical Perspectives*, Cambridge University Press, 1985.

EDELMAN G.M., *Neural Darwinism. The Theory of Neuronal Group Selection*, Basic Books, New York, 1987.

EDELMAN G.M., GALL W.E., COWAN W.M., *Synaptic Function*, John Wiley & Sons, 1987.

ELLEN P., THINUS-BLANC C., *Cognitive Processes and Spatial Orientation in Animal and Man*, Martinus Nijhoff Press, Dordrecht, 1987.

FISCHBACH G., ROBBINS N., *Journal of Neurophysiology*, 1971, n° 34, 562-569.

FREGNAC Y., « Cellular Mechanisms of Epigenesis in Visual Cortex », *in* J.P. RAUSHECKER et P. MARLER (éds), *Imprinting and Cortical Plasticity*, John Wiley & Sons, 1987.

FREGNAC Y., « Mémoire : comment elle fonctionne », *Science et Vie*, hors série, mars 1988, 111-123.

GALABURDA A. (éd.), *From Reading to Neurons*, MIT Press, Cambridge, Mass., 1989.

GALABURDA A., ROISEN G. D., SHERMAN G., « The Neural Origin of Developmental Dyslexia : Implications for Medicine, Neurology and Cognition », *in* A. GALABURDA (éd.), *From Reading to Neurons*, MIT Press, Cambridge, Mass., 1989.

GAZE R., *The Formation of Nerve Connections*, Academic Press, New York, 1970.

GIACOBINI G., FILOGAMO G., WEBER M., BOQUT P., CHANGEUX J.-P., *Proceedings of the National Academy of Sciences*, 1973, n° 70, 1708-1712.

GOULD S.J., *Ontogeny and Phylogeny*, Harvard University Press, Cambridge, Mass., 1977.

GROS F., *Les Secrets du gène*, Odile Jacob, Paris, 1986.

HABIB M., GALABURDA A., « Cerveau droit, cerveau gauche », *Science et Vie*, *« Le cerveau et la mémoire »*, 1988, 78-91.

HEBB D.O., *The Organization of Behaviour*, John Wiley & Sons.

HYDEN H., LANGE P., *in* F.O. SCHMIDTT, *The Neurosciences. Second Study Program*, Rockefeller Univ. Press, New York, 278-289.

IMBERT M., « Neurosciences et sciences cognitives », *Le Débat*, 1987, n° 47, 130-144.

IMBERT M., *Vision*, IV : *Neurophysiologie sensorielle*, Hermann, Paris, 1987.

IMBERT M., « The Coding of Image by Retina », *Europhysics News*, 1987, 18, 32-36.

IMBERT M., « Le champ des neurosciences », *Science et Vie*, « Le cerveau et la mémoire », 1988, 4-7.

IMBERT M., « La vision naturelle. Le traitement neuronal de l'information visuelle », *Intellectica*, 1988, n° 5, 3-31.

IMBERT M., « Jeu d'escarpolette », *Science et Vie, « Le cerveau et l'intelligence »*, 1991, 4-5.

JACOB F., *La Logique du vivant*, Gallimard, Paris, 1976.

JACOBSON M., *in* F. O. SCHMITT, *The Neuroscience, Second Study Program*, Rockfeller Univ. Press, New York, 1970.

JACOBSON M., *Developmental Neurobiology*, Plenum Press, New York, 1979.

JEANNEROD M., « Motricité automatique et motricité volontaire », *in* H. HECAEN et M. JEANNEROD, *Du contrôle moteur à l'organisation du geste*, Masson, Paris, 1977.

JEANNEROD M., PRABLANC C., « Organisation et plasticité de la coordination œil-main », *in* H. HECAEN et M. JEANNEROD, *Du contrôle moteur à l'organisation du geste*, Masson, Paris, 1977.

JEANNEROD M., *in* D. INGLE, M. JEANNEROD, D. LEE, *Brain*

Mechanisms and Spatial Vision, Martinus Nijhoff Press, Dordrecht, 1985.

KALIL R.E., « Elimination of Action Potentials Blocks in the Structural Development of Retinogeniculate Synapses », *Nature*, 1986, 303, 156-158.

KALIL R.E., « The Role of Action Potentials in the Morphological Development of Retinogeniculate Connections in the Cat », *in Cellular Thalamic Mechanisms* (éds M. BENTIVOGLIO et R. SPREAFICO), Elsevier Publ., 1988.

KANDEL E.R., SCHWARTZ J.H., *Principles of Neural Science*, Elsevier North Holland, 1985.

LAPHAM L., MARKESBERRY W., *Science*, 1971, n° 173, 829-832.

LASHLEY K.S., *Symposium of Experimental Society*, 1950, n° 4, 454-482.

LECOURS A. R., LHERMITTE F., *L'Aphasie*, Flammarion, Paris, 1979.

LENNEBERG E.H., *Biological Foundations of Language*, Wiley, New York, 1967.

LIVINGSTONE M.S., HUBEL D.H., « Anatomy and Physiology of a Color System in the Primate Visual Cortex », *Journal of Neurosciences*, 1984, 4, 309-356.

LLINAS S., HILLMAN D., PRECHT W., *Journal of Neurobiology*, 1973, n° 4, 437-468.

LOMO T., ROSENTHAL J., *Journal of Physiology*, 1971, n° 216.

LYBEN L. S., PATTERSON A. H., NEWCOMBE N. (éds), *Spatial Representations and Behavior across the Life Span. Theory and Application*, Academic Press, Londres, 1981.

MARR D., *Vision*, W.H. Freeman, 1982.

MAYR E., *The Growth of Biological Thought : Diversity, Evolution and Inheritance*, Harvard University Press, Cambridge, Mass.

MAZOYER B., TZOURIO N., « Les images du cerveau interactif », *Science et Vie, « Le cerveau et l'intelligence »*, 1991, 6-15.

MEHLER J., « A propos du développement cognitif », *in* E. MORIN, M. PIATELLI-PALMARINI (éds), *L'Unité de l'homme*, II : *Le Cerveau humain*, Seuil, Paris, 1974, 38-57.

MEHLER J., FOX R., *Neonate Cognition : Beyond the Blooming Buzzing Confusion*, Lawrence Erlbaum, Hillsdale, N.J., 1985.

MEHLER J., MORTON J., JUSCZYK P. W. « On Reducing Language to Biology », *Cognitive Psychology*, 1, 83-116.

MEHLER J., DUPOUX E., *Naître humain*, Odile Jacob, Paris, 1990.

MISHKIN M., APPENZELLER T., « L'anatomie de la mémoire », *Pour la science*, août 1987, 26-36.

NOTTEBOHM F., *Science*, 1970, n° 167, 950-956.

O'KEEFE J., NADEL L., *The Hippocampus as a Cognitive Map*, Oxford Univ. Press, 1978.

O'KEEFE J., « Spatial Memory Within and Without the Hippocampal System », *in* W. SEIFERT (éd), *Neurobiology and the Hippocampus*, Academic Press, New York, 1983.

OTTO I., « Les circuits du langage », *Science et Vie*, « *Le cerveau et la mémoire* », 1988, 102-109.

PIATELLI-PALMARINI M., *Le Langage et l'apprentissage*, Seuil, Paris, 1980.

PLAISANT O., « La nouvelle histoire du cerveau », *Science et Vie*, « *Le cerveau et la mémoire* », 1988, 8-9.

PRIGOGINE I., *in* M. GREENE, *Unity of Physical Laws and Levels of Description*, California Univ.

PROCHIANTZ A., *Les Stratégies de l'embryon*, PUF, Paris, 1988.

PROCHIANTZ A., *La Construction du cerveau*, Hachette, Paris, 1989.

RIPLEY K.L., PROVINE R.R., *Brain Research*, 1972, n° 45, 127-134.

SICARD M. (éd.), *Le Cerveau dans tous ses états*, Presses du CNRS, Paris, 1991.

SOTELO C., PALAY S., *Laboratory Investigations*, 1971, n° 25, 653-671.

SPERRY R.W., *in* R.L. DE HAAN et H. URSPRUNG, *Organogenesis, Holt*, Rinehart & Winston, New York, 1965.

STRYKER M., W. HARRIS W., « Binocular Impulse Blockade Prevents the Formation of Ocular Dominance Columns in Cat

Visual Cortex », *Journal of Neuroscience*, 6, n° 8, 2117-2133, 1986.

THINUS-BLANC C., « The Cognitive Map and its Consequences », *in* P. ELLEN, C. THINUS-BLANC, *Cognitive Processes and Spatial Orientation in Animal and Man*, Martinus Nijhoff Press, Dordrecht, 1987.

THORPE W.H., *Bird Song*, Cambridge Univ. Press, 1969.

TOLMAN, E. C., « Cognitive Maps in Rats and Men », *Psychological Review*, 1948, 55, 189-208.

TYC-DUMONT S., GOGAN P., « Les trois dimensions du puzzle neuronal », *Science et Vie, « Le cerveau et la mémoire »*, 1988, 72-77.

UNGAR G., *International Review of Neurobiology*, 1970, n° 13, 223-233.

VALVERDE F., *Experimental Brain Research*, 1967, n° 3, 337-352.

VARELA F., *Autonomie et connaissance*. Essai sur le vivant, Seuil, Paris, 1989.

VARGHA-KHADEM F., CORBALLIS M., « Cerebral Asymetry in Infants », *Brain and Language*, 1979, 8, 1-9.

VINCENT J.-D., *Biologie des passions*, Odile Jacob, Paris, 1986.

VIZETTI Y. M., « Modèles connexionnistes et représentations structurées », *Intellectica*, 1990, 9-10, 167-212.

WIESEL T. N., HUBEL D. H., *Journal of Neurophysiology*, 1963, n° 26, 1003.

WIESEL T. N., HUBEL D. H., *Journal of Neurophysiology*, 1965, n° 28, 1060.

Chapitre 3 — Pyschologie cognitive et psychologie sociale

ADAMS J. A., « A Closed-Loop Theory of Motor Learning », *Journal of Motor Behaviour*, 1971, 3, 111-150.

AJURIAGUERRA J. (DE), « Ontogenèse de la motricité », *in* H. HECAEN, M. JEANNEROD (éds), 1978.

ANDERSON J. R., « Arguments Concerning Representations for Mental Imagery », *Psychological Review*, 1978, 85, 249-277.

ANDERSON J. R., *The Architecture of Cognition*, Harvard Univ. Press, Cambridge, Mass., 1983.

ANDERSON J. R., *Cognitive Psychology and its Implications*, Freeman & Co, New York, 1985.

ANS B., « Apprentissage associatif dans un réseau neuromimétique à compétitions locales », *C. R. Académie des sciences*, Paris, série III, 1990.

ATKINSON R. C., SHIFFRIN R. M., « Human Memory : A Propositional System and its Control Processes », *in* K.W. SPENCE et J. T. SPENCE (éds), *Advances in the Psychology of Learning and Motivation Research and Theory* (vol. 2), Academie Press, New York, 1968.

ATKINSON R. C., JUOLA J. F., « Search and Decision Processes in Recognition Memory », *in* D. KRANTZ, R. C. ATKINSON, R.D. LUCE, P. SUPPES (éds), *Contemporary Developments in Mathematical Psychology*, Freeman, San Francisco, 1974.

BADDELEY A. D., HITCH G., « Working Memory », *in* G.H. BOWER (éd.), *The Psychology of Learning and Motivation*, vol. 8, Academic Press, New York, 1974.

BARLOW H. B., « Single Units and Sensation : A Neuron Doctrine for Perceptual Pyschology », *Perception*, I, 1972, 371-394.

BEAUVOIS J.-L., *La Psychologie quotidienne*, PUF, Paris, 1984.

BEAUVOIS J.-L., DESCHAMPS J.C., « Vers la cognition sociale », *in* J.F. RICHARD, C. BONNET, R. GHIGLIONE, *Traité de psychologie cognitive*, III, Dunod, Paris, 1990.

BERLIN B., « Ethnobiological Classification », *in* E. ROSCH et B. LLOYD, (éds), 1978.

BIEDERMAN I., « Recognition-by-Components : A Theory of Human Image Understanding », *Psychological Review*, 1987, 94, 115-145.

BLAKEMORE C. B., NACHMIAS J., SUTTON P., « The Perceived Spatial Frequency Shift : Evidence for Frequency Selectivity

Neurons in the Human Brain », *Journal of Physiology*, 1970, 210, 727-750.

BOFF K. R., KAUFMAN L., THOMAS J. P. (éds), *Handbook of Perception and Human Performance*, vol. I : *Sensory Processes and perception* ; vol. II : *Cognitive Processes and Performance*, John Wiley & Sons, New York.

BONNET C. (éd.), *La Perception visuelle*, Bibliothèque pour la science, Paris, 1984.

BONNET C., *Manuel pratique de psychophysique*, A. Colin, Paris, 1986.

BONNET C., « Visual Perception in Context », *Cahiers de psychologie cognitive*, 1986, 6, 137-155.

BONNET C., « La perception visuelle des formes », *in* C. BONNET, R. GHIGLIONE, J.-F. RICHARD, *Traité de psychologie cognitive, I*, Dunod, Paris, 1989.

BOUCART M., *Psychophysique de la perception des formes visuelles*, thèse de doctorat, université Paris-V, 1988.

BOWER T.G.R., « The Visual World in Infants », *Scientific American*, 1966, 215, 80-92.

BRAINERD C. J., KINGMA J., « On the Independance of Short-Term Memory and Working Memory in Cognitive Development », *Cognitive Psychology*, 1985, 17, 210-247.

BRESSON F., « Les fonctions de représentation et de communication », *in* J. PIAGET, P. MOUNOD, J.-P. BRONKART (éds), *Psychologie*, « Encyclopédie de la Pléiade », Paris, 1987.

BRUCE V., *Recognizing Faces*, Lawrence Erlbaum, Londres, 1988.

BRUNER J. S., BRUNER B. M., « On Voluntary Action and its Hierarchical Structure », *International Journal of Psychology*, 1968, 3, 239-255.

BUSER P., IMBERT M., *Vision*, Hermann, Paris, 1987.

CASE R., *Intellectual Development : Birth to Adulthood*, Academic Press, New York, 1985.

CAVERNI J.-P., NGUYEN-XUAN A., HOC J.-M., POLITZER G., « Raisonnements formels et raisonnements en situation », *in*

J.-F. RICHARD, C. BONNET, R. GHIGLIONE, *Traité de psychologie cognitive*, II, Dunod, Paris, 1990.

COLLINS A. M., QUILLIAN M.R., « Retrieval Time from Semantic Memory », *Journal of Verbal Learning and Verbal Behaviour*, 1969, 8, 240-247.

CORDIER F., DENHIERE G., GEORGE C., CREPAULT J., HOC J.M., RICHARD J.-F., « Connaissances et représentations », *in* J.-F. RICHARD, C. BONNET, R. GHIGLIONE, *Traité de psychologie cognitive, II*, Dunod, Paris, 1990.

COWAN N., « Evolving Conceptions of Memory Storage, Selective Attention and their Mutual Constraints within the Human Information Processing System », *Psychological Bulletin*, 104, 163-191, 1988.

CRAIRK F.I.M., LOCKART R.S., « Levels of Processing : A Framework for Memory Research », *Journal of Verbal Learning and Verbal Behaviour*, 1972, 11, 671-684.

CRAIRK F.I.M., TULVING E., « Depth of Processing and the Retention of Words in the Episodic Memory », *Journal of Experimental Psychology : General*, 1975, 104, 268-294.

DENIS M., *Les Images mentales*, PUF, Paris, 1979.

DENIS M., *Image et cognition*, PUF, Paris, 1989.

DESCHAMPS J.-C., CLEMENCE A., *L'Explication quotidienne*, Cousset, Fribourg, 1987.

DE SCHONEN S., MATHIVET E., « First Come, First Served : a Scenario about the Development of Hemispheric Specialization in Face Recognition during Infancy », Target Paper with Peer Commentaries, *European Bulletin of Cognitive Psychology*, 1989, 9, 3-44.

DEVINE F.G., HAMILTON D.C., OSTROM T.M., *Social Cognition : Contribution to Classic Issues in Social Psychology*, Springer Verlag, New York, 1990.

DOISE W., PALMONARI A. (éds), *L'Étude des représentations sociales*, Delachaux et Niestlé, Paris, 1986.

DOISE W., « Les représentations sociales », *in* J.-F. RICHARD, C. BONNET, R. GHIGLIONE, *Traité de psychologie cognitive, III*, Dunod, Paris, 1990.

DUBOIS D., « La compréhension de phrases : représentations sémantiques et processus », thèse de doctorat d'État, université Paris-VIII, 1986.

DUBOIS D., MAZET C., FLEURY D., « Catégorisation et interprétation de scènes visuelles : le cas de l'environnement urbain et routier », *Psychologie française*, n° spécial : « *La psychologie de l'environnement en France* », 1988.

DUBOIS D. (éd.), *Sémantique et cognition*, Éditions du CNRS, Paris, 1991.

ENGEN T., LIPSITT L.P., « Decrement and Recovery of Responses to Olfactory Stimuli in the Human Neonate », *Journal of Comparative and Physiological Psychology*, 1965, 59, 312-316.

FARR R.M., MOSCOVICI S. (éds), *Social Representations*, Cambridge University Press, 1984.

FAURE C., « Reconnaissance et description des formes », *Intellectica*, 1988, n° 5, 175-206.

FESTINGER L., *A Theory of Cognitive Dissonance*, Row & Peterson, Evanston, Ill., 1957.

FISKE S.T., TAYLOR S.E., *Social Cognition*, Random House, New York, 1984.

GIBSON J.J., *The Perception of the Visual World*, Houghton Mifflin, Boston, Mass., 1950.

GIBSON J. J., « Visually-Controlled Locomotion and Visual Orientation in Animals », *British Journal of Psychology*, 1958, 49, 182-194.

HAMILTON D.L. (éd.), *Cognitive Processes in Stereotyping and Intergroup Behavior*, Erlbaum, Hillsdale, N. J., 1981.

HAY L., *Étude ontogénitique du contrôle d'un mouvement : l'approche manuelle*, thèse de doctorat, univ. Aix-Marseille, 1987.

HECAEN H., JEANNEROD M., *Du contrôle moteur à l'organisation du geste*, Masson, Paris, 1978.

HECAEN H., LANTERI-LAURA G., *Les Fonctions du cerveau*, Masson, Paris, 1983.

HEIDER F., *The Psychology of Interpersonal Relations*, Weiley, New York, 1958.

HOC J.M., « L'organisation des connaissances pour la résolution des problèmes », in C. BONNET, J.M. HOC, G. TIBERGHIEN (éds), *Psychologie automatique et intelligence artificielle*, Mardaga, Bruxelles, 1986.

HOOD D. C., FINKELSTEIN M. A., « Sensitivity to Light », *in* K.R. BOFF, L. KAUFMAN, J.P. THOMAS (éds), *Handbook of Perception and Human Performance*, vol I : *Sensory Processes and Perception* ; vol. II : *Cognitive Processes and Performance*, John Wiley & Sons, New York, 1986.

JODELET D., *Civils et brédins. Rapport à la folie et représentations sociales de la maladie mentale*, thèse de doctorat d'État, Paris, EHESS, 1985.

JODELET D. (éd.), *Les Représentations sociales*, PUF, Paris, 1989.

JODELET D., *Folies et représentations sociales*, PUF, Paris, 1989.

JODELET D., « Représentation sociale », *in Dictionnaire de psychologie*, Larousse, Paris, 1991.

KANIZSA G., *Organization in Vision*, Praeger, New York, 1979.

KOSSLYN S. M., « Information Representation in Visual Images », *Cognitive Psychology*, 1975, 4, 399-424.

KUBOVY M., POMERANTZ J. R. (éds), *Perceptual Organization*, Lawrence Erlbaum, Hillsdale, N.J., 1981.

LIVINGSTONE M.S., HUBEL D.H., « Anatomy and Physiology of a Color System of the Primate Visual Cortex », *Journal of Neurosciences*, 1984, 4, 309-356.

MAGILL R. A., *Memory and Control of Action*, North Holland, Amsterdam, 1983.

MARR D., *Vision*, Freedman, San Francisco, 1982.

MISHKIN M., UNGERLEIDER L.G., MACKO K.A., « Object Vision and Spatial Vision : two Cortical Pathways », *Trends in Neurosciences*, octobre 1983.

MOLL L., KUYPERS, H.G.J.M., « Premotor Cortical Ablation in Monkeys : Contralateral Changes in Visually Reaching Behaviour », *Science*, 1977, 198, 317-319.

MOSCOVICI S., *La Psychanalyse, son image et son public*, PUF, Paris, 1961, 2e éd., 1976.

MOUNTCASTLE V.B., *The Mindful Brain*, MIT Press, 1978.

NEISSER U. (1967), *Cognitive Psychology*, Appleton Century Crofts, New York, 1967.

NGUYEN-XUAN A., RICHARD J.-F., « Le contrôle de l'activité », *in* J.-F. RICHARD, C. BONNET, R. GHIGLIONE, *Traité de psychologie cognitive*, *II*, Dunod, Paris, 1990.

PAILHOUS, J., « Les fonctions d'organisation des conduites et des données », *in* J. PIAGET, P. MOUNOUD, J.P. BRONCKART (éds), *Psychologie*, Gallimard, « Encyclopédie de La Pléiade », Paris, 1987.

PAILHOUS J., CLARAC F., « Approche comportementale de la locomotion : éléments d'analyse chez l'homme et chez l'animal », *in* J. PAILLARD (éd.), *Comportements, I*, Éditions du CNRS, Paris, 1984.

PAILHOUS J., LEPECQ J. C., PERUCH P., « Human Spatial Reference Systems », *in* P. ELLEN, C. THINUS-BLANC (éds), *Cognitive Processes and Spatial Orientation in Animal and Man*, Martinus Nijhoff, Dordrecht, 1987.

PAILHOUS J., MESTRE D., « Interprétation spatiale des réafférences visuelles du mouvement », *in* J.-P. CAVERNI, C. BASTIEN, P. MENDELSON, G. TIBERGHIEN (éds), *Psychologie cognitive : modèles et méthodes*, Presses universitaires de Grenoble, 1989.

PAILHOUS J., BONNARD M., « Programmation et contrôle du mouvement », *in* C. BONNET, R. GHIGLIONE, J.-F. RICHARD, *Traité de psychologie cognitive, I*, Dunod, Paris, 1989.

PAILLARD J., « Le traitement des informations spatiales », *in De l'espace corporel à l'espace écologique*, symposium de l'A.LF, PUF, Paris, 1974.

PAILLARD J., « Tonus, posture et mouvement », *in* C. KAYSER (éd.), *Traité de physiologie, tome III*, Flammarion, Paris, 1976.

PELLIONICZ A., LLINAS R., « Tensorial Approach to the Geometry of Brain Function : Cerebellar Coordination via Metric Tensor », *Neurosciences*, 1980, 7, 2949-2970.

PETERSON L. R., PETERSON M. J., « Short-term Retention of Individual Verbal Items », *Journal of Experimental Psychology*, 1959, 58, 193-198.

POLITZER G., « L'informativité des énoncés : contraintes sur le jugement et le raisonnement », *Intellectica*, 1991/1, 111-148.

PYLYSHYN Z. W., « What the Mind's Eye tells the Mind's Brain : A Critique of Mental Imagery », *Psychological Bulletin*, 1973, 80, 1-24.

QUILLIAN M. R., *Semantic Memory,. in* MINSKY (éd.), *Semantic Information Processing*, MIT Press, Cambridge, Mass., 1968.

RICHARD J. F., « Introduction », *in* J.-F. RICHARD, C. BONNET, R. GHIGLIONE, *Traité de psychologie cognitive, II*, Dunod, Paris, 1990.

RICHARDSON-KLAVEHN et BJORK, « Measures and Memory », *Annual Review of Psychology*, 1988, 39, 475-543.

ROSCH E., LLOYD B. (éds), *Cognition and Categorization*, Lawrence Erlbaum, Hillsdale, N. J., 1978.

ROSENBAUM D. A., « The Movement of Precuing Technique : Assumptions, Applications and Extensions », *in* R. A. MAGILL (éd.), *Memory and Control of Action. Advances in Psychology, 12*, North Holland, Amsterdam, 1983.

SCHMIDT R. A., « A Schema Theory of Discrete Motor Skill Learning », *Psychological Review*, 1975, 82, 225-260.

SCHMIDT R. A., *Motor Control and Learning. A Behavioural Emphasis*, Human Kinetics Publ., Champaign, III., 1982.

SHALLICE T., WARRINGTON E. K., « Independant Functioning of Verbal Memory Stores : A Neurospychological Study », *Quarterly Journal of Experimental Psychology*, 1970, 22, 261-273.

SHEPHERD G., *Neurobiology*, Oxford University Press, 1983.

STELMACH G. E., DOUGLAS V. A., « Control Theories in Motor Behaviour », *Acta Psychologica*, 1982, 50, 83-105.

THELEN E., « Learning to Walk is Still an Old Problem : A Reply to Zelazo », *Journal of Motor Behaviour*, 1983, 15, 139-161.

TIBERGHIEN G., « Context and Cognition : Introduction ». *Cahiers de psychologie cognitive*, 1986, 6, 2, 105-119.

TIBERGHIEN G., « Modèles de l'activité cognitive », *in* J.-P. CAVERNI, C. BASTIEN, P. MENDELSOHN, G. TIBERGHIEN (éds), *Psychologie cognitive : modèles et méthodes*, Presses universitaires de Grenoble, 1989.

TIBERGHIEN G., LECOCQ P., *Rappel et reconnaissance : encodage et recherche en mémoire*, Presses universitaires de Lille, 1983.

TIBERGHIEN G., MENDELSOHN P., ANS B., GEORGE C., « Contraintes structurales et fonctionnelles des systèmes de traitement », in J.-F. RICHARD, C. BONNET, R. GHIGLIONE, *Traité de psychologie cognitive, II*, Dunod, Paris, 1990.

TREISMAN A., GORMICAN S., « Features Analysis in Early Vision : Evidence for Search Asymetries », *Psychological Review*, 1988, 95, 15-48.

TREVARTHEN C., HUBLEY P., SHEERAN L., « Les activités du nourrisson », *La Recherche*, 1975, 56, 447-458.

TULVING E., *Elements of Episodic Memory*, Oxford Univ. Press, New York, 1983.

TVERSKY B., HEMENWAY K., « Categories of Environmental Scenes », *Cognitive Psychology*, 1983, 15, 121-149.

UTTAL W. R., *A Taxonomy of Visual Processes*, Lawrence Erlbaum, Hillsdale, 1981.

VINTER A., *L'Imitation chez le nouveau-né*, Delachaux et Niestlé, Paris et Neuchâtel, 1985.

VON HOFSTEN C., LINDHAGEN K., « Observations on the Development of Reaching for Moving Objects », *Journal of Experimental Child Psychology*, 1979, 28, 158-173.

VURPILLOT E., BULLINGER A., « Y a-t-il des âges clés dans la première année de la vie de l'enfant ? », *in* S. DE SCHONEN (éd.), *Les Débuts du développement*, PUF, Paris, 1983.

WEISSTEIN N., HARRIS C. S., « Visual Detection of Line Segments : An Object Superiority Effects », *Science*, 1974, 186, 752-755.

ZAJONC R. B., « Cognition and Social Cognition. An Historical Perspective », *in* L. FESTINGER (éd.), *Retrospective on Social Psychology*, Oxford University Press, New York, 1980.

Chapitre 4 — Linguistique et cognition

AMMERMAN A. J., CAVALLI-SFORZA L. L., *The Neolithic Transition and the Genetics of Population in Europ*, Princeton University Press, 1984.

APOTHÉLOZ D., GRIZE J. B., « Langage, processus cognitifs et genèse de la communication », *Travaux du Centre de recherches sémiologiques*, Neuchâtel, Suisse, 1987, n° 54.

ARISTOTE, *Organon*, I : *Catégories* ; II : *De l'interpétation*, trad. nouvelle et notes par J. Tricot, Vrin, Paris, 1959.

ARISTOTE, *Topiques*, texte établi et traduit par J. Brunschwig, Les Belles Lettres, Paris, 1967.

ARNAULD A. et NICOLE P., *La Logique ou l'art de penser*, éd. critique par H. E. Brekle, Stuttgart/Bad Cannstatt, F. Froman Verlag, 1970.

AUROUX S., *L'Encycolopédie « grammaire » et « langue » au XVIIIe siècle*, Mame, Paris, 1979.

AUROUX S., « Pour un nouvel empirisme », *Dialogue*, 1985, 24/3, 411-426.

AUROUX S., « Le paradigme lockien et la philosophie du langage », *Revue internationale de philosophie*, 1988, 42, n° 165, 133-149.

AUROUX S., « Le rationalisme et l'analyse linguistique », *Dialogue*, 1989, XXVIII, 203-233.

AUROUX S., « Le langage et le raisonnement : une approche historique », *Association pour la recherche cognitive (ARC)*, Cours d'été, 1991.

BATES E., BEGNINI L., BRETHERTON I., CAMAIONI L., VOLTERRA V., *The Emergence of Symbols. Cognition and Communication in Infancy*, Academic Press, New York, 1979.

BATESON G., *Mind and Nature* (trad. fr. : *La Nature et la Pensée*, Seuil, Paris, 1984).

BONNET C., *L'Enfant et le Symbolique : l'accès aux premières sémiotiques*, Vrin, Paris, 1980.

BOREL M.-J., GRIZE J.-B., MIEVILLE D., *Essai de logique naturelle*, Peter Lang, Berne, 1983.

BRUNER J. S., *Le Développement de l'enfant : savoir faire, savoir dire*, PUF, Paris, 1983.

BRUNER J. S., *Child's Talk. Learning to Use Language*, Oxford University Press, 1983.

BRUNER J. S., « Contextes et formats », *in* M. DELEAU (sous la dir. de), *Langage et communication à l'âge préscolaire*, Presses universitaires de Rennes 2, 1984, 13-26.

BUYTENDIJK F. J. J., *Attitudes et mouvements*, Desclée de Brouwer, Bruges, 1957.

CHANGEUX J.-P., DEHAENE S., NADAL J.-P., « Neuronal Models of Cognitive Functions », *Cognition*, 1989, 33, 63-109.

CHOMSKY N., *Cartesian Linguistics*, Harper and Row, New York, 1966.

CHOMSKY N. et KATZ, J., « On Innateness : A Reply to Cooper », *Philosophical Review*, 1975, 84, 70-87.

CORDIER F., DUBOIS D., « Typicalité et représentation cognitive », *Cahiers de psychologie cognitive*, 1981, 1, 3, 299-333.

CULIOLI A., « Notes du séminaire de DEA, 1983-1984 », unité de formation et recherche en linguistique, université Paris-VII, 1985.

CULIOLI A., « Representation, Referential Processes, and Regulation. Language Activity as Form Production and Recognition », Fondations Archives Jean-Piaget, *Cahier n° 10, Language and Cognition*, Genève, 1989.

DOMINICY M., « Les parties du discours dans la *Grammaire de Port-Royal* », *Linguistique en Belgique I.*, Didier, Bruxelles, 1977, 44-64.

DOMINICY M., *La Naissance de la grammaire moderne*, Mardaga, Liège, 1984.

DORE J., « Feeling, Form and Intention in the Baby's Transition to Language », *in* R.M. GOLINKOFF (éd.), *The Transition from Prelinguistic to Linguistic Communication*, L. Erlbaum, Hillsdale, N.J., 1983, 167-190.

DUBOIS D. (éd.), *Sémantique et cognition*, Éditions du CNRS, Paris, 1991.

DUCHESNEAU F., *L'Empirisme de Locke*, Nijhoff, La Haye, 1973.

GRIZE J.-B., *Logique et Langage*, Éditions Ophrys, Paris-Gap, 1990.

HAGÈGE C., « Grammaire », *in La Linguistique* (sous la direction d'A. Martinet), Denoël, Paris, 1969.

HAGÈGE C., *L'Homme de paroles*, Fayard, Paris, 1985.

HALLIDAY M.A.K., *Explorations in the Functions of Language*, Edward Arnold, Londres, 1973.

HALLIDAY M.A.K., *Language as Social Semiotics. The Social Interpretation of Language and Meaning*, Edward Arnold, Londres, 1978.

HARDING C.G., « Development of the Intention to Communicate », *Human Development*, 1982, 25, 140-151.

JOLY A., « La linguistique cartésienne, une erreur mémorable », *in* JOLY et STÉFANINI (dir.), 1977, 165-199.

KANT E., (1798), *Anthropologie du point de vue pragmatique*, trad. M. Foucault, Vrin, Paris, 1964.

LANGACKER R., *Foundations of Cognitive Grammar*, I : *Theoretical Prerequisites*, Stanford University Press, 1987.

LANGACKER R., « Noms et verbes », *Communications*, 1991, n° 53, 103-153.

LE NY J. F., *Science cognitive et compréhension du langage*, PUF, Paris, 1989.

LOCKE J. (1960), *An Essay Concerning Human Understanding*, Édition Yolton, Londres, 1955.

MALLORY J. P., *In Search of the Indo-Europeans : Language, Archeology and Myth*, Thames and Hudson, 1989.

MEUNIER J.-G., « La structure générique des systèmes sémiotiques », *Recherches sémiotiques*, Montréal, 1988, 8, n°s 1-2, 75-108.

MILNER J.-C., *Introduction à une science du langage*, Seuil, Paris, 1989.

MOUNOUD P., « La construction de l'objet par le bébé », *Bull. d'audiophonologie*, 1974, 4, 6e suppl., 419-438.

OUELLET P., « Énonciation et perception : la représentation

sémiolinguistique des événements perceptifs », *Recherches sémiotiques*, Montréal, 1988, 8, n°s 1-2, 109-130.

PETITOT J., « Modèles morphologiques pour la grammaire cognitive et la sémiotique modale », *Recherches sémiotiques*, Montréal, 9, 1989, n°s 1-2-3, 17-52.

PIAGET J., *La Construction du réel chez l'enfant*, Delachaux et Niestlé, Neuchâtel, 1937.

POTTIER B., *Théorie et analyse en linguistique*, Hachette, Paris, 1987.

PUTNAM H., *Mind, Language and Reality*, Cambridge University Press, 1975

RENFREW C., *Archeology and Language : The Puzzle of Indo-European Origins*, Cambridge University Press, 1988.

SALOMON-BAYET C., *Pasteur et la révolution pastorienne*, Payot, Paris, 1986.

SEILER H. J., BRETTSCHNEIDER G., *Language Invariants and Mental Operations*, Gunter Narr Verlag, Tübingen, 1985.

TREVARTHEN C., HUBLEY P., SHEERAN L., « Les activités innées du nourrisson », *La Recherche*, 1975, 56, 447-458.

VANDELOISE C., *L'Espace en Français*, Seuil, Paris, 1986.

VANDELOISE C., « Autonomie du langage et cognition », *Communications*, 1991, n° 53, 69-101.

VENDRYES J., *Le Langage. Introduction linguistique à l'histoire*, 1923, rééd. Albin Michel, Paris, 1968.

VENEZIANO E., « Les débuts de la communication langagière », *in* J. GÉRARD-NAEF (sous la dir. de), *Savoir parler, savoir dire, savoir communiquer*, Delachaux et Niestlé, Neuchâtel-Paris, 1987.

VIGNAUX G., *L'Argumentation. Essai d'une logique discursive*, Droz, Genève, 1976.

VIGNAUX G., *Le Discours, acteur du monde. Énonciation, argumentation et cognition*, Éditions Ophrys, Paris-Gap, 1988.

VIGNAUX G., « Semantic Domains and Cognitive Processes », *Semiotica*, 1989, 77-1/3, 163-171.

VIGNAUX G., « A Cognitive Model of Argumentation », *Procee-*

dings of the Second International Conference on Argumentation, SICSAT, Amsterdam, 1991.

VIGNAUX G., « Catégorisation et schématisation. Des arguments au discours », *in* D. DUBOIS (éd.), *Sémantique et cognition*, Éd. du CNRS, Paris, 1991.

VON GLASERSFELD E., « Introduction à un constructivisme radical », *in* P. WATZLAWICK, *L'Invention de la réalité*, Seuil, Paris, 1988.

WINOGRAD T., *Language as a Cognitive Process, Cursive Volume I : Syntax*, Addison-Wesley Publishing Co., Reading, Mass., 1983.

Conclusion

ANDLER D., « Progrès en situation d'incertitude », *Le Débat*, 1987, n° 47, 5-25.

CHANGEUX J.-P., CONNES A., *Matière à pensée*, Odile Jacob, Paris, 1989.

CHURCHLAND P., *Neurophilosophy*, MIT Press, 1986.

DENNETT D.C., *Brainstorms*, MIT Press/Bradford Books, 1978.

DREYFUS H., *What Computers Can't Do*, Harper & Row, 1972 (trad. fr. *Intelligence artificielle : mythes et limites*, Flammarion, Paris, 1984).

FODOR J., *The Modularity of Mind*, MIT Press, Cambridge, Mass., 1983.

HOFFSTADTER D., « Cognition, subcognition. Sortir du rêve de Boole », *Le Débat*, 1987, n° 47, 26-44.

IMBERT M., « Neurosciences et sciences cognitives », *Le Débat*, 1987, n° 47, 130-144.

MCCLELLAND J. L., RUMELHART D. E., HINTON G. E., « Une nouvelle approche de la cognition : le connexionnisme », *Le Débat*, 1987, n° 47, 45-64.

MATURANA H., VARELA F. J., *The Tree of Knowledge*, New Science Library, 1987.

MEMMI D., VISETTI (éds), « Connexionnisme, intelligence artificielle et modélisation cognitive », *Intellectica*, 1990, 9-10, 41-79.

PROUST J., « L'intelligence artificielle comme philosophie », *Le Débat*, 1987, n° 47, 88-103.

PUTNAM H., *Representation and Reality*, MIT Press (trad. fr. : *Représentation et réalité*, Gallimard, Paris, 1988).

RASTIER F., *Sémantique et recherches cognitives*, PUF, Paris, 1991.

Index

Table

Composition réalisée par NORDCOMPO

IMPRIMÉ EN FRANCE PAR BRODARD ET TAUPIN
Usine de La Flèche (Sarthe).
LIBRAIRIE GÉNÉRALE FRANÇAISE - 6, rue Pierre-Sarrazin - 75006 Paris.
ISBN : 2 - 253 - 94193 - X 42/4193/1